新型锚固基础——动力锚

刘　君　韩聪聪　著

科学出版社

北　京

内 容 简 介

锚固基础是海上浮式结构的根基，锚固基础的稳定是海洋工程结构安全运行的关键。动力锚是一种新型自安装锚固基础，具有安装效率高、水深影响小、安装成本低等优点，近 20 年来发展迅速。本书首先简要介绍了海洋岩土工程特点和动力锚的发展历程，然后详细阐述了动力锚在水中下落阶段的水动力学特性、在土中的沉贯过程、动力锚的旋转调节过程及其承载性能，最后简要介绍了动力锚的最新发展趋势以及新型轻质动力锚在砂土中的特性。

本书可作为海洋工程、船舶工程及岩土工程等领域的科研人员，以及高等院校相关专业的高年级本科生和研究生的参考用书。

图书在版编目(CIP)数据

新型锚固基础——动力锚 / 刘君，韩聪聪著. —北京：科学出版社，2019.11
ISBN 978-7-03-062421-5

Ⅰ. ①新… Ⅱ. ①刘… ②韩… Ⅲ. ①海洋工程－锚固 Ⅳ. ①TV223.3

中国版本图书馆 CIP 数据核字（2019）第 212877 号

责任编辑：狄源硕 / 责任校对：彭珍珍
责任印制：师艳茹 / 封面设计：无极书装

科 学 出 版 社 出版
北京东黄城根北街 16 号
邮政编码：100717
http://www.sciencep.com
艺堂印刷（天津）有限公司 印刷
科学出版社发行　各地新华书店经销
*
2019 年 11 月第 一 版　开本：720×1000　1/16
2019 年 11 月第一次印刷　印张：14 3/4
字数：297 000

定价：140.00 元
（如有印装质量问题，我社负责调换）

序

　　海上油气开发、海上风电场建设、海上牧场以及大型浮式结构等的兴起极大地促进了浮式系泊系统的发展。锚固基础用来固定上部浮式结构，是整个浮式系泊系统的"根"，对整个浮式系泊系统的安全运行至关重要。近年来，动力锚作为一种新型锚固基础得到了广泛关注和迅速发展。与其他类型锚固基础不同，动力锚的安装无须借助辅助安装设备，仅仅依靠自身重量在水中自由下落并高速贯入海床中。因此，动力锚具有安装成本低、效率高的特点。动力锚的安装涉及锚-锚链-水-土的耦合作用，明晰作用在锚上的各项阻力，准确预测锚在海床中的沉贯深度，阐明锚在海床中的破坏模式，对于动力锚的设计和安装非常重要。

　　在介绍动力锚之前，该书花了一些篇幅介绍海洋岩土工程的背景知识和理论基础，如海洋岩土工程特点、浮式系泊系统类型、锚固基础种类及安装方法、海床土原位测试技术及原理、海洋岩土工程大变形数值模拟方法等。这些背景知识和理论储备有助于读者迅速了解海洋岩土工程这一领域的特点。该书以作者多年来的研究成果为主，同时也兼顾了近二十年来国内外学者对动力锚的主要研究成果，从模型试验、数值模拟以及理论分析等方面系统地介绍了动力锚的整个安装过程。该书既丰富了理论基础，又具有重要的实际应用价值。在翔实数据的基础上，该书总结并提出了理论模型来预测动力锚在水中的下落速度和在海床中的沉贯深度，这便于工程人员进行设计和现场施工。

　　该书作者刘君教授长期从事海洋岩土工程方面的研究，如自升式钻井平台桩靴基础、锚板基础、海底管道、动力锚等，在大变形数值分析方法、物理模型试验以及理论分析等方面均有丰硕的成果。书中多项内容反映了作者及其合作者在该领域的贡献，凝聚了作者多年科研工作的体会。相信该书的出版不仅仅是作为一本介绍动力锚的专著，更是连接海洋岩土工程的桥梁，在拓展动力锚的应用、为锚固基础提供研究手段和设计依据、发展我国海洋岩土工程等方面均能发挥积极的作用，故在此为之序。

中国工程院院士

孔宪京

2019 年 7 月于大连

前　言

　　海洋工程中的浮式结构都需要锚固基础来锚定。动力锚是一种新型锚固基础，它与桩锚、拖曳安装锚以及沉箱等锚固基础的最大区别在于安装方式不同。动力锚依靠自身的重量，通过在水中自由下落获得动能，在动能和重力势能的作用下沉贯到海床中。作为一种自安装锚固基础，动力锚具有很多优点，如安装快速、无须复杂的辅助设备、成本低等。因此，近二十年来动力锚在海洋工程中得到了广泛关注和应用。动力锚的安装过程包括三个阶段，即水中自由下落阶段、土中沉贯阶段以及旋转调节阶段，涉及锚-锚链-水-土的耦合作用。针对这三个阶段的研究成果大多散落于国内外的主要期刊中，系统地介绍动力锚整个安装过程的科研专著还非常稀少。作者在国家自然科学基金重大项目（51890910）、重点项目（51539008）以及面上项目（51479027）的支持下，针对动力锚开展了系统的研究工作，取得了一些研究成果，因此有了将研究成果进行系统整理并撰写成书的想法。

　　全书共分 6 章。第 1 章简要概述了系泊系统和锚固基础，并对海洋土特性及其测试方法进行了简要介绍，这些内容能帮助读者快速领略海洋岩土工程，并对动力锚有个初步了解。第 2 章简要介绍了可进行动力锚安装过程数值模拟的分析方法，尤其是大变形/大位移分析方法，包括计算流体动力学方法、任意拉格朗日-欧拉法，耦合欧拉-拉格朗日法，以及塑性分析法。这部分内容也可以作为其他工程问题数值分析的参考。第 3 章主要论述了动力锚在水中自由下落阶段的水动力学特性，特别关注了动力锚的方向稳定性和拖曳阻力；针对多向受荷锚（一种板形的动力锚）提出了助推器的概念，并对助推器拓扑形状进行了设计和优化，助推器也可以作为其他动力锚或自由落体式贯入仪的辅助安装工具。第 4 章主要论述了动力锚在海床中的高速沉贯过程，系统阐述了沉贯过程中各项阻力的计算方法，提出了两种动力锚沉贯深度预测模型。第 5 章主要论述了动力锚的旋转调节过程及其承载力，特别介绍了锚在土中运动过程的追踪方法，提出了新的锚链反悬链线预测模型。第 6 章简要介绍了近年发展的轻型动力锚，特别是其在砂土地基中的沉贯特性和承载特性。

　　本书各章内容相互联系、相互贯通、有机结合。全书由刘君和韩聪聪共同撰写，作者的研究生陈学俭和仝玉明协助整理了第 2 章和第 6 章的部分书稿。此外，作者的学生田建龙、鲁礼慧、张雪琪、李明治、刘德高、张雨勤、马悦源、谭梦溪、孙兴伟和刘靓辉等也为本书的完成做出了贡献，这里面不仅有他们的研究成果，而且有些书稿也是他们帮助完成的。仝玉明、李艳忠和王靖负责校对了全部书稿。可以说，本书的成果是集体智慧的结晶，在此，作者向他们表示衷心的感谢！

在本书的撰写过程中，作者参阅了国内外学者的相关文献，已列于文后参考文献中，在此向文献作者表示诚挚的感谢。我们将竭力确保本书数据的可靠性，如有任何疏漏，我们将在再版时注明错误并进行纠正。

感谢将作者带入这一研究领域的孔宪京院士以及西澳大学的胡玉霞教授和程亮教授，是他们的无私帮助和大力支持才有作者在这一领域的收获。感谢孔宪京院士在百忙之中为本书作序并对本书的写作提出了诸多宝贵建议。

在此，作者要特别感谢国家自然科学基金委员会！

最后，作者还要感谢大连理工大学建设工程学部工程抗震研究所和岩土工程研究所的实验人员！

由于作者水平有限，书中难免存在疏漏和不足之处，衷心希望读者不吝赐教。

刘　君

2019 年仲夏于大连

目　　录

符 号 表

符号	物理意义
A_F	物体在垂直于轴线方向平面内的投影面积，m^2
A_{fin}	尾翼平面面积，m^2
A_p	锚在垂直于加载臂平面且平行于锚轴线平面内的投影面积，m^2
A_r	参考面积，m^2
A_s	锚侧面与土体接触面积，m^2
A_t	锚-土接触面积在垂直于轴线方向平面内的投影，m^2
a	加速度，m/s^2
a, b, c	质点起始时刻坐标
a_{ij}	RITSS 方法映射时待定参数
a_{nb}	CFD 控制方程离散时待定参数
a_x, a_y	物体沿 x 轴、y 轴加速度，m/s^2
a_z	物体的竖向加速度，m/s^2
a_{cone}	锥尖后端收缩截面与锥尖投影面积之比
B	基础宽度，m
B_A	锚板宽度，m
B_p	平板宽度，m
B_q	超孔压比
b_i	体力，N/m^3
C_c	曲率系数
C_D	拖曳阻力系数
C_{Dc}	锚链在水中下落时的拖曳阻力系数
C_{Df}	绕流阻力中摩擦阻力系数
C_{Dw}	水的拖曳阻力系数
C_{Ds}	土体的拖曳阻力系数
C_L	升力系数
C_m	附加质量系数
C_{mr}	锚的恢复力矩系数
C_{mx}, C_{my}, C_{mz}	绕 x、y、z 轴恢复力矩系数
C_N	横向力 F_{Nw} 对应的横向阻力系数
C_u	不均匀系数

续表

符号	物理意义
C_x, C_y, C_z	沿 x、y、z 轴阻力系数
c	黏聚力，kPa
c'	阻尼，N/(m/s)
c_h	土体水平向固结系数，m^2/s
c_v	土体竖向固结系数，m^2/s
$\boldsymbol{D}$	变形张量率
D	直径，m
D_A	锚轴直径，m
D_B	助推器直径，m
D_{cone}	锥形触探仪直径，m
D_{eff}	锚的等效直径，m
D_R	助推器环形尾翼直径，m
D_{vane}	十字板剪切仪直径，m
d_{bar}	制成索链的金属圆杆的直径，m
d_c	锚链特征直径，m
d_{charac}	无量纲化的速度表达式中特征尺寸，m
d_{inner}	锥形触探仪锥尖后端收缩截面直径，m
d_r	钢缆或锚绳直径，m
dS	微元表面积，m^2
ds	锚链单位长度，m
$d\Omega$	微元体积，m^3
dx_c	锚重心水平位移，m
dz_c	锚重心竖向位移，m
dx_p	锚眼水平位移，m
dz_p	锚眼竖向位移，m
d_{10}	有效粒径，mm
d_{50}	平均粒径，mm
d_{60}	控制粒径，mm
E	弹性模量，GPa
E_k	动能，J
E_p	势能，J
E_{total}	总能量，J
e	孔隙比

符号	物理意义
a_c	锚重心至参考点的距离在平行于锚轴线方向的投影，m
e_n	锚眼偏心距，m
e_s	锚眼偏移量，m
F_0	作用在嵌入点处的上拔荷载，N
F_a	作用在锚眼处的上拔荷载，N
F_b	浮力，N
F_{Dc}	锚链在水中下落时受到的拖曳阻力，N
F_{Dn}, F_{Df}	压差阻力和摩擦阻力，N
F_{Ds}	土的拖曳阻力，N
F_{Dw}	水的拖曳阻力，N
F_f	土体对结构的摩擦阻力，N
F_{Nw}	水对物体的横向阻力，N
F_n	土体对物体的法向阻力，N
Fr	弗劳德数（Froude number）
F_r	摩阻比
F_s	土体对物体的切向阻力，N
F_t	端承阻力，N
F_x, F_y, F_z	沿 x、y、z 轴的水流阻力，N （第3章）
F_z	嵌入段锚链埋深 z 处锚链上所受拉力，N （第5章）
f	作用在单位质量流体微元上的体积力，N/m^3
f	土对锚的总阻力，N
f_n	嵌入海床中单位长度锚链所受的法向阻力，N/m
$f_{n,max}$	单位长度嵌入段链所受最大法向阻力，N/m
f_s	锥形触探仪摩擦筒单位面积所受的土体摩擦阻力，kPa
f_{seabed}	拖底段锚链所受摩擦阻力，N
f_t	嵌入海床中单位长度锚链所受的切向阻力，N/m
$f_{t,max}$	单位长度嵌入段链所受最大切向阻力，N/m
$\dot{f}^r, \dot{f}$	相对网格坐标和材料坐标的场变量对时间的偏导数
G	剪切模量，GPa
g	重力加速度，m/s^2
g_N	结构和土体相对位移，m
H_e	锚在水中的安装高度，m
H_{vane}	十字板剪切仪高度，m

续表

符号	物理意义
h_A	锚长，m
h_B	助推器长度，m
h_f	尾翼高度，m
h_p	锚眼相对锚尖高度，m
h_R	助推器环形尾翼高度，m
h_{min}	最小网格尺寸，m
I, J, i, j	FVM 方法中表征节点所在行、节点所在列、壁面所在行、壁面所在列
I_R	刚度指数
I_r	相对剪胀指数
I_p	塑性指数
$\boldsymbol{i}, \boldsymbol{j}, \boldsymbol{k}$	沿 x、y、z 方向的单位向量（第 2 章）
i	水力坡降（第 3 章）
j	渗流力，kN/m^3（第 3 章）
k	土强度梯度，kPa/m
k'	渗流系数，m/s
k_e	等效土强度梯度，kPa/m
k_i	罚刚度系数，N/m
L	基础长度，m
L_A	锚板长度，m
L_p	平板长度，m
l_A	L-GIPLA 两翼板之间最大距离，m
l_c	CEL 方法中单元特征尺寸，m
l_{charac}	雷诺数表达式中物体特征长度，m
M	外力矩，N·m
M_r	恢复力矩，N·m
M_x, M_y, M_z	绕 x、y、z 轴恢复力矩，N·m
$\boldsymbol{M}_\alpha$	多相流问题中交界面上作用在 α 相的力
$\boldsymbol{M}_{\alpha\beta}$	多相流问题中交界面上动量交换量
$\boldsymbol{M}_{\alpha\beta}^{D}$	由于 α 相和 β 相之间的相互作用引起的拖曳力
$\boldsymbol{M}_{\alpha\beta}^{L}$	由于 α 相和 β 相之间的相互作用引起的升力
$\boldsymbol{M}_{\alpha\beta}^{LUB}$	由于 α 相和 β 相之间的相互作用引起的壁面力
$\boldsymbol{M}_{\alpha\beta}^{VM}$	由于 α 相和 β 相之间的相互作用引起的虚拟质量力
$\boldsymbol{M}_{\alpha\beta}^{TD}$	由于 α 相和 β 相之间的相互作用引起的湍流分散力
m	质量，kg

续表

符号	物理意义
m^*	附加质量，kg
m, n, p, q	屈服包络面方程参数
m_B	助推器质量，kg
N	RITSS 方法中单元形函数
N_A	锚在黏土中的抗拔承载力系数
N_c	基础极限承载力系数
N_{chain}	锚链法向极限承载力系数
N'_{chain}	锚链法向承载力系数
N_{kT}, N_T, N_B	锥形、T 形、球形触探仪承载力系数
N_n, N_m, N_s	法向、转动向、切向单轴承载力系数
N_p	多相流问题中总相数
N_γ	锚在砂土中的抗拔承载力系数
n	曲面外法线方向
n	离心机中加速度与常规重力场加速度之比
n_c	接触总数
P	RITSS 方法映射中多项式向量
p	平均主应力，kPa （第 1 章） 压强，kPa （第 2 章）
q	偏应力（广义剪应力），kPa
q_i	作用在体积 Ω 表面 S_k 上的面力，N/m^2
q_m	锥形触探仪锥尖力传感器测得阻力，kPa
$q_{net-cone}, q_{net-T-bar}, q_{net-ball}$	土体对锥形、T 形、球形触探仪端部净阻力，kPa
$q_{net,0.25}$	全流式触探仪初次贯入过程尖端净阻力，kPa
$q_{net,i}$	全流式触探仪第 i 次贯入过程尖端净阻力，kPa
q_t	锥形触探仪锥尖阻力，kPa
Re	雷诺数（Reynolds number）
R_f	率效应系数
r_α	多相流问题中 α 相的体积分数
$S_{M\alpha}$	多相流问题中由外部体力引起的和用户自定义的动量项
S_{pull}	锚链拖曳距离，m
S_t	灵敏度系数
S_ϕ	广义源项
s_u	土体不排水抗剪强度，kPa
s_{uc}	锚板参考点位置土体不排水抗剪强度，kPa
s_{um}	海床表面土体不排水抗剪强度，kPa

续表

符号	物理意义
$s_{u,ref}$	参考剪应变率下未扰动土体不排水抗剪强度，kPa
$s_{u,ref,e}$	锚尖深度处参考剪应变率下未扰动土体不排水抗剪强度，kPa
T_{vane}	十字板剪切试验中施加的扭矩，N·m
t	时间，s
t_A	锚翼板厚度，m
t_N, t_T	接触面 S_c 上法向和切向接触力，N
$\hat{t}_N, \hat{t}_T$	RITSS 方法下一个时间步开始时刻接触面 S_c 上法向和切向反力，N
t_s	锚柄厚度，m
$\boldsymbol{u}$	速度矢量，m/s
u_i	材料位移，m
$\dot{u}_i, \ddot{u}_i$	材料位移对时间的一阶和二阶导数
u_x, u_y, u_z	速度在 x、y、z 方向的分量
u_2	锥形触探仪锥尖后端孔隙水压力，kPa
V	无量纲化的速度
V_{dis}	物体排开的水或土的体积，m³
v	速度，m/s
v_0	锚的贯入速度，m/s
v_s	材料波速，m/s
v_T	极限速度，m/s
v_z	物体在竖直方向的运动速度，m/s
W'_c	锚链在水中的有效重量，N
w'_c	单位长锚链在水中的有效重量，N/m
W_d	物体的干重量，N
W'	物体在水中的有效重量，N
w	含水量
w_A	锚尾翼宽度，m
w_B	助推器尾翼宽度，m
w_f	任意形状物体尾翼宽度，m
x_{CH}	物体水动力中心至物体前端的距离，m
x'_{CH}	连接尾翼后物体水动力中心至物体前端的距离，m
z	深度，m
$z_{c,i}$	锚重心初始埋深，m
z_e	动力锚在海床中的沉贯深度，m

符号	物理意义
$z_{e,smooth}$	摩擦阻力为零时锚在海床中的沉贯深度,m
z_{padeye}	锚眼在海床中的埋深,m
α	界面摩擦系数
α_c	拖底段锚链摩擦系数
α_{cone}	锥形触探仪锥角或鱼雷锚锚尖角度,(°)
α_{in}	锚在海床中转过的角度,(°)
α_{final}	锚下潜至极限深度时的转角,(°)
β	幂指数公式率效应参数
β_0	嵌入点处上拔荷载角度,(°)
β_a	锚眼处上拔荷载角度,(°)
β_z	深度 z 处锚链切线方向与水平方向之间的夹角,(°)
Γ	广义扩散系数
$\Gamma_{\alpha\beta}$	单位时间内单位体积由 β 相到 α 相的质量流量
$\dot{\gamma}$	剪应变率,s^{-1}
$\dot{\gamma}_{ref}$	参考剪应变率,s^{-1}
γ_s	土体饱和容重,kN/m^3
γ'_s	土体有效容重,kN/m^3
γ_w	水的容重,kN/m^3
Δ	土的各向异性参数
Δt_{crit}	CEL 方法中临界增量步长,s
Δu	超孔隙水压力,kPa
Δx	CEL 方法中锚定点贯穿拉格朗日单元表面相对节点的位移,m
$\delta g_N, \delta g_T$	法向和切向虚位移增量,m
δu_i	虚位移,m
$\delta u, \delta v, \delta \alpha$	物体沿法向、切向和转动向的位移增量,m, m, rad
$\delta x, \delta y$	CFD 中 u 单元和 v 单元宽度,m
$\delta(\xi)$	软化效应系数
δ_{att}	水流攻角,(°)
δ_{padeye}	塑性分析中锚眼位移增量,m
δ_{rem}	重塑强度比
δ_t	物体轴线与竖直方向之间的夹角,(°)
$\delta\varepsilon_{ij}$	虚位移引起的应变
ε	剪应变
ε_N	法向罚因子,N/m

续表

符号	物理意义
$\varepsilon_1, \varepsilon_2$	容许误差
η	动力黏度，Pa·s
θ_f	L-GIPLA 两翼板之间夹角，(°)
θ_p	锚眼偏移角，(°)
θ_s	L-GIPLA 两锚柄之间夹角，(°)
κ	回弹曲线斜率
Λ	展弦比
λ	半对数公式率效应参数
λ'	反双曲正弦公式率效应参数
λ_L	几何比尺
λ_{NSL}	正常固结线斜率
λ_n	与锚链形状有关的法向乘子
λ_t	与锚链形状有关的切向乘子
μ	嵌入段锚链所受切向阻力与法向阻力之比
μ_C	库仑摩擦系数
ν	泊松比
ξ	累积塑性剪应变
ξ_{cv}	砂土内摩擦角达到临界摩擦角时对应的累积塑性剪应变
ξ_p	砂土内摩擦角达到峰值摩擦角时对应的累积塑性剪应变
ξ_{95}	土体达到 95%重塑程度时的累积塑性剪应变
ρ	密度，kg/m^3
ρ_d	砂土干密度，kg/m^3
$\rho_{d,max}$	砂土最大干密度，kg/m^3
$\rho_{d,min}$	砂土最小干密度，kg/m^3
ρ_s	土体饱和密度，kg/m^3
ρ_w	水的密度，kg/m^3
$\sigma_1, \sigma_2, \sigma_3$	试样大、中、小主应力，kPa
σ_a	轴向应力，kPa
σ_{c0}	三轴试验中试验初始围压，kPa
σ_c	围压，kPa
σ_{h0}	某一深度处土体单元的水平应力，kPa
σ_{ij}	柯西应力张量
$\hat{\sigma}_{ij}$	RITSS 方法中网格重剖分后新积分点上应力，kPa

续表

符号	物理意义
σ_n	法向应力，kPa
σ_τ	径向应力，kPa
σ_v	竖向应力，kPa
σ_{v0}	土体自重应力，kPa
σ'_{v0}	土体有效自重应力，kPa
σ_θ	环向应力，kPa
τ	剪应力，kPa
τ_f	试样剪破时剪应力，kPa
τ_{vh}, τ_{hv}	水平面和竖直面上剪应力，kPa
$\tau_{v\theta}$	扭剪应力，kPa
υ	运动黏度，m^2/s
Φ	通量函数
φ	内摩擦角，（°）
φ_{cv}	临界内摩擦角，（°）
φ_{ini}	初始内摩擦角，（°）
φ_p	峰值内摩擦角，（°）
ψ	剪胀角，（°）
ϕ	广义变量

1 绪 论

海洋资源开发（生物、矿产等）、海洋空间利用（海上工厂、海底隧洞等）和海洋能利用（风能、潮汐能等）等离不开各种海洋结构物，它们都需要落底于或埋入海床中的基础来支撑或锚定。本章首先以海上油气开发为切入点，简要介绍各种油气平台，随着水深增加，固定式平台逐渐向浮式平台过渡。然后介绍两种浮式系泊系统——悬链式和张紧式系泊系统，锚固基础作为浮式系泊系统的根，是整个系泊系统安全运行的前提保障。本章介绍几种典型的锚固基础，并引出本书的研究对象——动力安装锚。动力安装锚简称动力锚，是一种自安装锚固基础，它依靠自重在水中自由下落并贯入海床土中，具有安装效率高且安装基本不受水深影响的特点。围绕动力锚的研究主要包括高速安装过程和抗拔承载力分析。值得注意的是，海洋环境荷载和海床土的独特性导致海洋岩土工程与陆地岩土工程有显著差别。因此，本章还对海洋岩土工程学科特点、海洋环境荷载类型以及深海软黏土力学特性作了概述，以便读者了解和掌握与动力锚相关的背景知识。

1.1 海洋油气资源开发平台概述

海洋油气勘探开发是陆地油气开发的延续。世界第一座海上平台通常认为是1947 年建立的名为"Superior"的导管架平台（Dean, 2010）。该平台位于距美国路易斯安那州海岸约 30 km 的海域，水深为 5 m。随着科学技术的进步和人类对海洋油气资源认知水平的不断提高，海洋油气勘探开发不断向深水迈进。全球已探明海洋油气资源主要分布在墨西哥湾、委内瑞拉近海、巴西东南近海、西非几内亚湾近海、北海、埃及尼罗河三角洲海域、俄罗斯巴伦支海、滨里海、波斯湾、俄罗斯西西伯利亚喀拉海海域、东南亚海域和澳大利亚西北大陆架等 12 个区域（江文荣等, 2010）。

我国是海洋大国，拥有 300 多万 km² 的蓝色国土以及丰富的海洋油气资源。以我国南海为例，石油地质储量约为 230 亿～300 亿 t，占我国油气总资源的三分之一（李清平, 2006）。海洋油气资源开发离不开一系列水面或水下结构物以及支撑或锚固这些结构物的基础。当水深较浅时，油气平台为固定式平台，主要包括自升式平台、导管架平台和重力式平台等，如图 1.1 所示。

自升式平台 [图 1.1（a）] 主要由上部结构、船体、桩腿和连接在桩腿上的桩靴基础组成。自升式平台由拖船浮拖至目标位置，此时桩腿是提起的；到达目标位置后，桩腿被下放至海床表面，并抬升船体；随后不断向船体中注水，桩靴在船体自重作用下被压入海床直至足够深度；安装完成后，船体提升至海平面以上一定高度以避免波浪对船体的作用。作业结束后将桩靴基础拔出海床，自升式平台可浮拖至下一个目标位置继续进行作业。自升式平台适用于水深较浅的海域，作业水深通常不超过 150 m（Hossain et al., 2017; Kohan et al., 2015）。

导管架平台 [图 1.1（b）] 的水中支撑部分由钢管框架组成，上部连接平台，底端四角通常连接桩基础（Randolph et al., 2011a）。例如，我国南海荔湾 3-1 气田中心平台为固定式导管架平台，安装水深 190 m，海底基础采用 16 根直径为 2.74 m 的桩基础（侯金林等，2013）。

重力式平台 [图 1.1（c）] 主要包括落底于海床表面的沉箱基础、位于海平面以上的平台及支撑平台的混凝土桩腿。沉箱内部和外部浇筑混凝土以增加重量，并依靠沉箱自重保持平台稳定性。北海海域海床土主要为强超固结黏土或密实砂土，具有较高的承载能力，因此重力式平台得到了广泛应用（Dean, 2010）。

（a）自升式平台（Eurasia Drilling Company Limited, 2019）

（b）导管架平台（OffshoreTech LLC, 2013）

（c）重力式平台（MarineLink, 2013）

图 1.1　几种典型固定式平台

随着近浅海油气资源的逐渐耗竭，海上油气开发不断由近浅海向深远海迈进。一般认为水深超过 300～500 m 时为深水海域（Ehlers et al., 2004）。随着水深的增加，与海面结构和海底基础相连的水中结构由固定式逐渐向系泊式转变，即水中固定式支撑结构逐渐转变为柔性的锚链，如图 1.2 所示。例如，巴西坎波斯湾 Albacora Leste Field 的油气生产平台为浮式生产储卸油装置（floating production, storage and offloading, FPSO），安装水深 1240 m，水中连接部分为图 1.2 所示的柔性锚链，海底基础则采用 18 个鱼雷锚（Brandão et al., 2006）。

① 导管架平台　　　　② 顺应塔平台　　　　③ 半潜式平台
④ 张力腿平台　　　　⑤ Spar平台　　　　　⑥ 浮式生产储卸油装置

图 1.2　海上油气平台类型随水深的变化关系
（American Oil & Gas Historical Society, 2018）

1.2　浮式系泊系统的组成及应用

浮式系泊系统主要包括漂浮在水面上的浮式结构、位于水中的锚链以及落底于或嵌入海床中的锚固基础。以深海油气开发为例，浮式平台类型主要包括半潜式平台、张力腿平台、Spar 平台以及 FPSO 等，如图 1.3 所示。图 1.3（a）为半潜式平台，由位于水中的浮体和位于水面以上的模块组成。我国深水钻井平台"海洋石油 981"号即为半潜式平台。图 1.3（b）为张力腿平台，其底部浮筒包括中央柱及沿中央柱向外延伸的悬臂结构浮筒，悬臂结构浮筒下方通过竖向钢缆与锚固基础连接。图 1.3（c）为 Spar 平台，上部模块与下部圆柱形浮筒连接。图 1.3（d）为船型的 FPSO，集采油、加工、储油和输油于一体。我国"海洋石油 115"号即为 FPSO，服役于南海西江 23-1 油田。浮式平台在工作时要保证重心低于浮心，以确保浮式平台的稳定性和安全性。

（a）半潜式平台（Safety4sea, 2017）

（b）张力腿平台（Drillingformulas, 2017）

（c）Spar 平台（World Oil, 2015）

（d）FPSO（Oilandgaspeople, 2015）

图 1.3 几种典型的浮式平台

　　浮式平台与锚固基础通过锚链来连接。根据形状可将锚链分为环环相连的索链和多股缠绕的缆绳，根据材质又可将缆绳分为高聚纤维缆绳和钢缆。根据锚链在水中的形态可将浮式系泊系统分为悬链式系泊系统和张紧式系泊系统，如图 1.4 所示。图 1.4（a）为悬链式系泊系统，锚链主要为索链和钢缆，由于锚链自重大于水的浮力，因此锚链在水中呈悬链线形态。悬链式系泊系统中锚链与海床面之间的夹角较小，锚固基础主要承受水平荷载。在张紧式系泊系统［图1.4（b）］中，锚链一般为高聚纤维缆绳，其自重小于水的浮力，在水中绷紧为直线。张紧式系泊系统中锚链与海床面之间的夹角较大，锚固基础主要承受竖向上拔荷载。当水深允许时，一般采用悬链式系泊系统。然而随着水深的增加，悬链式系泊系统所需锚链长度以及占用空间急剧增加，宜采用张紧式系泊系统。例如，张力腿平台就采用张紧式系泊系统来固定（图1.3）。

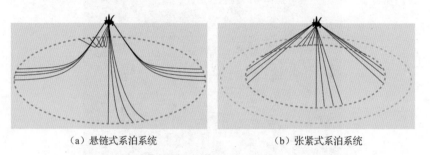

　　（a）悬链式系泊系统　　　　　　　　（b）张紧式系泊系统

图1.4　悬链式和张紧式系泊系统（Vryhof Anchors, 2005）

　　除了海洋浮式油气平台，海上浮式结构还包括浮式风机、海上浮桥、浮式人工岛、浮式养殖网箱等。由于近海涉及养殖、渔业、旅游和军事等问题，近年来，远海风机研发受到了国内外风力发电领域的广泛关注（Gelagoti et al., 2018; Bienen et al., 2017; Hung et al., 2017; Kaldellis et al., 2013; Sun et al., 2012; Zhu et al., 2012; Bilgili et al., 2011; Lu et al., 2009）。从近海到远海，风机由固定式逐渐向漂浮式发展，如图1.5所示。固定式风机包括重力式、单桩式、导管架式等，浮式风机包括Spar式、半潜式、张力腿式等。例如，位于苏格兰东部海岸的Hywind Scotland风场安装有5台Spar浮式风机，已于2017年10月18日并网发电，是世界首座实现商业运营的浮式风机。此外，法国、西班牙、瑞典和挪威等欧洲国家也在积极发展浮式风机，预计在2022年前投入运营。我国也在积极探索研发浮式风机，相信在不久的将来就能为人们提供服务。

（a）海上固定式风机（Offshore Wind, 2017）

（b）海上浮式风机（Windpower Engineering & Development, 2019）

图 1.5　海上风机

海上浮桥和海上浮式人工岛也在规划建设中，图 1.6（a）和图 1.6（b）分别为海上浮桥和海上浮式机场概念图。浮桥下面的桥墩为巨大的浮体，可将浮桥托起至水面以上一定高度，方便浮桥下面通航。美国和加拿大在波弗特海域将浮式人工岛用作海上平台（Dean, 2010）。我国《国民经济和社会发展第十三个五年规划纲要》将大型海洋浮式结构物作为即将实施的百项重大工程之一。海上大型浮式结构可作为海上浮式机场，它可以布设在海岸或小型海岛附近，作为陆地的延伸，扩大用地规模。

（a）海上浮桥（Global Marinetime, 2018）　　　　　　（b）海上浮式机场（InfoNIAC, 2009）

图 1.6　海上浮桥与海上浮式机场

在固定式结构中，海底基础主要承受上部结构自重引起的竖向荷载和风、浪、流等引起的水平环境荷载。在浮式系泊系统中，锚固基础主要承受由风、浪、流等环境荷载引起的上拔荷载。接下来对浮式系泊系统中的锚固基础进行简要介绍。

1.3　锚固基础简介

锚固基础主要用来固定上部浮式结构，包含落底于海床表面和埋于海床中的基础两种类型。前者主要依靠自重来提供抗拔承载力，后者主要依靠海床土体的锚固力来提供抗拔承载力。

1.3.1　落底于海床表面的重力式锚固基础

图 1.7（a）为沉箱型重力式基础（gravity box anchor）（APT Global，2019），其主体是一个顶部开口的箱体，箱体内部装有废弃混凝土或金属废料来增加基础重量，从而提高基础的抗拔承载力。图 1.7（b）为格栅型重力式基础（grillage and berm anchor）（Erbrich et al., 1999），基础底部装有格栅。格栅嵌入海床土中，能在一定程度上提高基础的抗拔承载力。格栅型重力式基础的上部用石块或其他块状体材料堆积成四棱台，用来增加基础的重量并提高基础的在位稳定性。

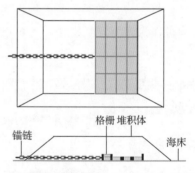

（a）沉箱型重力式基础（APT Global, 2019）　　　（b）格栅型重力式基础（Erbrich et al., 1999）

图 1.7　重力式基础

1.3.2　埋于海床中的锚固基础

埋于海床中的锚固基础主要有：桩基础（pile foundation）、吸力式沉箱（suction caisson）、拖曳安装锚（drag installed anchor）以及吸力式安装板锚（suction embedded plate anchor, SEPLA）。本节分别对这四种锚固基础进行简要介绍。

1.　桩基础

桩基础（图 1.8）既可作为承压基础又能作为抗拔基础。例如，近浅海风机基础采用的大直径单桩基础主要承受风机和其他连接结构的自重引起的竖向荷载以及风、浪、流等引起的水平环境荷载，此时桩基础为承压基础。当桩基础与锚链连接来锚定上部浮式结构时主要承受上拔荷载，此时桩基础为抗拔基础，也可称作桩锚（pile anchor）。锚眼位于桩顶或桩体侧面，当锚眼位于桩顶时，桩锚主要承受竖向上拔荷载；当锚眼位于桩侧时，锚眼及一部分锚链埋入海床中，桩锚既可承受竖向荷载也能承受水平荷载。桩锚的工作效率较高，且承载力计算方法比较成熟，美国 API RP 2A-WSD 建议了桩基础承载力计算公式。随着水深的增加，打桩设备的工作效率会显著降低。当水深超过 1500 m 时，桩锚不再适用于深海工程中（Randolph et al., 2011a; Ehlers et al., 2004）。

图 1.8 桩基础（MarineLink, 2014）

2. 吸力式沉箱

吸力式沉箱箱体为圆柱形管桩，箱体内部不同位置处设有环形加筋肋以提高箱体刚度，顶部封口并设有抽水孔，如图 1.9（a）所示。安装时，首先打开抽水孔并将沉箱释放至海床表面，沉箱在自重作用下嵌入海床中一定深度；随后通过水泵从箱顶向外抽水，沉箱在内外压差作用下进一步下沉，直至达到预定安装深度。吸力式沉箱箱体高度一般为其直径的 3~6 倍。锚眼一般位于沉箱侧壁，到箱底的距离约为沉箱长度的 1/3 [图 1.9（a）]。锚眼处荷载角度不同，沉箱周围土体的破坏模式也随之不同（Saviano et al., 2017）。当锚眼处荷载方向与水平面之间的夹角较小时，沉箱主要承受水平荷载，箱体上部周围土体为楔形破坏模式，箱体下部土体为完全回流模式（DNV, 2017a）；当锚眼处荷载方向与水平面之间的夹角较大时，沉箱主要承受竖向荷载，抗拔承载力主要由箱体和周围土体的摩擦阻力以及箱底吸力提供。

当箱体高度等于甚至小于沉箱直径时，这种基础形式称为桶形基础［图1.9（b）］。与吸力式沉箱不同，桶形基础通常作为承压基础来支撑水下生产系统或支撑导管架式海上风机（Mana et al., 2013）。

（a）吸力式沉箱（SPT Offshore, 2019）　　　　　（b）桶形基础（SPT Offshore, 2017）

图1.9　吸力式沉箱及桶形基础

3. 拖曳安装锚

拖曳安装锚与船舶/海洋工程中用到的船锚相似，其安装过程需要借助拖船来完成。首先将锚从安装船上释放至海床表面，随后从船上释放一定长度的锚链至海床表面，然后拖船开始拖动锚链运动并使锚逐渐嵌入海床中，如图1.10（a）所示。深海工程中常用的拖曳安装锚主要包括拖曳锚和法向承力锚［图1.10（b）］。拖曳安装锚主要由三部分组成：锚爪、锚柄和锚眼。锚爪为前端呈楔形的平板，是主要承力部件。锚眼位于锚柄上部，锚柄使锚眼位置偏离锚爪，从而使拖曳安装锚具有下潜的性质。深海海床土一般为正常固结或超固结软黏土，土强度随深度线性增加。因此，锚在下潜过程中可获得更高的承载力。拖曳锚和法向承力锚

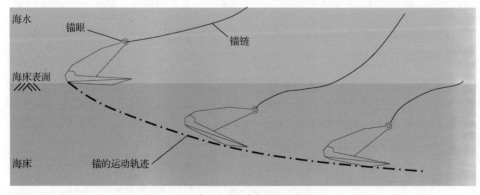

（a）拖曳安装锚安装过程示意图

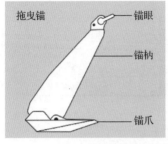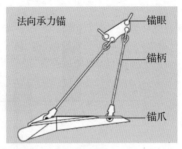

（b）拖曳锚与法向承力锚（Vryhof Anchors, 2005）

图 1.10　拖曳安装锚

的不同之处主要体现在锚柄上，拖曳锚的锚柄是刚性的，而法向承力锚的锚柄是柔性的。在拖曳安装过程中，锚链与海床表面的夹角基本为零。拖曳安装结束后，需调节锚链的方向来增大锚链和水平方向之间的夹角，使法向承力锚锚眼处的荷载方向近似垂直于锚爪平面，从而提高承载能力。

4. 吸力式安装板锚

SEPLA 主要由翼板、襟翼和锚柄组成，如图 1.11（a）所示。SEPLA 的安装需要借助吸力式沉箱来完成，安装步骤如图 1.11（b）所示。首先将 SEPLA 插入沉箱底部的竖直狭槽中并将二者释放至海床表面；然后通过沉箱顶部水泵向外抽水将沉箱和 SEPLA 共同压入海床中直至预定深度；安装完成后将沉箱拔出海床，只留 SEPLA 在海床中；最后张紧连接在锚眼处的锚链，SEPLA 在锚链作用下由初始竖直状态旋转至某一倾斜角度。SEPLA 在锚链作用下的运动响应称为旋转调节过程（keying process）（Cassidy et al., 2012）。由于锚眼位置偏离翼板平面，锚眼处上拔荷载相对翼板重心会形成一个外力矩，该力矩促使 SEPLA 在海床中旋转，直至翼板平面近似垂直于锚眼处荷载方向，从而提高锚的承载能力。

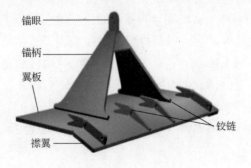

（a）SEPLA照片（DNV, 2017b）

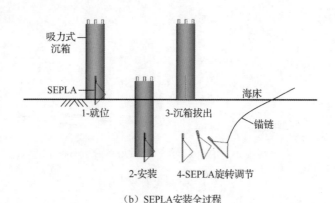

（b）SEPLA安装全过程

图 1.11　吸力式安装板锚

在实际工程中很难确定拖曳安装锚在海床中的深度以及锚爪的方位，因此难以准确预测锚的承载力。与拖曳安装锚相比，SEPLA 具有定位准确且安装深度容易确定的特点，因此其承载力计算结果比较可靠。

1.4　动　力　锚

1.4.1　动力锚的起源

在 1.3 节中所介绍的桩锚、吸力式沉箱、拖曳安装锚及 SEPLA 的安装需要借助相应的安装设备，安装周期长、成本高，且安装费用随水深增加而急剧增加（O'Loughlin et al., 2004; Lieng et al., 1999）。海上环境条件恶劣、作业窗口期短，人们总是希望能发展一种安装效率高、成本低的新型锚固基础。为适应上述需求，动力安装锚（dynamically installed anchor, DIA）应运而生。动力安装锚简称动力锚，是一种依靠自身重量贯入海床进行安装的锚固基础。动力锚的起源可追溯至 5000 年以前，人们早在上古时期就开始将石块连接在绳索上，通过向水中抛石块来固定船只。直到如今，利用锚自身重量进行安装仍然是最高效的安装方式。动力锚的安装过程如图 1.12 所示：首先通过安装绳将锚释放至距离海床表面一定高度处，随后将工作锚链释放至海床表面；待锚静止后松开安装绳，锚开始在水中自由下落，并依靠在水中自由下落时获得的动能和自身重力势能贯入海床中。相比前面所述的几种锚，动力锚具有安装效率高和安装费用低的特点，且其安装基本不受水深影响。

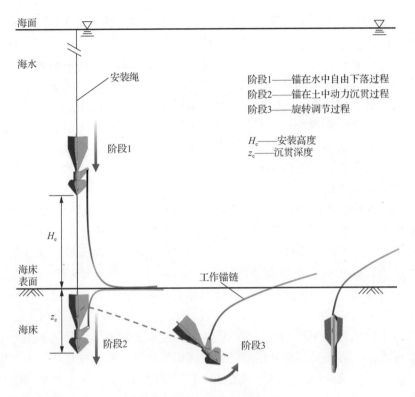

图 1.12　动力锚的安装过程

1.4.2　动力锚的种类

目前海洋工程中已经应用的动力锚包括鱼雷锚（torpedo anchor）、深贯锚（deep penetrating anchor, DPA）和多向受荷锚（OMNI-Max anchor），如图 1.13 所示。

（a）鱼雷锚	（b）DPA	（c）多向受荷锚
（de Araujo et al., 2004）	（Deep Sea Anchors, 2011）	（OMNI-Max brochure, 2011）

图 1.13　不同类型的动力锚

鱼雷锚因外形和鱼雷相似而得名，由一个圆柱形中轴和几片尾翼组成。圆柱形中轴前端为圆锥形或半椭球形，中轴内部是中空的，可填充混凝土或金属废料来增加锚的重量，从而提高锚在海床中的沉贯深度。尾翼连接在中轴后部，用来提高锚在水中自由下落时的方向稳定性并增加锚在海床中的抗拔承载力。鱼雷锚的概念由巴西石油公司 Petrobrás 提出，最初用于固定立管，以减小立管在海床表面的横向位移（Medeiros, 2002）。之后鱼雷锚作为锚固基础用来固定浮式采油平台。例如，巴西坎波斯湾一水深为 1240 m 的 FPSO 用 18 个鱼雷锚固定（Brandão et al., 2006; de Araujo et al., 2004）。DPA 外形与鱼雷锚相似，由 Deep Sea Anchors 公司研制，已经在挪威海域 Gjøa field 进行全比尺测试。DPA 可作为 FPSO 或其他浮式结构的锚固基础。

多向受荷锚由美国 Delmar 公司研发，主要由中轴和三组互成 120°的翼板组成。每组翼板包含一片较小的前翼和一片较大的尾翼，前翼和尾翼中间有一个缺口用来容纳加载臂，加载臂连接在可绕中轴自由转动的圆环上。锚眼位于加载臂外缘，当锚眼处的上拔荷载与加载臂不共面时，加载臂可绕中轴旋转直至与荷载方向共面。可旋转加载臂的设计有助于消除平面外荷载对锚承载力的影响（Shelton, 2007）。

鱼雷锚和 DPA 的锚眼位于锚的尾部，锚的抗拔承载力主要由锚-土界面摩擦阻力来提供；而多向受荷锚的锚眼位置偏离锚的中轴，锚在锚链作用下能旋转至合适的方位，使锚的轴线方向与锚眼处荷载方向近似垂直，从而有助于提高锚的承载能力。且多向受荷锚为板形锚，锚土接触面积较大，所以其承载效率（抗拔承载力与自重之比）比鱼雷锚或 DPA 高。在旋转调节过程中，当锚眼位置及锚眼处上拔荷载角度合适时，多向受荷锚像拖曳锚一样具有下潜性能（Shelton, 2007）。在不可估计的超设计荷载作用下，锚能嵌入更深更强的土层以获得更高的承载力，从而避免锚体被拔出海床而失效。

1.4.3　动力锚的设计准则

动力锚的设计准则如下：

（1）动力锚是一种自安装式锚固基础，在安装时不需借助额外安装设备。锚在水中下落时要保证其具有良好的方向稳定性，以确保锚的实际安装位置不致过于偏离预定安装位置。此外，要确保自由下落过程中锚的轴线与竖直方向之间不出现过大偏角，以免影响锚在海床中的沉贯过程。

（2）优化锚的拓扑结构形状，减小锚在水中自由下落过程中受到的拖曳阻力以及高速贯入海床过程中受到的土体阻力，以增加锚的沉贯深度、提高锚的承载能力。

（3）优化锚眼位置，使锚在承受上拔荷载时能发挥最大的承载效率。

动力锚的安装过程涉及锚-水-土耦合作用，在海床中的运动涉及锚-锚链-土大变形相互作用。研究动力锚的高速安装过程和锚-海床土相互作用涉及一门新兴交叉学科——海洋岩土工程。

1.5　海洋岩土工程特点

海洋岩土工程起源于陆地岩土工程，但近三十年来，海洋岩土工程因基础规模、安装方式等与陆地岩土工程有显著区别而逐渐分化出来，并形成了一个专门的学科（Randolph et al., 2011a）。海洋岩土工程与陆地岩土工程的不同点主要体现在以下几个方面（Dean, 2010）：

（1）客户和监管机构不同；

（2）海上结构物尺寸巨大；

（3）海上结构物设计寿命通常为 25～50 年；

（4）很多海上结构物都是在陆上建造，然后浮拖至海上进行安装；

（5）海洋地基处理代价高昂，所以一般不作处理；

（6）需考虑大范围地质灾害对海上结构物的影响；

（7）由海洋环境荷载引起的水平荷载是海上结构物受到的主要荷载；

（8）循环荷载有可能是海洋岩土工程设计中的主要或决定性因素；

（9）海上结构物一旦失事，将引发严重的环境灾害和经济损失。

海洋岩土工程是海洋工程与岩土工程的交叉学科，它关注海床土的基本力学特性以及海床土-结构相互作用机理，是土木工程的延伸和发展。海洋岩土工程具有以下特点：

（1）现场勘探成本高昂，需要用到专业的勘探船，船只租赁和使用费用高达上百万美元/天；

（2）海床土具有很强的结构性，往往具有高灵敏度；

（3）作用在海洋结构物上的荷载巨大；

（4）更多地考虑结构的极限承载力问题而非刚度问题，尽管结构刚度对结构动力响应具有重要影响。

海洋环境荷载主要包括风荷载、波浪荷载及海流荷载，在有些地区还包括冰荷载和地震荷载等。作用在浮式结构上的荷载主要为波浪荷载。不同区域波浪荷载的周期和幅值有所不同，如几内亚湾的波浪幅值较小，作用在浮式结构上的波浪荷载也较小；而墨西哥湾常出现飓风和超高波浪，浮式结构易遭受极端波浪荷载作用（Randolph et al., 2011a）。环境荷载直接作用在上部结构上，并通过水中支撑部分或系泊系统传递给基础。因此，一般通过对上部结构进行受力分析可确定基础所需的承载力。海洋环境荷载非常复杂，而本书主要聚焦作用在海底锚固基础上的上拔荷载,对海洋环境荷载不再展开介绍,有兴趣的读者可参考相关文献(曾一非,2007; Faltinsen, 1990)。

海洋环境荷载的一大特点是具有显著的循环分量,且非常不规律。因此,锚固基础既受到持久荷载,又受到波浪引起的循环荷载,如图 1.14 所示。在循环荷载作用下,锚固基础周围土体经受循环剪切作用。若剪切过程中土体处于不排水状态,则随着塑性剪应变的累积,土强度降低且超孔隙水压力不断累积。因此,在超设计循环荷载作用下,锚固基础因周围土强度降低而容易被拔出海床。

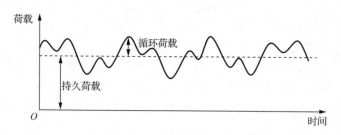

图 1.14　作用在锚固基础上的上拔荷载

综上,海洋岩土工程所涉及结构类型、作用荷载和海床土性质与陆地岩土工程有很大差异。因此,在已有陆地测试技术和工程经验的基础上,需结合海床土的力学特性发展新型测试技术及设计准则。

1.6　海床土特性简介

Keller(1967)建议将海床沉积物分为六大类。第一类和第二类分别为河流冲刷形成的粉砂和粉土,它们均由陆上岩石风化形成并被河流运移至海洋;第三类为无机远海黏土,是一种深海沉积物;第四类和第五类分别为硅质软泥和钙质软泥,主要分布于深海海床;第六类为钙质砂和钙质粉土,包含有很多贝壳碎片和珊瑚残骸。

Randolph 等(2011a)总结了全球海洋油气富存区域海床土的性质:

(1)墨西哥湾海床土主要为正常固结软黏土,塑性指数 I_p 为 30~70,属中~高塑性土,海床中还可能分布砂土夹层;

(2)西非海域海床土主要为正常固结软黏土,塑性指数 I_p 为 70~120,属于高塑性土;

(3)北海等冰川区域海床土为硬质超固结黏土或密砂;

(4)东南亚海域海床表层经常覆盖粉质硬壳层,硬壳层强度比下层软土强度高 1~2 个量级;

（5）澳大利亚西北海域海床分布钙质砂、淤泥质黏土和黏土，海床土通常有不同程度的胶结。

当河流汇入海洋时，流速减慢，河流中携带的较粗的土颗粒首先沉积下来。土颗粒越细，沉积下来所需要的时间越长，最远可被海流携带至几百公里之外的海底。总体上来讲，从浅海到深海，海床土颗粒粒径呈逐渐减小的趋势。表 1.1 列出了我国不同海域海床土的基本物理性质。从表 1.1 中可以看出，我国深水海域广泛分布中、高塑性的软黏土。深海软黏土与陆地土体相比具有高孔隙比、高含水量、高灵敏度、高触变性和低剪切强度等特点。目前动力锚主要安装于深水软黏土海床，因此，本节主要介绍深海软黏土软化特性以及率效应特性。

表 1.1 我国不同海域海床土性质

海域位置	水深 /m	沉积物 类型	含水量 w/%	密度 ρ_s/(kg/m³)	孔隙比 e	塑性 指数 I_p
渤海湾北部（王凯等，2011）	≈18	淤泥质黏土	46.5	1800	1.23	16.6
黄海某区（卢博等，2005）	70～80	粉质黏土	43.4	1830	2.65	—
东海（近长江口）（Keller et al., 1985）	10～80	粉质黏土	80.4	1560	1.92	—
浙江-福建海峡（Xu et al., 2011）	<100	黏土	36.3	1750	0.99	19.5
南海北部大陆架（卢博等，2004）	<100	黏土	45.9	2100	1.95	—
西太平洋（于彦江等，2016）	5000～6000	黏土	158.6	1250	—	—
西沙东部（刘文涛等，2014）	400～2500	粉	110.9	1410	3.11	40.4
南海中沙（魏巍，2006）	≈4000	黏土	143.4	1380	3.57	28.3
南海荔湾（Palix et al., 2013）	1300～1500	黏土	200*	1200～1300	—	80～90
南海西部（任玉宾等，2017）	2000～3500	黏土	145.8	1340	3.99	39.8

* 200%指表层土含水量，土体密度为 1200～1300 kg/m³，在 20 m 深度处，含水量约为 90%，土体密度为 1470 kg/m³。

1.6.1 软化特性

软黏土在发生剪切变形时，结构性逐渐丧失或破坏导致抗剪强度降低，该现象称为土体软化。对于富含硅质的海床土，在剪切变形时部分生物硅壳体发生破碎，壳体中富存的水（大部分为自由水）被释放，增加了黏土颗粒间自由水的含量，从而使土体进一步软化。对于富含钙质的海床土，在剪切变形时土颗粒间的胶结性被破坏，从而导致土体不排水抗剪强度迅速衰减。Einav 等（2005）提出了表征软黏土软化特性的模型：

$$s_u = R_f \delta(\xi) s_{u,ref}$$
$$\delta(\xi) = \delta_{rem} + (1-\delta_{rem})e^{-3\xi/\xi_{95}}$$
（1.1）

式中，s_u 为土体不排水抗剪强度；R_f 和 $\delta(\xi)$ 分别为土体率效应系数和软化效应系数；δ_{rem} 为重塑强度比；ξ 为累积塑性剪应变；ξ_{95} 为土体达到 95%重塑程度时的累积塑性剪应变；$s_{u,ref}$ 为参考剪应变率下原状土（未扰动土）的不排水抗剪强度。

　　土体不排水抗剪强度 s_u 随累积塑性剪应变 ξ 的衰减关系如图 1.15 所示。重塑强度比 δ_{rem} 表征土强度的最终衰减程度，定义为完全重塑土强度与未扰动土强度之比，为土体灵敏度系数 S_t 的倒数。δ_{rem} 越小表明土体结构性越强。ξ_{95} 表征土强度的衰减速率，ξ_{95} 越大表明土体"延性"越好、土强度衰减越慢。土体软化效应参数（δ_{rem}、ξ_{95}）可通过原位 T-bar 触探试验、球形触探试验以及十字板剪切试验等来确定。

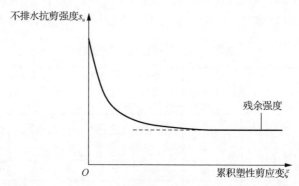

图 1.15　不排水抗剪强度随累积塑性剪应变的衰减关系

　　表 1.2 汇总了不同海域海床土的灵敏度。

　　当灵敏度系数 $S_t \leqslant 2$ 时，为低灵敏度土；

　　当 $2 < S_t \leqslant 4$ 时，为中灵敏度土；

　　当 $4 < S_t \leqslant 8$ 时，为高灵敏度土；

　　当 $S_t > 8$ 时，为超高灵敏度土。

　　从表 1.2 中可以发现，海床软黏土一般具有高灵敏度或超高灵敏度。因此，在分析结构-海床土相互作用时有必要考虑软化特性对土强度的影响。

表 1.2　不同海域海床土灵敏度

海域	水深/m	灵敏度系数 S_t	参考文献
南海荔湾	1300～1500	≈8.5	Palix 等（2013）
南海西部	1982～2564	>4，多数土样超过10	任玉宾等（2019）
几内亚湾	400～2000	4～6	Colliat 等（2011）
墨西哥湾	350～1500	1.1～7.6	Low 等（2010）
埃及海域		1.9～4.9	
毛里塔尼亚海域		2～10	
挪威海域		1.3～7.0	
帝汶海		1.3～4.4	

1.6.2　率效应特性

深海软黏土中天然含水量通常接近甚至高于液限，土体处于流塑态并呈现黏性流体的性质。与黏性流体相似，土体不排水抗剪强度随剪应变率的增加而提高，该现象即为率效应。式（1.1）中率效应系数 R_f 与剪应变率的关系可用半对数、幂指数或反双曲正弦形式来表示。

$$R_f = 1 + \lambda \log(\dot{\gamma}/\dot{\gamma}_{ref}) \qquad \text{半对数形式} \qquad (1.2)$$

$$R_f = (\dot{\gamma}/\dot{\gamma}_{ref})^{\beta} \qquad \text{幂指数形式} \qquad (1.3)$$

$$R_f = 1 + \lambda' \text{arcsinh}(\dot{\gamma}/\dot{\gamma}_{ref}) \qquad \text{反双曲正弦形式} \qquad (1.4)$$

式中，λ、β 和 λ' 均为率效应参数；$\dot{\gamma}$ 和 $\dot{\gamma}_{ref}$ 分别为剪应变率和参考剪应变率。剪应变率一般取为剪切速率与特征直径之比。对于原位触探试验，特征直径可选为触探仪直径。若已知 λ，可反算出式（1.3）和式（1.4）中的参数 β 和 λ'。式（1.4）中参数 λ' 一般取 $\lambda' = \lambda/\ln(10)$，可保证基于半对数和反双曲正弦表达式得到的率效应系数 R_f 基本一致（Einav et al., 2006）。假设 $\lambda = 0.2$，即剪应变率每提高一个量级，土体不排水抗剪强度提高20%，对应的 β 和 λ' 分别为 0.079 和 0.087。三种表达式得到的率效应系数 R_f 随剪应变率 $\dot{\gamma}$ 与参考剪应变率 $\dot{\gamma}_{ref}$ 之比 $\dot{\gamma}/\dot{\gamma}_{ref}$ 的变化如图 1.16 所示。

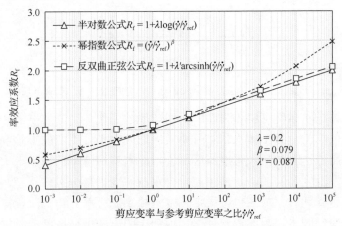

图 1.16　率效应系数随剪应变率与参考剪应变率之比的关系

当剪应变率与参考剪应变率之比 $\dot{\gamma}/\dot{\gamma}_{ref}$ 大于 1 且不超过 10^3 时，三种表达式得到的率效应系数 R_f 基本相同；当 $\dot{\gamma}/\dot{\gamma}_{ref}$ 超过 10^3 时，半对数和反双曲正弦表达式得到的率效应系数 R_f 基本一致，而幂指数表达式得到的率效应系数 R_f 偏高。Biscontin 等（2001）通过十字板剪切试验发现，当 $\dot{\gamma}/\dot{\gamma}_{ref}$ 超过 $10^3 \sim 10^4$ 时，率效应参数 λ 随剪应变率的增加而增加，因此基于幂指数表达式来计算率效应系数 R_f

更为合适。当比值 $\dot{\gamma}/\dot{\gamma}_{\mathrm{ref}}$ 小于 1 时，用半对数和幂指数表达式得到的率效应系数小于 1，而用反双曲正弦表达式得到的率效应系数等于 1，即认为此时剪切速率较低，不必考虑率效应对土强度的影响。

一般来说，试验中测得的土强度依赖于剪应变率、排水条件以及试验类型。根据室内三轴试验、直剪试验，或现场十字板剪切试验、锥形、T-bar、球形触探仪静压触探试验均可确定土强度。在允许排水条件下，土强度随剪切速率的变化关系示于图 1.17。图中纵坐标 $q_{\mathrm{net}}/\sigma'_{\mathrm{v0}}$ 为单位面积土体净阻力与有效上覆土重之比，表征土强度大小，q_{net} 越大表明土强度越大，横坐标为无量纲化的速度 V，由 Finnie 等（1994）提出：

$$V = \frac{v d_{\mathrm{charac}}}{c_{\mathrm{v}}} \tag{1.5}$$

式中，v 为剪切速率；d_{charac} 为特征尺寸；c_{v} 为土体竖向固结系数（单位：$\mathrm{m^2/s}$）。

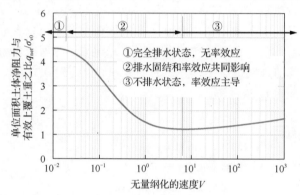

图 1.17　土强度随剪切速率（无量纲化的速度）的变化关系（Lehane et al., 2009）

根据土体排水条件可将土强度随剪切速率的变化关系分为三个区域：区域①，剪应变率极低，土体处于排水状态且率效应影响很小，对应的土强度为土体在此固结压力下所能达到的最大强度；区域②，随着剪应变率的增加，土体中的超孔隙水压力来不及完全消散，土体由完全排水状态变为部分排水状态，这将导致土强度降低；尽管此时率效应也在一定程度上提高土强度，但该阶段排水状态是影响土强度的决定因素，因此在宏观上表现为土强度随剪应变率的增加而减小；区域③，当剪应变率增加到一定程度时，土体处于完全不排水状态，率效应对土强度起主导作用，土体不排水强度随剪应变率的增加而提高。因此，在确定土体的率效应参数时，参考剪应变率的选择应保证土体处于完全不排水状态，以避免排水固结对土强度的影响。

表 1.3 统计了不同海域海床土的率效应参数。土体所受剪应变率每提高一个量级，不排水抗剪强度提高 8%～20%。在海洋岩土工程中，立管-海床相互作用、

动力锚及自由落体式贯入仪的高速沉贯过程均会导致结构周围土体受到高剪应变率，因此需要考虑率效应的影响。刘君等（2017）总结了世界范围内部分陆地、海洋以及人工配制黏土的率效应参数，剪应变率每提高一个量级，不排水抗剪强度提高10%～38%。

表 1.3　不同海域海床土率效应参数

海域	水深/m	率效应参数 λ	参考文献
南海荔湾	1300～1500	≈0.08	Palix 等（2013）
几内亚湾	600～1300	0.15～0.20	Torisu 等（2012）
几内亚湾	400～1500	0.18	Colliat 等（2011）
墨西哥湾	—	0.12～0.15	Aubeny 等（2007）

图 1.18 展示了不同类型海底结构与海床软黏土相互作用时土强度演化规律。以自升式平台桩靴基础插桩过程为例，海床土所受剪应变率较低，土体因大变形扰动而发生应变软化，在宏观上表现为土强度降低。动力锚以及自由落体式贯入仪在高速贯入海床过程中，海床土经受高剪应变率，同时也发生应变软化，但率效应对土强度的影响更显著，在宏观上表现为土强度提高。因此，应结合实际岩土工程问题来选择强度参数。

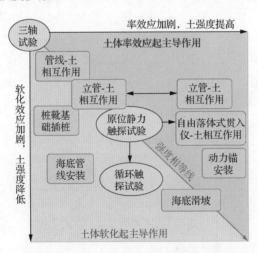

图 1.18　结构周围海床土强度演化规律

1.7　海床土强度测试技术简介

陆上工程取样比较方便，可将土样运至实验室进行室内单元试验以测定土样强度参数及其他基本物理性质。同时，各种现场原位测试也常用来测定原状土的力学特性参数，如平板载荷试验、静力触探和动力触探试验、旁压试验等。相比陆上工程或近浅海工程，深海工程取原状样难度大且需要专业的勘探船，取样代价十分高昂。因此，现场原位测试技术越来越受到青睐。对于重要工程，可用箱式取样器或钻芯取样，然后再通过室内试验进行土样基本物理性质（密度、含水量、颗粒级配、液塑限等）测定、土层分布以及强度测试等。土强度测试方法主要包括室内单元试验和原位试验。

1.7.1　室内单元试验

室内单元试验主要包括直剪试验、单剪试验、三轴试验和空心圆柱扭剪试验。本节简要介绍室内单元试验方法，详细内容可参考《土力学与地基基础》（马宁，2008）、《土工原理》（殷宗泽，2007）以及《高等土力学》（李广信, 2004）。

1. 直剪试验

直剪试验（direct shear test）中所用直剪仪包括上下两个刚性剪切盒，一半固定，另一半或推或拉以产生水平位移。上部通过刚性加载帽施加向下的竖向力，试验过程中竖向力一般保持不变，可测得水平方向剪切力、水平位移和试样竖向位移。根据剪切面的面积，可计算出剪切面上的正应力 σ_v 和切应力 τ。试样剪破时对应的切应力为 τ_f。根据破坏时 σ_v 和 τ_f 间的关系可确定土的强度包线，如图 1.19 所示。直剪试验的破坏面（即剪切面）是人为确定的，试样中的应力和应变不均匀且相当复杂，试样内各点应力状态及应力路径不同。在剪切破坏时，破坏面上的正应力 σ_v 始终不变，但切应力 τ 一直在变化，导致剪切面附近土单元主应力大小和方向均发生改变。

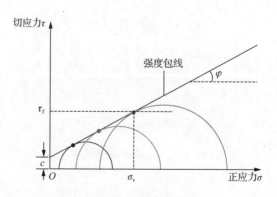

图 1.19　直剪试验强度包线

根据排水条件和剪切前的应力状态，可将黏土直剪试验分为以下三类：

（1）快剪（quick shear, 记为 q），对试样施加不同竖向正应力 σ_v，立即较快地施加剪力，控制在 3～5 min 内将试样剪破，确保土样基本处于不排水状态。

（2）固结快剪（consolidated quick shear，记为 cq），对试样施加不同竖向正应力 σ_v 后，待试样固结稳定（通常等待 24 h），再较快地施加剪力，控制在 3～5 min 内将试样剪破。

（3）慢剪（slow shear，记为 s），对试样施加不同竖向正应力 σ_v 后，待试样固结稳定（通常等待 24 h），再以很慢的速率施加剪力，确保试样在剪切过程中充分排水，不产生超孔隙水压力。

需要说明的是，直剪仪不能严格控制排水条件，不能测量孔隙水压力。对于渗透系数 $k' > 10^{-8}$ m/s 的土，不宜用直剪仪进行快剪试验。

2. 单剪试验

单剪试验（simple shear test）中单剪仪四周用一系列环形圈代替刚性盒，因而不会产生明显的应力应变不均匀，认为试样内所施加的应力为纯剪。加载过程中，竖向正应力 σ_v 和水平应力 σ_h 保持常数，切应力 τ 不断增加直至试样破坏，如图 1.20（a）所示。试样达到破坏状态时的最大和最小主应力分别为 σ_{1f} 和 σ_{3f}。单剪试验中应力莫尔圆圆心不变，其直径逐渐扩大直至与强度包线相切，如图 1.20（b）所示。值得注意的是，水平面(σ_v, τ_{vh})和竖直面(σ_h, τ_{hv})都不一定是破坏面，f' 和 f'' 代表破坏面的应力大小和方向。与直剪试验相比，单剪试验的试样内应力状态比较均匀，且在剪切过程中截面积不会发生变化。

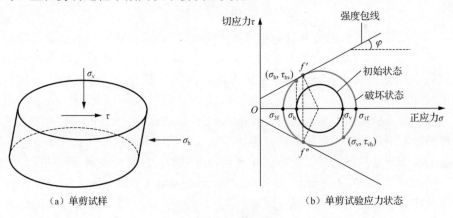

（a）单剪试样　　　　　　　　　　（b）单剪试验应力状态

图 1.20　单剪试验

3. 三轴试验

三轴试验（triaxial test）可完整地反映试样受力变形直到破坏的全过程，既可做强度试验，也可做应力-应变关系试验。它可以模拟不同应力路径，也能很好地控制排水条件，不排水条件下还可量测试样的超孔隙水压力。三轴试验的试样为圆柱形，试样用橡皮膜包裹，放在压力室的压力水中。对于饱和试样，在排水试验中，可通过接通排水管测量试样的体积变化；在不排水试验中，可通过孔压传感器测量试样中的孔隙水压力。在试验中，首先对试样施加围压 σ_c，此时试样为各向等压应力状态，即 $\sigma_1 = \sigma_2 = \sigma_3 = \sigma_c$；随后对试样施加轴向压力，记作用在土样上的轴向应力为 σ_a，如图 1.21（a）所示。按照一定规律变化围压 σ_c 和轴向应力 σ_a，用三轴仪可完成不同应力路径的试验。三轴试验中，平均主应力 p 和偏应力（广义剪应力）q 分别表示为

$$p = \frac{\sigma_a + 2\sigma_c}{3} \tag{1.6}$$

$$q = \sigma_a - \sigma_c \tag{1.7}$$

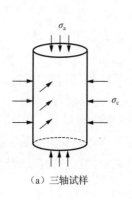
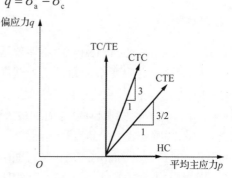

（a）三轴试样　　　　　　　　　（b）几种三轴试验应力路径

图 1.21　三轴试验

　　三轴试验常见的应力路径包括各向等压试验、常规三轴压缩试验、常规三轴伸长试验、平均主应力为常数的三轴试验、减压的三轴试验、减载的三轴伸长试验、等比加载试验等。这里主要介绍前四种试验类型，对应的应力路径如图 1.21（b）所示。

　　各向等压试验也称静水压缩（hydrostatic compression, HC）试验：在三轴压力室中用静水压力通过橡皮膜向试样施加围压 σ_c，试样应力状态为 $\sigma_1 = \sigma_2 = \sigma_3 = \sigma_c$，不断增加围压并同时测量试样的体积变化，通过循环加载可确定土体的压硬性。

　　常规三轴压缩（conventional triaxial compression, CTC）试验：在一定围压 σ_c 下对试样先进行各向等压固结（HC），然后保持围压 σ_c 不变，增加轴向应力 σ_a 直至试样破坏。

　　常规三轴伸长（conventional triaxial extension, CTE）试验：在初始围压 σ_{c0} 下进行各向等压固结，然后保持轴向应力 $\sigma_a = \sigma_{c0}$，逐渐增加围压使 $\sigma_c = \sigma_1 = \sigma_2$，$\sigma_a = \sigma_3$，试样被挤长，所以也称 CTE 试验为"挤长试验"。

　　平均主应力 p 为常数的三轴压缩（triaxial compression, TC）和三轴伸长（triaxial extension, TE）试验：由于保持平均主应力 p 为一常数，在 TC 试验中轴向应力为

大主应力，即 $\sigma_a = \sigma_1$，在 σ_a 增加的同时减小围压 σ_c，最后试样被压缩而破坏；而在 TE 试验中轴向应力为小主应力，即 $\sigma_a = \sigma_3$，在减小 σ_a 的同时增加围压 σ_c，最后试样被挤长而破坏。

当用平均主应力 p 和偏应力 q 表示应力路径时，上述四种三轴试验的应力路径如图 1.21（b）所示。根据应力状态和排水条件，三轴试验有不固结不排水剪、固结不排水剪和固结排水剪三种试验方法。

不固结不排水剪（unconsolidation undrained shear，记为 UU），简称不排水剪（U）：在试验过程中，施加各向等压围压 σ_c 时，需关闭排水阀门（不固结）；施加偏应力 q 时，也要关闭排水阀门（不排水）。

固结不排水剪（consolidation undrained shear，记为 CU）：试验过程中，施加各向等压围压 σ_c 时，打开排水阀门，使试样在围压作用下固结稳定，然后关闭排水阀门，在不排水条件下施加偏应力 q，直至试样被剪破。

固结排水剪（consolidation drained shear，记为 CD），简称排水剪（D）：试验过程中，施加各向等压围压 σ_c 时，打开排水阀门，使试样在围压作用下固结稳定；在施加偏应力 q 的过程中，也要打开排水阀门，并且偏应力的施加速率要很慢，以保证试样充分排水，在剪切变形过程中不出现超孔压累积。

4. 空心圆柱扭剪试验

空心圆柱扭剪试验可研究主应力方向旋转情况下土的力学特性，空心圆柱扭剪仪在独立施加内压、外压、轴向荷载和扭矩时，可以变化 σ_r（径向）、σ_θ（环向）、σ_v（竖向）和 $\tau_{v\theta}$（扭转）四个应力变量，亦即可独立变化三个主应力的大小和在一个方向上变化主应力方向，从而实现主应力方向的旋转，如图 1.22 所示。空心圆柱扭剪仪是研究主应力旋转对土应力-应变关系影响及土的各向异性的重要仪器。

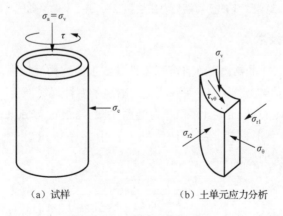

　　　　（a）试样　　　　　　　　　（b）土单元应力分析

图 1.22　空心圆柱扭剪试验

　　在海洋岩土工程中，基于室内单元试验可建立海床土的本构模型、获得土体的率效应和软化效应参数、建立循环荷载作用下强度等值线图等。例如，Le 等（2008）通过三轴压缩试验和三轴伸长试验研究了墨西哥湾海底软黏土的应力-应变关系曲线，并确定了临界状态线（critical state line, CSL）的斜率；很多学者通过三轴试验研究了不同加载速率对几内亚湾和南海荔湾海床土强度的影响，并确定了土体率效应参数 λ 分别为 0.15～0.20 和 0.08（Palix et al., 2013; Torisu et al., 2012; Colliat et al., 2011）；也有学者通过直剪试验分别建立了几内亚湾和南海荔湾海床土在循环荷载作用下的强度等值线图，以确定海床土在循环荷载作用下的强度衰减关系（Palix et al., 2013; Colliat et al., 2011）。图 1.23 为基于三轴试验测定的我国南海荔湾海床软黏土的应力-应变关系曲线，率效应参数 λ 为 0.08。

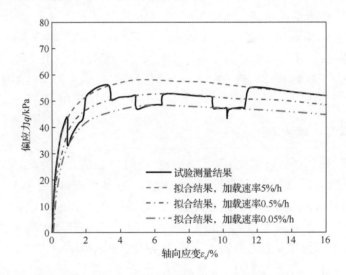

图 1.23　基于三轴试验测定的南海荔湾海床软黏土应力-应变关系曲线（Palix et al., 2013）

1.7.2　原位测试技术

　　深海海床土取样非常困难，且沉积特性导致土的结构性很强，因此取样扰动较大（Lunne et al., 1997）。为适应深海环境，出现了多种现场原位测试技术，包括十字板剪切试验（vane shear test）和静力触探试验（static penetration test）。十字板剪切仪是一个十字形钢板，将剪切仪插入土中并施加扭矩 T_{vane}，通过式（1.8）计算土体不排水抗剪强度 s_u：

$$s_u = \frac{2T_{vane}}{\pi D_{vane}^2 (H_{vane} + D_{vane}/3)} \tag{1.8}$$

式中，D_{vane} 和 H_{vane} 分别为十字板剪切仪的直径和高度。十字板剪切试验已广泛用于测定软黏土的不排水抗剪强度、率效应以及软化效应参数。例如，Aubeny 等（2007）基于十字板剪切试验研究了墨西哥湾软黏土的不排水抗剪强度和率效应特性；Biscontin 等（2001）研究了人工配制软黏土在峰值强度和残余强度时的率相关性；Schlue 等（2010）研究了德国一港口淤积软黏土在不同含水量时的率相关性。另外，十字板剪切试验测定的土体不排水抗剪强度还经常用于标定下文所述的静力触探仪的承载力系数（Colreavy et al., 2012; Low et al., 2010; Randolph et al., 2005）。

静力触探试验装置包括落底于海床表面的支撑结构和触探仪，如图 1.24（a）所示。支撑结构底部为一平板用来增加与海床的接触面积，避免支撑结构在自重作用下陷入海床中。支撑结构上装有加载装置，可将连接有触探仪的圆柱形连接杆以一定速率压入海床中，通过测量作用在触探仪上的土体阻力来解析土强度。图 1.24（b）为三种不同形状的触探仪，分别为锥形触探仪（cone penetrometer）、T-bar 触探仪（T-bar penetrometer）和球形触探仪（ball penetrometer）。当土体处于不排水状态时，土强度 s_{u} 可表示为

$$s_{\text{u}} = \frac{q_{\text{net-cone}}}{N_{\text{kT}}} = \frac{q_{\text{net-T-bar}}}{N_{\text{T}}} = \frac{q_{\text{net-ball}}}{N_{\text{B}}} \tag{1.9}$$

式中，$q_{\text{net-cone}}$、$q_{\text{net-T-bar}}$ 和 $q_{\text{net-ball}}$ 分别为土体对锥形、T-bar 和球形触探仪端部的净阻力；N_{kT}、N_{T} 和 N_{B} 分别为锥形、T-bar 和球形触探仪的承载力系数。

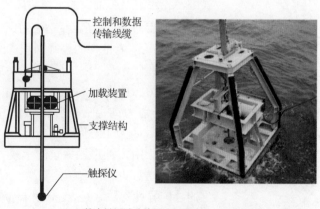

控制和数据
传输线缆

加载装置

支撑结构

触探仪

（a）静力触探试验装置 (Randolph et al., 2005)

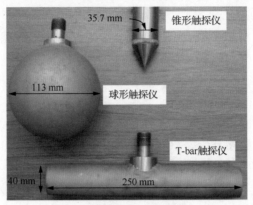

（b）不同形状的触探仪（Yafrate et al., 2009）

图 1.24　静力触探试验装置及不同形状的触探仪

锥形触探仪静力触探试验（cone penetration test, CPT）最早出现于 1932 年，经过 40 多年的发展在 20 世纪 70 年代逐渐趋于成熟，能同时测量锥尖阻力、侧壁摩擦阻力以及孔隙水压力。标准锥形触探仪直径 35.7 mm，锥角 60°，锥尖后装有力传感器来测量作用在锥尖上的土体阻力。锥尖后的圆杆上设有长度约为 134 mm 的摩擦筒来测量土体摩擦阻力。摩擦筒和锥尖之间通常装有孔压传感器，用来测量锥形触探仪周围土体中的孔隙水压力 u_2，基于孔压值可判定土体分层和修正作用在锥尖上的端承阻力（Low et al., 2010; Lunne et al., 2002）。当计算锥尖净阻力 $q_{net\text{-}cone}$ 时，一般用式（1.10）对孔压和上覆土重进行修正：

$$q_{net\text{-}cone} = q_t - \sigma'_{v0} = q_m + u_2(1 - a_{cone}) - \sigma'_{v0} \tag{1.10}$$

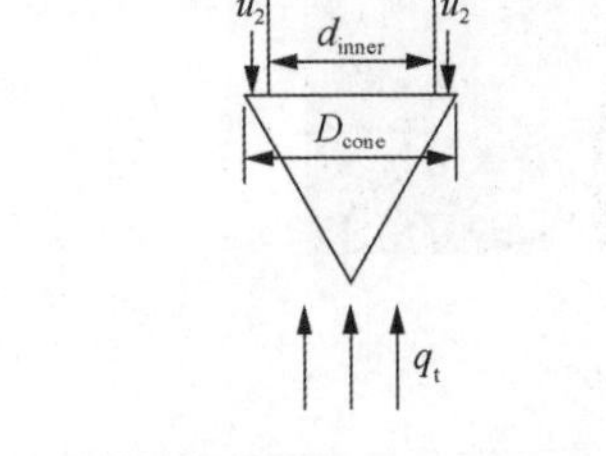

式中，q_t 为作用在锥尖的土体总阻力；σ'_{v0} 为土体有效自重应力；$q_m = F_m/A_F$，F_m 为锥尖力传感器测得的阻力，A_F 为锥尖的投影面积；u_2 为孔压传感器测得的孔隙水压力；a_{cone} 为锥尖后端收缩截面与锥尖投影面积之比，$a_{cone} = (d_{inner}/D_{cone})^2$，$d_{inner}$ 和 D_{cone} 分别为锥尖后端收缩截面和锥尖最大截面的直径，如图 1.25 所示。

在黏土中，锥形触探仪的承载力系数 N_{kT} 与土体刚度指数 I_R（$I_R = G/s_u$，G 为土的切变模量）、土的各向异性参数 Δ（$\Delta = (\sigma'_{v0} - \sigma_{h0})/(2s_u)$，$\sigma_{h0}$ 为某一深度处土体单元的水平应力）以及界面摩擦系数 α 有关（Walker et al., 2006; Randolph et al., 2005; Lu et al., 2004）。图 1.26 给出了 $\Delta = 0.5$、I_R 分别为 100 和 300 时承载力系数 N_{kT} 随界面摩擦系数 α 的变化关系。在用 CPT 的测量数

图 1.25　作用在锥尖上的力

据确定土体不排水抗剪强度时需修正上覆土重应力 σ'_{v0}，并需考虑土体的刚度指数 I_R 及土的各向异性参数 Δ 的影响。这些因素均增加了土强度识别的不确定性，要结合大量的工程经验才能得到合理可靠的结果。另外，锥形触探仪的投影面积较小（$A_F = 1000 \text{ mm}^2$），在极软和超软土中锥尖所受土体端承阻力很小，对锥尖力传感器测量精度提出了很大的挑战。Colreavy 等（2012）在用锥形触探仪测量北爱尔兰一区域软土时得到的锥尖阻力基本为零，难以根据 CPT 数据来识别土强度参数。

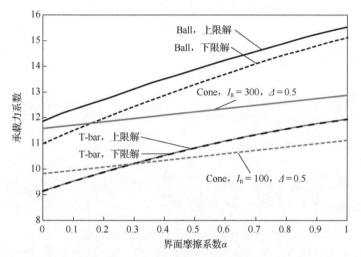

图 1.26　三种触探仪对应的承载力系数

根据 CPT 测得土强度及超孔压可进行海床土分层。F_r 为摩阻比，定义为摩擦筒所受土体阻力 f_s 与锥尖所受土体净阻力 $q_{\text{net-cone}}$ 之比：

$$F_r = f_s / q_{\text{net-cone}} \tag{1.11}$$

超孔压比 B_q 定义为锥尖和摩擦筒之间孔压传感器所测得超孔隙水压力 Δu_2 与锥尖净阻力 $q_{\text{net-cone}}$ 之比：

$$B_q = \Delta u_2 / q_{\text{net-cone}} \tag{1.12}$$

式中，$\Delta u_2 = u_2 - u_0$，u_0 为静水压力。

Lunne 等（2002）和 Robertson（1990）根据锥尖净阻力、摩阻比、超孔压比提出了土体分类图。若端承阻力较低，摩阻比和超孔压比较高，则土层为黏性土；若端承阻力较高，摩阻比和超孔压比较低，则土层为砂性土。

为了提高测量精度和避免修正上覆土重应力，Steward 等（1991）提出了基于"全流动模式"的 T-bar 触探仪，如图 1.24（b）所示。T-bar 为一段圆柱形杆，海洋岩土工程中所用的 T-bar 直径 40 mm，长度 250 mm，投影面积 10000 mm²。当 T-bar 连续贯入海床中时，T-bar 周围土体的流动机制如图 1.27 所示。当 T-bar 的贯入深度较浅时，在土体上方留下一个孔洞，孔洞周围的土体因具有一定强度会保持稳定而不会坍塌，T-bar 底部排开的土体被向上挤出导致海床表面隆起一定高度；随着 T-bar 继续向下贯入，T-bar 上部孔洞周围土体受到的侧向土压力越来越大，孔洞逐渐闭合，此时 T-bar 排开的土体更趋于向 T-bar 顶部的孔洞流动而不易向土表面流动，T-bar 周围土体形成部分回流机制；当 T-bar 的贯入深度达到或超过某一临界深度时，T-bar 周围土体形成完全回流机制（full-flow mechanism），上部孔洞完全闭合。当 T-bar 周围土体形成完全回流机制时，土体的流动仅局限在T-bar 周围而不再发展至土表面，当计算作用在 T-bar 上的土体阻力时无须再对上覆土重应力进行修正。

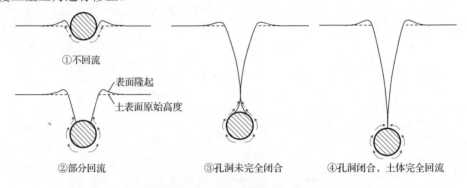

图 1.27　T-bar 触探仪周围土体流动机制

　　T-bar 长度和直径之比通常为 4～6，其抗弯性能较差，当土强度存在水平变异性时，作用在 T-bar 上的不均匀土体阻力会对力传感器产生一个外力矩，从而影响传感器的测量精度，甚至造成传感器损坏。所以，在 T-bar 的基础上又发展了轴对称的球形触探仪（Randolph et al., 2000），如图 1.24（b）所示。球形触探仪与 T-bar 触探仪相同，也是一种全流模式触探仪。海洋岩土工程中常用的球形触探仪直径为 113 mm，投影面积为 10000 mm^2，与 T-bar 触探仪投影面积相同，为锥形触探仪的 10 倍，能显著提高作用在触探仪上的土体阻力，从而提高土强度测量精度。

　　T-bar 和球形触探仪的承载力系数可由塑性力学知识来计算。Randolph 等（1984）采用塑性力学上下限分析方法研究了黏土中无限长圆桩受侧向荷载时的极限压力，这与 T-bar 的受荷模式相同，对应的上下限结果如图 1.26 所示。T-bar 的承载力系数 N_T 随界面摩擦系数 α 的增加而增加：当 $\alpha = 0$ 时，$N_T = 9.14$；当 $\alpha = 1.0$ 时，$N_T = 11.94$。Randolph 等（2000）分析了球在黏土中的承载力系数，其上下限结果如图 1.26 所示。球形触探仪的上下限解之间的差距稍大：当 $\alpha = 0$ 时，上下限解的承载力系数分别为 11.80 和 10.97；当 $\alpha = 1.0$ 时，上下限解的承载力系数分别为 15.54 和 15.10。

相比 CPT，T-bar 和球形触探仪的承载力系数与土体刚度指数无关，只与界面摩擦系数有关，因此基于 T-bar 或球形触探仪触探试验确定土强度要更加简单，也越来越多地应用到室内模型试验和现场试验中。例如，T-bar 触探试验已经用于测量几内亚湾、南海荔湾等区域海床土强度（Palix et al., 2013; Colliat et al., 2011）。基于 T-bar 或球形触探仪循环试验还可以确定土体的灵敏度系数（White et al., 2013; Randolph, 2012; Randolph et al., 2011b, 2005; Lunne et al., 2011; DeJong et al., 2010）。循环试验指触探仪在一定深度范围内重复进行贯入-上拔过程，土体在循环剪切过程中结构性逐渐丧失，土强度不断衰减直至完全重塑，根据所测峰值土强度和残余土强度可确定土体的灵敏度系数。值得注意的是，T-bar 或球形触探仪初始贯入海床时会不可避免地造成土体扰动，初次贯入时得到的土强度是包含一定软化效应的土强度，故基于 T-bar 或球形触探仪循环试验得到的灵敏度系数偏低。因此，发展仅仅通过一次贯入试验就可以解析海床土强度特性（含软化特性参数）的反演方法对提高深海原位测试精度和效率是非常有必要的（Liu et al., 2019）。图 1.28（a）为一组 T-bar 循环试验结果（Hodder et al., 2010），当 T-bar 第一次被拔出时，上拔过程得到的净阻力 q_{net} 小于第一次贯入过程的净阻力，这是因为 T-bar 拔出过程造成了部分土体扰动。随着循环次数 i 的增加，土强度逐渐减小并最终趋于稳定。当土强度不再随循环次数变化时表明土体达到完全重塑状态，此时的强度为残余强度。图 1.28（b）为土强度衰减比 $q_{net,i}/q_{net,0.25}$（$q_{net,i}$ 和 $q_{net,0.25}$ 分别为循环贯入和初次贯入时土体阻力，$i = 0.25$ 表示初次贯入，$i = 1.25$ 表示第二次贯入，以此类推）随循环次数 i 的变化关系，对于 Hodder 等（2010）所用的高岭土，当 $i > 4$ 时，土体基本达到完全重塑状态。

贯入和上拔过程净阻力 q_{net}/kPa

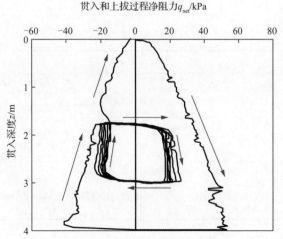

（a）T-bar 循环试验得到的土强度

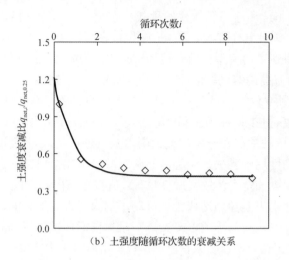

（b）土强度随循环次数的衰减关系

图 1.28　T-bar 循环试验（Hodder et al., 2010）

当 T-bar 或球形触探仪从海床表面贯入海床中时，需要一定的贯入深度才能保证触探仪顶部孔洞完全闭合、周围土体达到完全回流状态。影响触探仪周围土体流动机制的主要因素是无量纲化的强度比 $s_u/(\gamma'_s D)$，其中 D 为触探仪直径，γ'_s 为饱和土体有效容重。土强度越大或土体有效容重越小，触探仪周围土体达到完全回流状态对应的临界深度越大（Morton et al., 2014; Zhou et al., 2013; White et al., 2010）。White 等（2010）和 Zhou 等（2013）采用有限元分析研究了 T-bar 和球形触探仪在均质黏土中的连续贯入过程，得到了土体从部分流动状态向完全回流状态转变的临界深度，并提出了部分回流条件下的承载力系数修正方法。

表 1.4 汇总了不同现场原位测试技术的优点和不足。

表 1.4　现场原位测试技术的优点和不足

测试方法	优点	不足
十字板剪切试验	● 对周围土体扰动较小 ● 可得到峰值土强度、残余土强度以及灵敏度系数	● 不能得到土强度沿深度连续变化的情况 ● 只适用于黏土
CPT	● 应用广泛，经验丰富 ● 适用范围广，不局限于土体类型 ● 能进行土层分类	● 承载力系数与上覆土重应力及土体刚度指数等因素有关
基于"全流动模式"的触探仪	● 具有较大的投影面积，能测量海床软黏土的强度 ● 受力简单，承载力系数只与界面摩擦系数有关 ● 能测得土强度沿深度连续变化的情况，基于循环试验可测得土体灵敏度系数	● 适用于软黏土，不适用于砂土 ● T-bar 长径比较高，容易弯折

静力触探试验需要用到体型巨大的加载装置和专业的勘探船。为了降低勘探成本且提高测试效率，在静力触探试验的基础上发展了一种新型原位测试技术——

自由落体式贯入仪（free fall penetrometer, FFP）。FFP 依靠在水中自由下落获得的动能和自身重力势能贯入海床中，内部配备加速度传感器来测量沿程加速度，根据 FFP 自重、加速度变化规律以及沉贯深度等可反演海床土强度。FFP 在水中自由下落过程和在海床中高速沉贯过程与动力锚安装过程类似，都需要明确作用在 FFP 或动力锚上的各项阻力，并建立 FFP 或动力锚安装过程运动微分方程，从而反演出海床土强度或预测得到锚的沉贯深度。FFP 的外形主要呈锥形、鱼雷形及球形（Morton et al., 2016; Stark et al., 2016; Dayal et al., 1973），如图 1.29 所示。

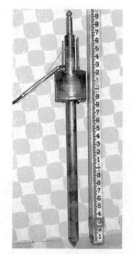

（a）锥形（Dayal et al., 1973）　　　（b）鱼雷形（Stark et al., 2016）　　　（c）球形（Morton et al., 2016）

图 1.29　自由落体式贯入仪

　　FFP 在海床中的高速沉贯过程涉及结构-海床土-水耦合作用，需考虑高剪应变率效应和大变形软化效应对海床土强度的影响，并需考虑拖曳阻力及携水效应对 FFP 与海床土相互作用机理的影响。上述因素均增加了基于 FFP 测量土体不排水抗剪强度的不确定性。因此，目前 FFP 主要用来：①大致确定海床土类型；②作为静力触探试验的补充试验，确定海床土的水平变异性。

参 考 文 献

侯金林, 于春洁, 沈晓鹏, 2013. 深水导管架结构设计与安装技术研究——以荔湾 3-1 气田中心平台导管架为例. 中国海上油气, 25(6): 93-97, 127.

江文荣, 周雯雯, 贾怀存, 2010. 世界海洋油气资源勘探潜力及应用前景. 天然气地球科学, 21(6): 989-995.

李广信, 2004. 高等土力学. 北京: 清华大学出版社.

李清平, 2006. 我国海洋深水油气开发面临的挑战. 中国海上油气, 18(2): 130-133.

刘君, 李明治, 韩聪聪, 2017. 土体率效应对动力锚沉贯深度影响. 大连理工大学学报, 57(1): 68-77.

刘文涛, 石要红, 张旭辉, 等, 2014. 西沙海槽东部海底浅表层土工程地质特性及水合物细粒土力学性质试验. 海洋地质与第四纪地质, 34(3): 39-47.

卢博, 李赶先, 黄韶健, 等, 2004. 南海北部大陆架海底沉积物物理性质研究. 海洋工程, 22(3): 48-55.

卢博, 李赶先, 黄韶健, 等, 2005. 中国黄海、东海和南海北部海底浅层沉积物声学物理力学性质之比较. 海洋技术, 24(2): 28-33.

马宁, 2008. 土力学与地基基础. 北京: 科学出版社.

任玉宾, 朱兴运, 周令新, 等, 2017. 南海西部海盆深海沉积物物理性质初探. 中国海洋大学学报(自然科学版), 47(10): 14-20.

任玉宾, 王胤, 杨庆, 2019. 典型深海软黏土全流动循环软化特性与微观结构探究. 岩土工程学报, 41(8): 1562-1568.

王凯, 吴建政, 安永宁, 等, 2011. 渤海湾北部表层沉积物的物理力学性质. 海洋地质前沿, 27(1): 14-18.

魏巍, 2006. 南海中沙天然气水合物资源远景区海底沉积物的物理力学性质研究. 海岸工程, 25(3): 33-38.

殷宗泽, 2007. 土工原理. 北京: 中国水利水电出版社.

于彦江, 段隆臣, 王海峰, 等, 2016. 西太平洋深海沉积物的物理力学性质初探. 矿冶工程, 36(5): 1-4, 9.

曾一非, 2007. 海洋工程环境. 上海: 上海交通大学出版社.

American Oil & Gas Historical Society, 2018. Offshore petroleum history: drilling technologies evolved from lake plateforms and California piers. [2019-06-25]. http://aoghs.org/offshore-history/offshore-oil-history/.

American Petroleum Institute(API), 2002. Recommended practice for planning, designing and constructing fixed offshore platforms – working stress design. RP 2A-WSD. Washington: API Publishing Services.

APT Global, 2019. Construction of gravity anchors. [2019-06-25]. http://www.aptglobalmarine.com/gallery?cat=dredging&sub=construction-of-gravity-anchors.

Aubeny C P, Shi H, 2007. Effect of rate-dependent soil strength on cylinders penetrating into soft clay. Oceanic Engineering, 32(1): 49-56.

Bilgili M, Yasar A, Simsek E, 2011. Offshore wind power development in Europe and its comparison with onshore counterpart. Renewable and Sustainable Energy Reviews, 15(2): 905-915.

Biscontin G, Pestana J M, 2001. Influence of peripheral velocity on vane shear strength of an artificial clay. Geotechnical Testing Journal, 24(4): 423-429.

Bienen B, O'Loughlin C D, Zhu F, 2017. Physical modelling of suction bucket installation and response under long-term cyclic loading//Offshore Site Investigation Geotechnics 8th International Conference Proceeding. Society for Underwater Technology, London, UK: 524-531.

Brandão F E N, Henriques C C D, Araújo J B, et al., 2006. Albacora Leste field development-FPSO P-50 mooring system concept and installation//Offshore Technology Conference, Houston, USA: OTC-18243-MS.

Cassidy M J, Gaudin C, Randolph M F, et al., 2012. A plasticity model to assess the keying of plate anchors. Géotechnique, 62(9): 825-836.

Colliat J L, Dendani H, Puech A, et al., 2011. Gulf of Guinea deepwater sediments: geotechnical properties, design issues and installation experiences. Proceedings of the 2nd International Symposium on Frontiers in Offshore Geotechnics(ISFOG), Perth, Australia: 59-86.

Colreavy C, O'Loughlin C D, Ward D, 2012. Piezoball testing in soft lake sediments//International Conference on Geotechnical and Geophysical Site Characterisation, Porto de Galinhas, Brazil: 597-602.

Dayal U, Allen J H, 1973. Instrumented impact cone penetrometer. Canadian Geotechnical Journal, 10(3): 397-409.

Dean E T R, 2010. Offshore geotechnical engineering: principles and practice. London: Thomas Telford Limited.

de Araujo J B, Machado R D, de Medeiros Junior C J, 2004. High holding power torpedo pile: results for the first long term application//ASME 23rd International Conference on Offshore Mechanics and Arctic Engineering. American Society of Mechanical Engineers, Vancouver, British Columbia, Canada: OMAE 2004-51201.

DeJong J, Yafrate N, Degroot D, et al., 2010. Recommended practice for full-flow penetrometer testing and analysis. Geotechnical Testing Journal, 33(2): 137-149.

Deep Sea Anchors, 2011. Innovative anchor solutions by Deep Sea Anchors. [2019-06-25]. http://www.deepseaanchors.com/.

Delmar systems INC., 2011. OMNI-Max brochure, Houston, TX, USA.

Det Norske Veritas(DNV), 2017a. Geotechnical design and installation of suction anchors in clay: DNVGL-RP-E303, Norway.

Det Norske Veritas(DNV), 2017b. Design and installation of plate anchors in clay: DNVGL-RP-E302, Norway.

Drillingformulas, 2017. Floating offshore structures–offshore structure series. (2017-02-02)[2019-06-25]. http:// www. drillingformulas.com/floating-offshore-structures-offshore-structure-series/#more-7414.

Ehlers C J, Young A G, Chen J, 2004. Technology assessment of deepwater anchors//Offshore Technology Conference, Houston, USA.

Einav I, Randolph M F, 2005. Combining upper bound and strain path methods for evaluating penetration resistance. International Journal for Numerical Methods in Engineering, 63(14): 1991-2016.

Einav I, Randolph M F, 2006. Effect of strain rate on mobilized strength and thickness of curved shear bands. Géotechnique, 51(7): 501-504.

Erbrich C T, Neubecker S R, 1999. Geotechnical design of a grillage and berm anchor//Offshore Technology Conference, Houston, USA: OTC-10993-MS.

Eurasia Drilling Company Limited, 2019. Jack-up rigs. [2019-06-25]. http://www.eurasiadrilling.com/operations/offshore/ jack-up-rigs/.

Faltinsen O M, 1990. Sea loads on ships and offshore structures. Cambridge: Cambridge University Press.

Finnie I M S, Randolph M F, 1994. Punch-through and liquefaction induced failure of shallow foundations on calcareous sediments//Proceedings of the 7 th International Conference on Behaviour of Offshore Structures, Massachusetts, USA: 217-230.

Gelagoti F, Georgiou I, Kourkoulis R, et al., 2018. Nonlinear lateral stiffness and bearing capacity of suction caissons for offshore wind-turbines. Ocean Engineering, 170: 445-465.

Global Marinetime, 2018. E-39 Bjornafjorden floating bridge concept. (2018-10-01)[2019-06-25]. http://www. globalmaritime.com/case-study/e-39-bjornafjorden-floating-bridge-concept.

Hodder M S, White D J, Cassidy M J, 2010. Analysis of soil strength degradation during episodes of cyclic loading, illustrated by the T-bar penetration test. International Journal of Geomechanics, 10(3): 117-123.

Hossain M S, Stainforth R, Ngo V T, et al., 2017. Experimental investigation on the effect of spudcan shape on spudcan-footprint interaction. Applied Ocean Research, 69: 65-75.

Hung L C, Lee S, Tran N X, et al., 2017. Experimental investigation of the vertical pullout cyclic response of bucket foundations in sand. Applied Ocean Research, 68: 325-335.

InfoNIAC, 2009. Huge airport on water for San Diego. (2009-10-23)[2019-06-25]. http://www.infoniac.com/hi-tech/huge-airport-on-water-for-san-diego.html.

Kaldellis J K, Kapsali M, 2013. Shifting towards offshore wind energy – recent activity and future development. Energy Policy, 53: 136-148.

Keller G H, 1967. Shear strength and some other physical properties of sediments from some ocean basins// Procedings of ASCE Conference on Civil Engineering in the Oceans, San Francisco, USA: 391-417.

Keller G H, Yincan Y, 1985. Geotechnical properties of surface and near-surface deposits in the East China Sea. Continental Shelf Research, 4(1-2): 159-174.

Kohan O, Bienen B, Gaudin C, et al., 2015. The effect of water jetting on spudcan extraction from deep embedment in soft clay. Ocean Engineering, 97: 90-99.

Le M H, Nauroy J F, De Gennaro V, et al., 2008. Characterization of soft deepwater West Africa clays: SHANSEP testing is not recommended for sensitive structured clays//Offshore Technology Conference, Houston, USA: OTC-19193-MS.

Lehane B M, O'Loughlin C D, Gaudin C, 2009. Rate effects on penetrometer resistance in kaolin. Géotechnique, 59(1): 41-52.

Lieng J T, Hove F, Tjelta T I, 1999. Deep penetrating anchor: subseabed deepwater anchor concept for floaters and other installations//The Ninth International Offshore and Polar Engineering Conference. International Society of Offshore and Polar Engineers, Brest, France: ISOPE-I-99-093.

Liu J, Chen X J, Han C C, et al., 2019. Estimation of intact undrained shear strength of clay using full-flow penetrometers. Computers and Geotechnics, 115: 103161.

Low H E, Lunne T, Andersen K H, et al., 2010. Estimation of intact and remoulded undrained shear strengths from penetration tests in soft clays. Géotechnique, 60(11): 843-859.

Lu Q, Randolph M F, Hu Y, et al., 2004. A numerical study of cone penetration in clay. Géotechnique, 54(4): 257-267.

Lu X, McElroy M B, Kiviluoma J, 2009. Global potential for wind-generated electricity. Proceedings of the National Academy of Sciences, 106(27): 10933-10938.

Lunne T, Robertson P K, Powell J J M, 2002. Cone penetration testing in geotechnical practice. London: CRC Press.

Lunne T, Berre T, Strandvk S, 1997. Sample distribution effects in soft low plastic Norwegian clay//Proceedings of Recent Developments in Soil and Pavement Mechanics, Brazil: 81-102.

Lunne T, Andersen K H, Low H E, et al., 2011. Guidelines for offshore in situ testing and interpretation in deepwater soft clays. Canadian Geotechnical Journal, 48(4): 543-556.

Mana D S K, Gourvenec S, Randolph M F, 2013. Experimental investigation of reverse end bearing of offshore shallow foundations. Canadian Geotechnical Journal, 50(10): 1022-1033.

MarineLink, 2013. Statoil in new field development offshore Canada. (2013-01-06)[2019-06-25]. http://www.marinelink.com/news/development-offshore350501.

MarineLink, 2014. Pile testing for Wikinger Wind Farm launched. (2014-11-25)[2019-06-25]. http://www.marinelink.com/news/wikinger-launched-testing381407.

Medeiros C J, 2002. Low cost anchor system for flexible risers in deep waters//Offshore Technology Conference, Houston, USA: OTC-14151-MS.

Morton J P, O'Loughlin C D, White D J, 2014. Strength assessment during shallow penetration of a sphere in clay. Géotechnique Letters, 4(4): 262-266.

Morton J P, O'Loughlin C D, White D J, 2016. Estimation of soil strength in fine-grained soils by instrumented free-fall sphere tests. Géotechnique, 66(12): 959-968.

OffshoreTech LLC, 2013. Design of deep water heavy jacket in West Africa. (2013-12-12)[2019-06-25]. http://www. offshoretechllc.com/2013-news/2014/5/20/design-of-deepwater-heavy-jacket-in-west-africa.

Offshore Wind, 2017. Dutch explore use of gravity-based structures on future offshore wind farms. (2017-03-29) [2019-06-25]. http://www.offshorewind.biz/2017/03/29/dutch-explore-use-of-gravity-based-structures-on-future-offshore-wind-farms/.

Oilandgaspeople, 2015. Det norske being Viper and Kobra development. (2015-01-19)[2019-06-25]. http://www. oilandgaspeople.com/news/common/post. asp?postId=1537.

O'Loughlin C D, Randolph M F, Richardson M, 2004. Experimental and theoretical studies of deep penetrating anchors//Offshore Technology Conference, Houston, USA: OTC-16841-MS.

Palix E, Wu H, Chan N, et al., 2013. Liwan 3-1: How deepwater sediments from South China Sea compare with Gulf of Guinea sediments//Offshore Technology Conference, Houston, USA: OTC-24010-MS.

Randolph M F, Houlsby G T, 1984. The limiting pressure on a circular pile loaded laterally in cohesive soil. Geotechnique, 34(4): 613-623.

Randolph M F, Martin C M, Hu Y, 2000. Limiting resistance of a spherical penetrometer in cohesive material. Géotechnique, 50(5): 573-582.

Randolph M F, Cassidy M, Gourvenec S, et al., 2005. Challenges of offshore geotechnical engineering//Proceedings of the international conference on soil mechanics and geotechnical engineering, Osaka, Japan: 123-176.

Randolph M F, Gourvenec S, 2011a. Offshore geotechnical engineering. London: CRC Press.

Randolph M F, Gaudin C, Gourvenec S M, et al., 2011b. Recent advances in offshore geotechnics for deep water oil and gas developments. Ocean Engineering, 38(7): 818-834.

Randolph M F, 2012. Offshore geotechnics: the challenges of deepwater soft sediments//Geotechnical engineering state of the art and practice: keynote lectures from GeoCongress 2012, Oakland, California, USA: 241-271.

Robertson P K, 1990. Soil classification using the cone penetration test. Canadian Geotechnical Journal, 27(1): 151-158.

Safety4sea, 2017. Keppel to deliver semi-submersible rig in Azerbai jan. (2017-05-22)[2019-06-25]. http://safety4sea. com/keppel-to-deliver-semi-submersible-rig-in-azerbaijan/.

Saviano A, Pisanò F, 2017. Effects of misalignment on the undrained HV capacity of suction anchors in clay. Ocean Engineering, 133: 89-106.

Schlue B F, Moerz T, Kreiter S, 2010. Influence of shear rate on undrained vane shear strength of organic harbor mud. Journal of Geotechnical and Geoenvironmental Engineering, 136(10): 1437-1447.

Shelton J T, 2007. OMNI-Maxtrade anchor development and technology//OCEANS 2007, Vancouver, BC, Canada.

SPT Offshore, 2017. Aberdeen offshore wind farm. (2017-04-19)[2019-06-25]. http://www.sptoffshore.com/en/news/ detail/aberdeen-offshore-wind-farm.

SPT Offshore, 2019. Suction piles for moorings. [2019-06-25]. http://www.sptoffshore.com/en/solutions/floating-facilities/suction-piles-for-moorings.

Stark N, Radosavljevic B, Quinn B, et al., 2016. Application of portable free-fall penetrometer for geotechnical investigation of Arctic nearshore zone. Canadian Geotechnical Journal, 54(1): 31-46.

Steward D P, Randolph M F, 1991. A new site investigation tool for the centrifuge//Proceedings of the International Conference Centrifuge 1991, Boulder/Colorado, USA: 531-538.

Sun X J, Huang D G, Wu G Q, 2012. The current state of offshore wind energy technology development. Energy, 41(1): 298-312.

Torisu S S, Pereira J M, De Gennaro V, et al., 2012. Strain-rate effects in deep marine clays from the Gulf of Guinea. Géotechnique, 62(9): 767-775.

Vryhof Anchors, 2005. Vryhof anchor manual, Krimpen ad Yssel, The Netherlands.

Walker J, Yu H S, 2006. Adaptive finite element analysis of cone penetration in clay. Acta Geotechnica, 1(1): 43-57.

White D J, Gaudin C, Boylan N, et al., 2010. Interpretation of T-bar penetrometer tests at shallow embedment and in very soft soils. Canadian Geotechnical Journal, 47: 218-229.

White D J, Boylan N P, Levy N H, 2013. Geotechnics offshore Australia-beyond traditional soil mechanics. Australian Geomechanics, 48(4): 25-47.

Windpower Engineering & Development, 2019. Excipio energy unveils new hybrid floating offshore wind platform. (2019-02-06)[2019-06-25]. http://www.windpowerengineering.com/business-news-projects/excipio-energy-unveils-new-hybrid-floating-offshore-wind-platform/.

World Oil, 2015. Statoil reports third gas discovery in Aasta Hansteen area. (2015-09-06)[2019-06-25]. http://www.worldoil.com/news/2015/6/09/statoil-reports-third-gas-discovery-in-aasta-hansteen-area.

Xu Y Q, Li P Y, Li P, et al., 2011. Physical and mechanical properties of fine-grained soil in the Zhejiang-Fujian coastal area, China. Marine Georesources & Geotechnology, 29(4): 333-345.

Yafrate N, DeJong J, DeGroot D, et al., 2009. Evaluation of remolded shear strength and sensitivity of soft clay using full-flow penetrometers. Journal of Geotechnical and Geoenvironmental Engineering, 135(9): 1179-1189.

Zhou M, Hossain M S, Hu Y, et al., 2013. Behaviour of ball penetrometer in uniform single-and double-layer clays. Géotechnique, 63(8): 682-694.

Zhu B, Byrne B W, Houlsby G T, 2012. Long-term lateral cyclic response of suction caisson foundations in sand. Journal of Geotechnical and Geoenvironmental Engineering, 139(1): 73-83.

2 动力锚安装过程数值分析方法简介

2.1 引　　言

动力锚动力安装过程包括在水中自由下落和在海床中高速沉贯两个阶段。对于多向受荷锚，动力安装结束后，还需张紧锚链使锚在海床中旋转调节至合适方位以提高抗拔承载力（Shelton, 2007）。动力锚安装及旋转调节过程涉及锚-锚链-水-土耦合作用，需阐明锚在水中自由下落时的水动力学特性、在海床中的高速沉贯机理以及锚-锚链-土大变形相互作用机制。在数值分析方法方面，目前主要有基于有限体积法（finite volume method, FVM）的计算流体动力学（computational fluid dynamics, CFD）方法、大变形有限元（large deformation finite element, LDFE）方法和塑性分析（plasticity analysis）方法来模拟动力锚的高速安装及旋转调节过程。

基于 CFD 方法可模拟动力锚在水中的自由下落过程，或模拟流体以一定攻角冲击动力锚的过程，从而确定锚的水动力学特性（Liu et al., 2019; 刘君等, 2017; Silva, 2010; Raie, 2009）。将海底软黏土看作非牛顿黏性流体，基于 CFD 方法还可模拟动力锚在黏土海床中的高速沉贯过程（Liu et al., 2018, 2017a; Raie et al., 2009）。大变形有限元方法主要包括基于小变形的网格重剖分和插值技术（remeshing and interpolation technique with small strain, RITSS）方法、任意拉格朗日-欧拉（arbitrary Lagrangian-Eulerian, ALE）方法和耦合欧拉-拉格朗日（coupled Eulerian-Lagrangian, CEL）方法，可用来模拟结构-土体大变形相互作用。基于塑性屈服包络面的塑性分析方法主要用来研究锚在海床中的大位移运动行为及其承载力演化规律。本章对上述数值分析方法的原理、发展以及应用进行概述。

2.2 CFD 方法简介

2.2.1 流体运动的描述

描述物体/流体运动和变形的方法有两种：拉格朗日法（Lagrangian）和欧拉法（Eulerian）。拉格朗日法把流体的运动看作是无数个质点运动的总和，以个别质点作为观察对象加以描述，将各个质点的运动汇总起来，就得到整个运动。为识别所指定的质点，用起始时刻的坐标(a, b, c)作为该质点的标志，其位移就是起

始坐标和时间的连续函数:

$$
\begin{cases}
x = x(a, b, c, t) \\
y = y(a, b, c, t) \\
z = z(a, b, c, t)
\end{cases}
\tag{2.1}
$$

将式(2.1)对时间求一阶和二阶偏导数,就可得到质点的运动速度和加速度:

$$
\begin{cases}
u_x = \dfrac{\partial x}{\partial t} = \dfrac{\partial x(a, b, c, t)}{\partial t} \\[2mm]
u_y = \dfrac{\partial y}{\partial t} = \dfrac{\partial y(a, b, c, t)}{\partial t} \\[2mm]
u_z = \dfrac{\partial z}{\partial t} = \dfrac{\partial z(a, b, c, t)}{\partial t}
\end{cases}
\tag{2.2}
$$

$$
\begin{cases}
a_x = \dfrac{\partial u_x}{\partial t} = \dfrac{\partial^2 x}{\partial t^2} \\[2mm]
a_y = \dfrac{\partial u_y}{\partial t} = \dfrac{\partial^2 y}{\partial t^2} \\[2mm]
a_z = \dfrac{\partial u_z}{\partial t} = \dfrac{\partial^2 z}{\partial t^2}
\end{cases}
\tag{2.3}
$$

欧拉法以流动的空间作为观察对象,观察不同时刻各空间点上流体质点的运动参数,将各时刻的情况汇总起来,就描述了整个流动。因此,每一时刻各空间点都有确定的物理量,这样的空间区域称为流场,包括速度矢量、压力场、密度场等,可表示为

$$
\begin{cases}
\boldsymbol{u} = \boldsymbol{u}(x, y, z, t) \\
p = p(x, y, z, t) \\
\rho = \rho(x, y, z, t)
\end{cases}
\tag{2.4}
$$

式中,$\boldsymbol{u}$ 为速度矢量;x、y、z 为空间坐标;p 为压强;ρ 为流体密度。

拉格朗日描述也称随体描述,着眼于流体质点,将物理量看作是流体坐标与时间的函数;欧拉描述也称空间描述,着眼于空间点,将物理量视为空间坐标与时间的函数。由于流体质点的运动轨迹极其复杂,应用拉格朗日描述在数学上存在困难,因此,欧拉描述广泛用于描述流体运动。而在固体力学中,人们习惯用拉格朗日描述,便于追踪每个物质点的运动。

2.2.2　流体力学控制方程

流体流动要遵循物理守恒定律,基本的守恒定律包括质量守恒、动量守恒和能量守恒。能量方程是流动、传热问题的基本方程,但对于不可压缩流体,如果

热交换很小可以忽略，则可不考虑能量方程。在海洋岩土工程中，模拟动力锚-水-海床土相互作用时热交换很小，无须考虑能量守恒方程。

1. 连续性方程

连续性方程即质量守恒定律。任何流动均需要满足质量守恒定律，可表述为：单位时间内流体微元中减少的质量等于同时间流出该微元体的净质量。流体连续性方程可表示为

$$\frac{\partial \rho}{\partial t} + \mathrm{div}(\rho \boldsymbol{u}) = 0 \tag{2.5}$$

式中，

$$\mathrm{div}(\rho \boldsymbol{u}) = \frac{\partial(\rho u_x)}{\partial x} + \frac{\partial(\rho u_y)}{\partial y} + \frac{\partial(\rho u_z)}{\partial z}$$

其中，u_x、u_y 和 u_z 分别为 x、y 和 z 方向上的速度分量。式（2.5）为连续性方程的一般形式。

2. 动量方程

动量方程即动量守恒定律，其本质满足牛顿第二定律。该定律可表述为：流体微元中流体动量对时间的变化率等于外界作用在微元体上的各种力之和。一切实际流体都具有黏性，不可压缩黏性流体的动量方程为

$$\boldsymbol{f} + \frac{1}{\rho}\nabla p + \upsilon\nabla^2 \boldsymbol{u} = \frac{\partial \boldsymbol{u}}{\partial t} + (\boldsymbol{u}\cdot\nabla)\boldsymbol{u} \tag{2.6}$$

式中，$\boldsymbol{f}$ 为作用在单位质量流体微元上的体积力；p 为流体微元上的压强；υ 为流体运动黏度；

$$\nabla = \boldsymbol{i}\frac{\partial}{\partial x} + \boldsymbol{j}\frac{\partial}{\partial y} + \boldsymbol{k}\frac{\partial}{\partial z}$$

$$\nabla^2 = \frac{\partial^2}{\partial x^2} + \frac{\partial^2}{\partial y^2} + \frac{\partial^2}{\partial z^2}$$

其中，$\boldsymbol{i}$、$\boldsymbol{j}$ 和 $\boldsymbol{k}$ 分别为 x、y 和 z 方向上的单位向量。式（2.6）所示黏性流体动量方程也称运动微分方程或 Navier-Stokes（N-S）方程。N-S 方程表示作用在单位质量流体上的质量力、表面力（压力和黏性力）和惯性力相平衡。

由 N-S 方程和连续性方程组成的方程组，原则上可求解速度矢量 $\boldsymbol{u}$ 和压强 p。可以说黏性流体的运动分析，归结为对 N-S 方程的求解。式（2.5）和式（2.6）为微分形式的控制方程，其对应的积分形式的控制方程为

$$\frac{\partial}{\partial t}\int_{\Omega}\rho \mathrm{d}\Omega + \int_{S}\rho \boldsymbol{u}\cdot \mathrm{d}\boldsymbol{S}=0 \qquad (2.7)$$

$$\int_{\Omega}\frac{\partial(\rho \boldsymbol{u})}{\partial t}\mathrm{d}\Omega + \int_{S}\rho \boldsymbol{u}^{2}\cdot \mathrm{d}\boldsymbol{S}=\int_{\Omega}\rho \boldsymbol{f}\mathrm{d}\Omega + \int_{\Omega}\mathrm{div}p\mathrm{d}\Omega \qquad (2.8)$$

式中，$\mathrm{d}\Omega$ 为控制体积；$\mathrm{d}\boldsymbol{S}=\boldsymbol{n}\mathrm{d}S$ 为控制体表面积，$\boldsymbol{n}$ 表示控制体表面外法线方向，$\mathrm{d}S$ 表示控制体表面大小。

2.2.3　CFD 方法基本原理

　　目前人们还未找到 N-S 方程的精确解，需要通过数值方法来求解 N-S 方程。计算流体动力学（CFD）用离散的代数形式替换控制方程中的积分或导数并进行求解，从而得到流场参数在（时间和空间）离散点处的数值。CFD 数值解法的许多应用涉及复杂的坐标系以及布置在这些坐标系内的网格。为了使用这种坐标系，有时候还需要将控制方程适当地变换到这种坐标系中。因此，CFD 方法的一个重要方面就是坐标变换与网格生成（安德森，2007）。CFD 问题的求解流程如图 2.1 所示。首先，需建立控制方程，这是求解任何 CFD 问题的前提；其次，需确定边

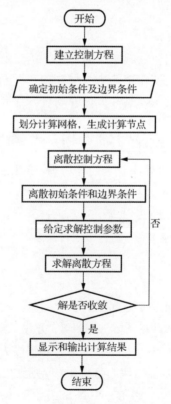

图 2.1　CFD 问题的求解流程图

界条件和初始条件，这是控制方程有确定解的前提，控制方程与相应的初始、边界条件的组合构成对一个物理过程完整的数学描述；接下来要划分计算网格，然后将控制方程和初始、边界条件在网格上进行离散；设置流体的物理参数、给定迭代计算的控制精度、时间步长等，最后求解离散控制方程，得出计算结果。

对偏微分控制方程［式（2.5）和式（2.6）］的离散化称为有限差分法（finite difference method, FDM），而对积分形式控制方程［式（2.7）和式（2.8）］的离散化称为有限体积法（安德森，2007）。FDM 以泰勒级数展开的方法，把控制方程中的导数用网格节点上函数值的微商代替，从而创建代数方程组以求解未知数。FVM 将计算区域划分为一系列不重复的控制体积，并使每个网格点周围有一个控制体积，将待解的微分方程对每一个控制体积积分，便得出一组离散方程。

对于动力锚在水中自由下落过程和在海床中高速沉贯过程，目前所用到的商业软件主要为 ANSYS FLUENT 和 ANSYS CFX，这两个软件均是基于 FVM 建立的。因此，本章只对 FVM 控制方程的离散进行简单介绍。式（2.5）～式（2.8）给出的流体力学控制方程，均可用如下通用形式来表示：

$$\frac{\partial(\rho\phi)}{\partial t} + \mathrm{div}(\rho\phi\boldsymbol{u}) = \mathrm{div}(\Gamma\,\mathrm{grad}\,\phi) + S_\phi \tag{2.9}$$

式中，ϕ 为广义变量，可以是速度、浓度或温度等待求物理量；Γ 为相应于 ϕ 的广义扩散系数；S_ϕ 为广义源项。式（2.9）也称对流扩散方程，从左到右的四项分别为时间项、对流项、扩散项和源项。对式（2.9）在控制体积 Ω 上积分，可得

$$\frac{\partial}{\partial t}\int_\Omega \rho\phi\mathrm{d}\Omega + \int_s \boldsymbol{n}\cdot(\rho\phi\boldsymbol{u})\mathrm{d}S = \int_s \boldsymbol{n}\cdot(\Gamma\,\mathrm{grad}\,\phi)\mathrm{d}S + \int_\Omega S_\phi\mathrm{d}\Omega \tag{2.10}$$

式中，左侧第一项表示 ϕ 在控制体内的增长率；左侧第二项表示由控制体边界对流引起的 ϕ 的净减少率；右侧第一项表示由控制体边界扩散引起的 ϕ 的净增长率；右侧第二项表示控制体内源项 S_ϕ 的净生成率。

下面以二维稳态压力-流动耦合问题来阐述 FVM 中控制方程的离散。对于二维压力-流动问题，式（2.9）或式（2.10）中的源项 S_ϕ 用速度 u 来替换，设 x 轴和 y 轴的速度分量分别为 u_x 和 u_y，则连续性方程和动量方程分别表示为式（2.11）和式（2.12）：

$$\frac{\partial}{\partial x}(\rho u_x) + \frac{\partial}{\partial y}(\rho u_y) = 0 \tag{2.11}$$

$$\begin{cases} \dfrac{\partial}{\partial x}(\rho u_x^2) + \dfrac{\partial}{\partial y}(\rho u_y u_x) = \dfrac{\partial}{\partial x}\left(\upsilon\dfrac{\partial u_x}{\partial x}\right) + \dfrac{\partial}{\partial y}\left(\upsilon\dfrac{\partial u_x}{\partial y}\right) - \dfrac{\partial p}{\partial x} + S_{u_x} \\[4mm] \dfrac{\partial}{\partial x}(\rho u_x u_y) + \dfrac{\partial}{\partial y}(\rho u_y^2) = \dfrac{\partial}{\partial x}\left(\upsilon\dfrac{\partial u_y}{\partial x}\right) + \dfrac{\partial}{\partial y}\left(\upsilon\dfrac{\partial u_y}{\partial y}\right) - \dfrac{\partial p}{\partial y} + S_{u_y} \end{cases} \tag{2.12}$$

　　图 2.2 为 FVM 离散网格，横纵实线交点处的黑点为主节点，也称标量节点（scalar point），用来存储标量变量（压力、温度、密度等）。两条相邻实线之间的虚线构成了控制体的边界面，也称壁面。表征节点所在"行"用大写字母 $J-1$、J、$J+1$ 等表示，表征节点所在"列"用大写字母 $I-1$、I、$I+1$ 等表示；表示边界面位置用小写字母 i 和 j。使用大小写行列标识可以准确标记节点和边界面，如节点 P 的坐标为(I, J)，P 点周围的控制体积由边界面 i、$i+1$、j 和 $j+1$ 围成，该控制体积也称主控制体积或标量控制体积。速度存储在控制体积的边界面上，如 P 点在 x 轴方向的速度存储在 e 面和 w 面上，在 y 轴方向的速度存储在 s 面和 n 面上，边界面附近箭头方向代表了速度方向。以 w 面和 s 面为中心的单元分别为 u 单元和 v 单元。注意，u 单元和 v 单元相对于 P 点的主控制体积分别有向后半个网格的错位。对于二维问题，就有三套不同的网格系统，主控制体积、u 单元和 v 单元，分别存储标量、x 轴方向的速度和 y 轴方向的速度。

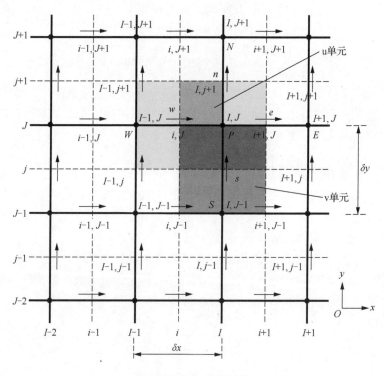

图 2.2　FVM 离散网格

节点 P 在 x 轴和 y 轴压强 p 的离散为

$$\frac{\partial p}{\partial x} = \frac{p_P - p_W}{\delta x} \tag{2.13}$$

$$\frac{\partial p}{\partial y} = \frac{p_P - p_S}{\delta y} \tag{2.14}$$

式中，δx 和 δy 分别为 u 单元和 v 单元的宽度，如图 2.2 所示。位置 (i, J) 处在 x 轴方向的速度可离散为

$$a_{i,J} u_{x,i,J} = \sum a_{nb} u_{x,nb} - \frac{p_{I,J} - p_{I-1,J}}{\delta x} \Omega_{\mathrm{u}} + \bar{S} \Omega_{\mathrm{u}} \tag{2.15}$$

式中，$a_{i,J}$ 和 a_{nb} 为待定参数，包含了单位质量流体的对流通量和扩散率，可通过不同离散方法求解；$a_{nb} u_{x,nb}$ 中下标 'n' 和 'b' 表征了位置 (i, J) 周围四个相邻位置 $(i-1, J)$、$(i+1, J)$、$(i, J-1)$ 和 $(i, J+1)$，$\sum a_{nb} u_{x,nb} = a_{i-1,J} u_{x,i-1,J} + a_{i+1,J} u_{x,i+1,J} + a_{i,J-1} u_{x,i,J-1} + a_{i,J+1} u_{x,i,J+1}$；$\Omega_{\mathrm{u}}$ 为 u 单元的体积；$\bar{S}$ 是对式（2.9）中源项 S_ϕ 线性化分解之后的结果。在 FVM 中处理对流-扩散问题，对应的离散格式包括迎风格式、杂交格式、QUICK 格式、TVD 格式等，这里不再展开介绍，可参见文献（Versteeg et al., 2007）。

2.2.4 常用 FVM 软件介绍

动力锚在水中自由下落时，需确定锚的拖曳阻力系数及方向稳定性。海床软黏土具有高含水量且抗剪强度很低，在模拟动力锚-海床软黏土相互作用时可将土体模拟为非牛顿黏性流体。目前，模拟动力锚-水-海床土耦合作用的商业软件主要有 ANSYS FLUENT 和 ANSYS CFX（Liu et al., 2017a; Silva, 2010; Raie, 2009; Richardson, 2008）。下面简要介绍如何在 ANSYS FLUENT 和 ANSYS CFX 中实现动力锚在水中自由下落及在软黏土海床中高速沉贯过程的模拟。

2.2.5 基于 FVM 的 CFD 方法模拟动力锚在水中下落过程

基于 CFD 方法研究动力锚的水动力学特性有两种方法：

（1）锚在静止的水中自由下落，得到锚的下落速度与锚轴线偏角随下落距离的关系，可以确定锚的拖曳阻力系数和方向稳定性；

（2）水流以不同的攻角冲击固定在计算域中的锚，进而确定锚的拖曳阻力系数和方向稳定性。

1. 锚在静止水中自由下落过程模拟

模拟锚在水中自由下落过程需要用到动网格技术，通过编写用户自定义函数（user defined function, UDF）或者利用边界形函数来定义边界的变形或运动过程，在边界发生变形或运动后，流域内的网格在软件内部自动进行重划分。网格更新技术包括弹性光顺法、动态铺层法和局部网格重构（local remeshing）法，其中局部网格重构法适用于复杂外形结构及大变形问题。对于动力锚自由下落过程，锚在水中的运动速度较高，导致锚周围水流流动通常处于湍流状态，所以水流流动需采用湍流模型。锚周围网格需加密，加密区网格在锚运动时保持不变，以提高

计算精度同时节约计算时长。在 FVM 中，流体边界和固体边界设置为壁面。为减小锚在水中自由下落时的边界效应，流域周围壁面可设置为滑移壁面，即作用在壁面上的切应力分量为零。

2. 水流以不同攻角冲击锚

动网格技术需每进行一定时间步计算后进行网格重剖分，这严重影响计算时长。为避免网格重剖分并降低计算代价，可用水流冲击固定在计算域内的锚，以确定锚的拖曳阻力和升力，进而确定锚的拖曳阻力系数并判断锚的方向稳定性。水流方向与锚轴线之间的夹角为 δ_{att}，称为攻角。当水流攻角不为零时，根据作用在锚上三个方向的主矢和绕三个轴的主矩可确定水动力中心位置，进而来判断锚是否稳定。锚的方向稳定性判别方法将在第 3 章详细介绍。壁面边界可设置为滑移壁面，运动速度与水流入口速度保持一致，这有助于减小边界效应。

水流冲击锚的过程可通过稳态分析和瞬态分析来实现。例如，Silva（2010）在 ANSYS CFX 中基于稳态分析研究了鱼雷锚的方向稳定性，Liu 等（2019）在 ANSYS FLUENT 中基于瞬态分析研究了多向受荷锚的方向稳定性。稳态和瞬态分析的区别主要体现在控制方程［式（2.9）］中是否有时间项。对于水流冲击动力锚的过程，瞬态分析达到稳定状态后与稳态分析的结果相同。瞬态分析能得到水流冲击锚的整个过程中锚上的压强分布、水对锚的阻力变化等，而稳态分析的计算代价较小。从理论上讲，对于水流冲击动力锚过程，基于瞬态分析和稳态分析得到的结果均是可靠的。

2.2.6 基于 FVM 的 CFD 方法模拟动力锚在黏土海床中沉贯过程

基于 CFD 方法模拟海底结构与海床软黏土相互作用时，海床土用非牛顿黏性流体来表征。在流体力学中，流体材料在剪切流动条件下的剪应力 τ 可用动力黏度 η 来描述：

$$\tau = \eta \dot{\gamma} \tag{2.16}$$

式中，$\dot{\gamma}$ 为剪应变率。在流体力学范畴中，材料的剪应力 τ 相当于土力学范畴中土体不排水抗剪强度 s_u。动力黏度 η 可表示为

$$\eta = \frac{s_u}{\dot{\gamma}} = \frac{s_{u,ref} R_f \delta(\xi)}{\dot{\gamma}} \tag{2.17}$$

式中，$s_{u,ref}$ 为参考剪应变率下未扰动土体不排水抗剪强度；R_f 和 $\delta(\xi)$ 分别为土体率效应系数和软化效应系数，分别如式（1.2）~式（1.4）和式（1.1）所示。

Zakeri 等（2013）以及 Dutta 等（2019）分别给出了如何在 ANSYS CFX 中模拟土体率效应和软化效应的方法。在数值模拟中，计算域内每个土体单元的剪应变率 $\dot{\gamma}$ 可由变形张量率得到：

$$\dot{\gamma} = \sqrt{\frac{1}{2}\boldsymbol{D}:\boldsymbol{D}} \tag{2.18}$$

式中，$\boldsymbol{D}$ 为变形张量率。根据式（2.18）可得到每个计算步中单元的剪应变率，进而可考虑土体率效应。

已知土体单元的剪应变率 $\dot{\gamma}$，对时间步长 Δt 积分可得到由荷载引起的剪应变增量 $\Delta \xi_s$。基于用户自定义函数 UDF 可将 $\Delta \xi_s$ 作为源项赋给对流扩散方程 [式（2.9）]。另外，在时间步长 Δt 内，控制体内材料的流动影响着累积塑性剪应变 ξ 的总改变量 $\Delta \xi$，这一项恰好由对流扩散方程中的对流项（即等号左侧第二项）来体现。累积塑性剪应变 ξ 除了影响土强度之外，对其他参数均没有影响。所以，在对流扩散方程的扩散项（即等号右侧第一项）中将广义扩散系数设置为一小量来忽略 ξ 的影响。通过求解对流扩散方程，可得 $\phi = \xi$。已知剪应变率 $\dot{\gamma}$ 和累积塑性剪应变 ξ，基于式（2.17）可定义动力黏度，进而可考虑率效应和软化效应对土强度的影响。

基于 FVM 的 CFD 软件可处理多相流问题（Zakeri et al., 2013）。例如，海底滑坡对管线的冲击，该过程涉及管线-水-土体大变形相互作用；又如动力锚从水中高速贯入海床过程，涉及锚-水-海床土耦合作用。多相流问题的交界面通过界面交换来模拟，涉及的控制方程包括动量方程、质量方程、体积守恒方程及压力约束条件。动量方程可表示为

$$\frac{\partial}{\partial t}\left(r_\alpha \rho_\alpha \boldsymbol{u}_\alpha\right) + \nabla\left(r_\alpha(\rho_\alpha \boldsymbol{u}_\alpha \otimes \boldsymbol{u}_\alpha)\right) = -r_\alpha \nabla p_\alpha + \nabla\left(r_\alpha \upsilon_\alpha \left(\nabla \boldsymbol{u}_\alpha + (\nabla \boldsymbol{u}_\alpha)^{\mathrm{T}}\right)\right)$$
$$+ \sum_{\beta=1}^{N_\mathrm{p}}\left(\Gamma_{\alpha\beta}^+ \boldsymbol{u}_\beta - \Gamma_{\beta\alpha}^+ \boldsymbol{u}_\alpha\right) + \boldsymbol{S}_{M\alpha} + \boldsymbol{M}_\alpha \tag{2.19}$$

式中，下标中的希腊字母表示不同相流体；r_α、ρ_α、$\boldsymbol{u}_\alpha$、p_α 和 υ_α 分别表示 α 相单元中的体积分数、密度、速度、压强和运动黏度；N_p 为多相流问题中的总相数；$\boldsymbol{S}_{M\alpha}$ 为由外部体力引起的和用户自定义的动量项；$\boldsymbol{M}_\alpha$ 为交界面上作用在 α 相的力，可表示为

$$\boldsymbol{M}_\alpha = \sum_{\beta \neq \alpha} \boldsymbol{M}_{\alpha\beta} = \boldsymbol{M}_{\alpha\beta}^{\mathrm{D}} + \boldsymbol{M}_{\alpha\beta}^{\mathrm{L}} + \boldsymbol{M}_{\alpha\beta}^{\mathrm{LUB}} + \boldsymbol{M}_{\alpha\beta}^{\mathrm{VM}} + \boldsymbol{M}_{\alpha\beta}^{\mathrm{TD}} + \cdots$$

其中，$\boldsymbol{M}_{\alpha\beta}$ 为交界面上动量交换量，是由 α 相和 β 相之间的相互作用引起的，包括拖曳力（$\boldsymbol{M}_{\alpha\beta}^{\mathrm{D}}$）、升力（$\boldsymbol{M}_{\alpha\beta}^{\mathrm{L}}$）、壁面力（$\boldsymbol{M}_{\alpha\beta}^{\mathrm{LUB}}$）、虚拟质量力（$\boldsymbol{M}_{\alpha\beta}^{\mathrm{VM}}$）、湍流分散力（$\boldsymbol{M}_{\alpha\beta}^{\mathrm{TD}}$）等；$\left(\Gamma_{\alpha\beta}^+ \boldsymbol{u}_\beta - \Gamma_{\beta\alpha}^+ \boldsymbol{u}_\alpha\right)$ 表示由质量交换引起的界面动量交换；$\Gamma_{\alpha\beta}$ 表征单位体积单位时间内由 β 相流到 α 相的质量流量，服从如下流动法则：

$$\Gamma_{\alpha\beta} = -\Gamma_{\beta\alpha} \Rightarrow \sum_{\alpha=1}^{N_\mathrm{p}} \Gamma_\alpha = 0$$

$\Gamma_{\alpha\beta}$ 可表示为

$$\Gamma_{\alpha\beta} = \Gamma_{\alpha\beta}^+ - \Gamma_{\beta\alpha}^+$$

连续性方程可表示为

$$\frac{\partial}{\partial t}\left(r_\alpha \rho_\alpha\right) + \nabla\left(r_\alpha \rho_\alpha \boldsymbol{u}_\alpha\right) = \boldsymbol{S}_{MS\alpha} + \sum_{\beta=1}^{N_p} \varGamma_{\alpha\beta} \tag{2.20}$$

式中，$\boldsymbol{S}_{MS\alpha}$ 为用户自定义的质量项。

体积守恒方程可由体积分数表示：

$$\sum_{\alpha=1}^{N_p} r_\alpha = 1 \tag{2.21}$$

另外，交界面处的压强相等，即

$$p_\alpha = p \tag{2.22}$$

式（2.19）～式（2.22）分别提供了 $2N_p$、$2N_p$、1 和 (N_p-1) 个方程，共形成了 $5N_p$ 个方程，可用来确定 $5N_p$ 个未知参数 u_x、u_y、u_z、r 和 p。Hawlader 等（2015）用 CFX 模拟了海底管线与海床土相互作用，表明 CFX 能够较好地模拟水土多相流问题和结构-黏土相互作用问题。

为提高计算精度和计算效率，可在 CFX 中建立结合子区域的动网格模型，如图 2.3 所示。在结构周围一定范围内设置一个子区域，该区域内的网格可以随着结构的运动一起运动且不会发生变形，而子区域之外的网格会随着结构运动而发生拉伸或压缩变形。以图 2.3 为例，当锚从土表面以一定速度贯入海床时，子区域上部和下部网格分别发生拉伸和压缩变形。结构周围网格质量决定了数值模拟结果的精度，而距离结构较远的计算域（子区域以外的计算域）内网格质量对数值模拟结果的影响很小，从而保证了计算结果的精度。结合子区域的动网格模型不需要对子区域以外的计算域进行网格重剖分，从而极大提高了计算效率。该方法已经被用于模拟海底管线、动力锚、自由落体式贯入仪与海床软黏土的相互作用（刘君等，2018; Liu et al., 2017a; Hawlader et al., 2015）。

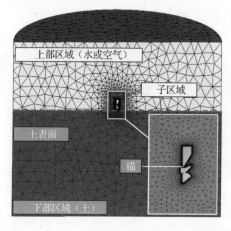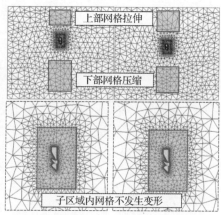

图 2.3　CFX 中结合子区域的动网格模型（Liu et al., 2017a）

2.3　大变形有限元方法简介

　　传统小变形有限元方法包括完全拉格朗日（total Lagrangian, TL）方法和更新的拉格朗日（update Lagrangian, UL）方法。当求解大变形问题时，如果采用基于初始网格的 TL 法进行小变形分析，则不能反映计算区域几何构形的连续变化对数值模拟结果的影响；如果采用追踪网格变形的 UL 方法进行小变形分析，土体产生极大的变形导致网格严重扭曲和畸变，在数值计算过程中会引起较大的计算误差或出现计算不收敛等问题。因此，在求解岩土工程大变形问题时，需要采用一种能够克服传统小变形有限元方法缺陷的大变形有限元（LDFE）数值分析技术。

　　经典的有限元方法通常是基于拉格朗日描述，坐标点与物质点绑定在一起，网格随材料变形而发生变化，这便于求解控制方程、追踪物质边界及不同材料界面的变化。但是当物体经受大变形时，与物质点绑定的坐标点会经历大位移，导致原始划分的网格出现严重扭曲，造成有限元计算精度下降甚至终止。而欧拉描述的有限元方法则采用固定网格，材料不断"流"过网格，通过追踪流经该网格节点的物质点的运动描述物体变形，物质点的运动表示为网格节点坐标和时间的函数。欧拉法克服了拉格朗日法网格畸变所带来的数值奇异，但不能很好地追踪材料自由表面及不同材料界面的变化。在此基础上，很多学者结合拉格朗日法和欧拉法的优势开发了许多适用于固体大变形的有限元方法，将拉格朗日法和欧拉法的计算模式交替使用，称为广义的任意拉格朗日-欧拉方法。该方法不仅能够避免网格出现严重变形，而且能够很好地追踪材料自由表面及不同材料界面的变化。目前常见的用于分析结构-土体大变形相互作用的广义 ALE 方法包括：RITSS 方法、ALE 方法和 CEL 方法。需要说明的是，除了上述三种方法外，还有许多其他大变形有限元分析技术。这三种方法是分析海底结构-海床土大变形相互作用的常用方法，所以对其他方法不作过多介绍和评价。

2.3.1　RITSS 方法

　　1998 年，Hu 等（1998a, 1998b）提出了 RITSS 方法，将一个大变形过程分成多个小变形分析过程，在进行若干个小变形分析步之后重新确定边界并划分网格来克服网格畸变，通过一定的插值技术将旧网格上的应力场、应变场和材料参数等信息映射至新网格。RITSS 方法的执行包括四步：①建立初始模型，完成网格划分，进行 n 步小变形计算；②提取变形后几何模型的自由面和材料界面上的节点坐标，建立新的几何模型并完成网格重剖分；③将旧网格上的变量（应力和应变）映射到新网格上，形成下一步计算的初始条件，并继续进行 n 步小变形分析；

④重复②～③步直到整个大变形分析完成。RITSS 方法的优点是可依托任意有限元软件来完成整个大变形计算过程。

基于 RITSS 方法进行总应力分析时，根据虚功原理可推导出如下控制方程（Wang et al., 2015）：

$$\sum_{n_c}\left(-\int_{\Omega}\sigma_{ij}\delta\varepsilon_{ij}d\Omega - \int_{\Omega}\delta u_i\rho\ddot{u}_i d\Omega - \int_{\Omega}\delta u_i c'\dot{u}_i d\Omega + \int_{\Omega}\delta u_i b_i d\Omega + \int_{S_k}\delta u_i q_i dS_k\right)$$
$$+\int_{S_c}(t_N\delta g_N + t_T\delta g_T)dS_c = 0 \tag{2.23}$$

式中，n_c 为接触总数；σ_{ij} 为柯西应力张量；$\delta\varepsilon_{ij}$ 为由虚位移引起的应变；u_i 为材料位移；$\dot{u}_i$ 和 $\ddot{u}_i$ 分别为位移对时间的一阶和二阶导数；δu_i 为虚位移；ρ 和 c' 分别为材料密度和阻尼；b_i 为体力；q_i 为作用在体积 Ω 表面 S_k 上的面力；δg_N 和 δg_T 分别为法向和切向虚位移增量；t_N 和 t_T 分别表示接触面 S_c 上法向和切向接触力。在拉格朗日模式下求解方程（2.23）之后，需对变形后的土体进行网格重剖分，新的积分点上的应力可近似表示为

$$\hat{\sigma}_{ij} = \boldsymbol{P}\boldsymbol{a}_{ij} \tag{2.24}$$

式中，$\boldsymbol{P}$ 为多项式向量，对于二维问题，$\boldsymbol{P} = (1, x, y, x^2, y^2, xy)$，$(x, y)$ 表示积分点坐标；$\boldsymbol{a}_{ij}$ 为一组待定参数，可通过特定映射方法得到。网格重剖分后，新节点处的速度和加速度分别为

$$\hat{\dot{u}}_i = N\dot{u}_i \tag{2.25}$$
$$\hat{\ddot{u}}_i = N\ddot{u}_i \tag{2.26}$$

式中，N 为单元形函数。应力和材料参数映射完成后，进行下一个时间步计算时，新的控制方程为

$$\sum_{n_c}\left(-\int_{\Omega}\hat{\sigma}_{ij}\delta\varepsilon_{ij}d\Omega - \int_{\Omega}\delta u_i\rho\hat{\ddot{u}}_i d\Omega - \int_{\Omega}\delta u_i c'\hat{\dot{u}}_i d\Omega + \int_{\Omega}\delta u_i b_i d\Omega + \int_{S_k}\delta u_i q_i dS_k\right)$$
$$+\int_{S_c}(\hat{t}_N\delta g_N + \hat{t}_T\delta g_T)dS_c \approx 0 \tag{2.27}$$

接触面 S_c 上的法向和切向反力 $\hat{t}_N$、$\hat{t}_T$ 不需映射，它们通过平衡控制方程（2.27）来得到。

RITSS 方法最早在 AFENA（Carter et al., 1995）程序包中实现，用于分析浅基础的承载力、桩靴基础在多层地基中的穿刺破坏以及锚板的上拔承载力等平面应变或轴对称问题（Liu et al., 2005; Lu et al., 2004; Mehryar et al., 2004; Hu et al., 2002, 1998a, 1998b; Wang et al., 2002; Randolph et al., 2000）。刘君等（2005）将 RITSS 方法推广到三维空间，给出了模拟三维结构-土体相互作用的节点节理元列式，探讨了模拟不可压缩材料三维极限承载能力的单元类型及其网格自动剖分方

法，讨论了两种场变量映射技术，在 AFENA 软件包中实现了三维 RITSS 方法并研究了方形和圆形基础的连续贯入问题，证明了拓展的三维 RITSS 方法和程序的有效性。在此基础上，Yu 等（2008）采用一系列 B 样条曲线拟合土体表面，借助 ANSYS 软件来拟合变形后的自由曲面，并提出了特定单元分区（unique element divisional，UED）方法来提高场变量映射质量。UED 方法的优点是较大程度上利用了具有高精度的高斯点处的值，尽量避免外推，从而提高新网格中高斯点上物理量值的精度。Yu 等（2011，2009）采用三维 RITSS 方法研究了锚板在海床中的旋转调节过程以及方形基础在双层土体中的连续贯入过程，较早地将三维 RITSS 方法应用到海洋岩土工程中。进一步地，Liu 等（2016a）在 AFENA 中采用非零存储技术来提升存储空间利用率，同时结合 OpenMP 并行协议，采用对称逐步超松弛-预处理共轭梯度法求解大型方程组以提高计算效率，在 AFENA 平台上研究了多向受荷锚以及 SEPLA（Liu et al.，2017b）的旋转调节过程。

由于商业软件 ABAQUS 强大的网格生成能力和计算功能，Wang 等（2011，2010）在 ABAQUS 中实现了 RITSS 方法。AFENA 和 ABAQUS 中的 RITSS 方法在模拟结构与土体相互作用时采用的接触模拟方法是不同的。AFENA 中的 RITSS 方法采用弹塑性节点节理元（Herrmann，1978）来模拟结构与土体的接触，而 ABAQUS 中的 RITSS 方法采用基于罚函数法的面-面接触来模拟结构与土体之间的接触。传统 RITSS 大变形分析由多个静力的小变形分析组成，不能考虑动力效应。Wang 等（2013）在 ABAQUS 中通过自行编写程序，完成速度和加速度的插值及映射，基于 RITSS 方法实现了动力问题的大变形分析，研究了浅基础在动力荷载作用下的响应以及海底滑坡过程。

RITSS 方法虽然可以依托任意有限元软件来实现，但需要用户自行编写映射等程序来完成整个计算过程，而计算中场变量的插值和映射算法实现尤为困难。先前的研究者通过自行编写程序来实现场变量插值和映射，但程序代码并未对外公布，这对 RITSS 方法的使用造成了困难。为避免用户编写复杂的插值和映射程序，Tian 等（2014）借助 ABAQUS 内置的插值和映射（mesh to mesh solution mapping, MSM）技术（Dassault Systémes，2014），实现了场变量（应力、温度、孔压和材料参数等）的自动插值和映射，并通过锚板上拔破坏、T-bar 以及海底管道在黏土海床中向下运动等问题验证了 ABAQUS 中 MSM 技术的有效性。但 ABAQUS 内置的 MSM 技术无法完成速度和加速度的插值，因此目前还不能进行动力分析。而且，目前的 MSM 技术还是先从高斯点插值到节点，然后再从节点插值到高斯点，精度没有 UED 方法高。

2.3.2 ALE 方法

ALE 方法基于 Benson（1989）提出的算子分裂技术发展而来。ALE 方法的思想是：将材料与网格的变形分离，从而避免拉格朗日方法中网格的扭曲。在不改变网格拓扑结构和整体自由度的前提下，通过优化网格节点的位置来消除网格畸变。在更新的拉格朗日（UL）阶段，对于给定的荷载增量，通过虚功原理获得增量位移，再通过增量位移来更新节点的空间坐标。然而，节点坐标的连续更新会造成变形梯度较大区域的网格发生扭曲，因此需要在欧拉阶段使用合适的网格优化技术来优化网格。大多数网格优化技术是基于特定的网格生成算法，必须考虑各种因素，如研究问题的规模、生成单元的类型、计算域几何形状等。Nazem等（2006）在 SNAC 软件包中将 ALE 方法应用于岩土工程问题分析。他们利用弹性分析提出了一种通用方法来确定优化后网格节点的位置，该方法一个显著优点是它独立于单元的拓扑和问题的规模，在分析过程中网格的拓扑不变，因此，在现有的有限元代码中很容易求解。网格优化后，将节点和积分点上的所有变量通过映射方程从旧的（扭曲的）网格映射到新的（优化的）网格上，映射方程可表示为

$$\dot{f}^{\tau} = \dot{f} - (\dot{u}_i^{\tau} - \dot{u}_i)\frac{\partial f}{\partial x_i} \qquad (2.28)$$

式中，$\dot{f}^{\tau}$ 和 $\dot{f}$ 分别为相对网格坐标和材料坐标的场变量对时间的偏导数；$\dot{u}_i^{\tau}$ 和 $\dot{u}_i$ 分别为网格速度和材料速度。

ALE 方法在模拟两个物体的接触时，有 node to segment（NTS 接触）和 segment to segment（也称 mortar 接触）两种接触方式（Sabetamal et al., 2013）。NTS 接触是土体边界上的从节点和结构上的主节点相互作用，法向通过罚函数限制土体上的从节点贯穿结构上的主节点，切向采用库仑摩擦，有黏着和滑移两种状态。基于罚函数法的法向接触可表示为

$$t_N = \varepsilon_N g_N \qquad (2.29)$$

式中，ε_N 为法向罚因子；g_N 为结构和土体法向相对位移。基于罚函数法的切向接触可表示为

$$t_T = \varepsilon_T g_T \qquad (2.30)$$

式中，ε_T 为切向罚因子；g_T 为结构-界面相对滑动距离。根据库仑摩擦准则来建立 t_N 和 t_T 之间的关系：

$$f_s(t_N, t_T) = \|t_T\| - \mu_C t_N \leqslant 0 \qquad (2.31)$$

式中，μ_C 为库仑摩擦系数。

NTS 接触的一个缺点是不能用于高阶单元。另外，对于锥形触探仪这种锥尖和侧壁交界处有角点的结构物，角点处外法线方向不唯一，NTS 接触中采用两条

直线去处理角点会造成不光滑的表面，从而导致在预测土体反力时存在较大的振荡。而采用 mortar 接触，交界处采用的是光滑离散方式，避免了角点，同时也减小了数值振荡。而且 mortar 接触中允许接触单元采用高阶单元。

通过对孔隙水压力进行映射和对渗透系数进行更新，Nazem 等（2008）将 ALE 方法用于解决土体固结问题。近年来，很多学者采用 ALE 方法分析了结构在海床中的动力贯入问题（Sabetamal et al., 2018, 2016, 2014, 2013; Moavenian et al., 2016; Nazem et al., 2012; Sheng et al., 2009）。例如，Sabetamal 等（2018, 2016, 2014, 2013）基于 ALE 方法分析了鱼雷锚和自由落体式锥形贯入仪在黏土海床中的高速沉贯过程，以探究各参数对锚或贯入仪沉贯深度的影响规律。Sabetamal 等（2016）在 ALE 方法中采用修正剑桥模型（modified Cam clay，MCC）考虑土体的非线性行为和剪切引起的孔隙水压力，以研究动力锚高速贯入海床过程中超孔隙水压力的发展。目前，ALE 方法可用来分析静力、动力、固结以及动力固结问题，但主要限于简单的二维轴对称问题，还没有见到模拟复杂结构与海床土的相互作用方面的研究进展。

2.3.3　CEL 方法

CEL 方法最早由 Noh（1964）提出，该方法克服了基于传统拉格朗日方法计算岩土工程大变形问题中的网格畸变问题。在此基础上经过进一步发展和完善，CEL 方法已被嵌入有限元商业软件 ABAQUS 中（Benson et al., 2004; Benson, 1992）。在基于 CEL 方法分析结构与土体相互作用时，土体发生大变形，因此用欧拉法描述土体，即网格固定不变，土体可以在网格中流动以避免网格畸变。结构刚度远大于土体刚度，因而结构采用拉格朗日网格描述，且将其模拟为刚体。

在 CEL 方法中，每一个增量步分为两个阶段：首先是拉格朗日阶段，在该阶段网格节点暂时与材料点绑定，单元随着材料变形；然后是欧拉阶段，此阶段网格变形停止，通过插值函数将材料点上的状态变量映射到网格节点上，形成下一增量步的初始状态。当流体材料流过网格时，通过计算欧拉单元体积分数（Eulerian volume fraction, EVF）来追踪材料的变形。每一个欧拉单元都会有一个 EVF 来代表该单元填充材料的百分比，EVF = 1 代表该单元中充满了材料，EVF = 0 意味着该单元中无材料，同一个网格中允许存在多种材料。

在 CEL 方法中，材料的流动是基于算子分裂技术实现的，其控制方程为

$$\dot{f} = S_\phi \tag{2.32}$$

$$\dot{f} + \nabla \cdot \Phi = 0 \tag{2.33}$$

式中，Φ 为通量函数。在拉格朗日阶段，控制方程式（2.32）与式（2.23）所示控

制方程在本质上是一致的。式（2.32）可通过显式积分方法进行求解。在欧拉阶段，变形后的网格要调整至初始网格，相邻两个单元之间材料体积改变由式（2.33）计算得到。随后，由式（2.32）得到的场变量通过一阶或二阶映射方法映射到新单元的积分点上。

结构与土体之间的相互作用通过基于罚函数方法的通用接触来实现。拉格朗日单元可自由穿行于欧拉单元中，直至碰到 $EVF \neq 0$ 的欧拉单元。如图 2.4 所示，在拉格朗日单元的边和面上布置一些节点，与之对应的在欧拉材料表面布置有一些锚定点（anchor point）。在每一个增量步开始时刻，程序都要检查锚定点贯穿拉格朗日单元表面相对节点的位移 Δx。当 Δx 不等于零时，锚定点就会被施加一个与贯穿相对位移成正比且与相对位移方向相反的力 t_N：

$$t_N = k_i \cdot \Delta x \qquad (2.34)$$

式中，k_i 为罚刚度系数。切应力 t_T 采用库仑摩擦计算：

$$t_T = \mu_C \cdot \sigma_n \qquad (2.35)$$

式中，μ_C 为库仑摩擦系数；σ_n 为结构-土体接触面法向应力。ABAQUS 中 CEL 方法通过 explicit 求解器求解，整个计算不需要迭代。CEL 方法的计算是有条件稳定的，其临界增量步 Δt_{crit} 与单元特征尺寸 l_c 和材料波速 v_s 有关：

$$\Delta t_{cirt} = l_c / v_s \qquad (2.36)$$

材料波速 v_s 与材料弹性模量的 1/2 次方成正比，与材料密度的 1/2 次方成反比。因此，在不影响计算结果和精度的前提下，应尽量采用较大网格尺寸和较小的弹性模量，以减小计算代价。

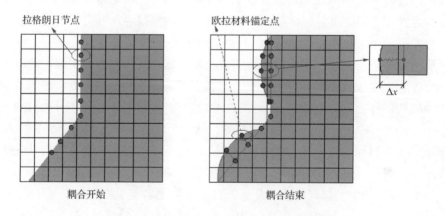

图 2.4　CEL 中基于罚函数方法的通用接触

目前，CEL 方法已被广泛用于模拟结构-海洋土大变形相互作用，如立管与海床土的相互作用、桩基础安装、自升式平台桩靴基础插桩、动力锚在海床中高速沉贯过程等（Jun et al., 2019; Han et al., 2018; 李亚等, 2018; 郑敬宾等, 2018; Ko et al., 2016; 苏芳眉等, 2016; Dutta et al., 2014）。基于 CEL 方法研究结构与砂土的相互作用主要集中在桩靴基础在砂土中的插桩问题，Hu 等（2014）和 Tho 等（2010）基于 CEL 方法模拟了桩靴基础在海床中的连续贯入过程，使用经典摩尔库仑模型来模拟砂土，桩靴与土体之间的摩擦系数取为 0.5，但没有考虑硬化和软化后砂土的抗剪强度以及剪胀角的变化，这对于密砂的模拟是不精确的。Qiu 等（2012, 2011）采用摩尔库仑模型模拟松砂，采用亚塑性模型模拟密砂，可以反映密砂的剪胀特性。Hu 等（2015）采用修正摩尔库仑模型来模拟砂土，预测桩靴在上层为砂土、下层为黏土的双层地基中发生穿刺破坏的可能性，其中砂土的摩擦角和剪胀角均随累积塑性应变改变，能够较好地模拟密砂发生剪胀后剪切强度降低的特征。

目前 CEL 方法通用接触中设置结构-海床土之间的摩擦为库仑摩擦，无法直接模拟结构在正常固结或超固结黏土海床中的黏滞摩擦特性，即摩擦阻力 f_s 与结构-土体界面的法向应力 σ_n 无关，而与锚-土界面摩擦系数 α 和土体不排水抗剪强度 s_u 成正比：

$$f_s = \alpha \cdot s_u \tag{2.37}$$

Kim 等（2017, 2015a, 2015b, 2015c）基于 CEL 方法模拟了鱼雷锚和多向受荷锚在黏土海床中的高速沉贯过程。通过子程序 VUSDFLD 来考虑土体率效应和软化效应，子程序 VUSDFLD 可重新定义单元积分点处的场变量，允许场变量为时间、应力、应变、温度、EVF 等的函数。关于锚-土界面摩擦的处理方式如下：

（1）首先令锚-土界面库仑摩擦系数 $\mu_C = 0$，计算摩擦阻力为零时锚在海床中的沉贯深度 $z_{e,smooth}$，并计算锚尖深度处参考剪应变率下未扰动土体不排水抗剪强度 $s_{u,ref,e}$。

（2）设置接触界面临界剪切强度 τ_{max}，令 $\tau_{max} = \alpha s_{u,ref,e}$，其中 α 为锚-土界面摩擦系数，通常取为土体灵敏度系数 S_t 的倒数。

（3）将界面库仑摩擦系数设为一个很大的数，计算考虑土体摩擦阻力时锚在海床中的沉贯过程。由于锚-土界面库仑摩擦系数很大，当切应力 t_T［式（2.35）］大于临界强度 τ_{max} 时，锚-土界面切应力将等于 τ_{max}。

由于 $\tau_{max} = \alpha s_{u,ref,e}$ 在一定程度上高估了锚-土界面摩擦阻力，因此基于上述步骤得到的沉贯深度是偏于保守的（Liu et al., 2016b）。

Liu 等（2016b）将锚-土界面摩擦阻力简化成一个集中力施加到锚上，通过子程序 VUAMP 嵌入 CEL 中。这种方法人为地假设了锚-土接触面积和锚-土界面摩擦系数，从而能直接计算出摩擦阻力。虽然将摩擦阻力作为集中力施加到锚上可避免在 CEL 中模拟锚-土界面摩擦行为，但不能有效揭示锚-土界面摩擦特性和剪切带上土体大变形机理。

2.3.4　三种 LDFE 方法的比较

Wang 等（2015）总结了海洋岩土工程中常用的三种 LDFE 方法的特点，列于表 2.1。

表 2.1　三种 LDFE 方法的特点（Wang et al., 2015）

	RITSS 方法	ALE 方法	CEL 方法
积分方法	隐式	隐式	显式
单元类型	二阶	二阶，四阶，五阶	一阶
应用	二维（2-D），三维（3-D）	2-D	3-D
网格	经过 n 步小变形分析后需局部或整体更新网格	通过调整节点位置来优化网格	网格不变形
场变量映射方法	插值	ALE 映射方程	一阶或二阶映射
拉格朗日阶段计算代价	高	高	中等
欧拉阶段计算代价	低	低	高
接触设置	弹塑性节点节理元（AFENA）、基于罚函数的面面接触（ABAQUS）	基于罚函数的 NST 接触或者 mortar 接触	基于罚函数的通用接触
解决问题	静力，动力，固结	静力，动力，固结	拟静力，动力问题
评价	商业前处理和后处理软件,但需自行编写脚本程序	自行编写程序	商业化软件，操作方便

目前 RITSS 方法可建立二维（2-D）和三维（3-D）几何模型，适用于解决静力、动力和固结问题；ALE 方法只能建立 2-D 模型，适用于解决静力、动力和固结问题；CEL 方法只能建立 3-D 模型，适用于解决拟静力问题和动力问题。桩靴基础插桩、T-bar 或球形触探仪在海床中的连续贯入过程等可看作拟静力问题。当基于 CEL 方法模拟拟静力问题时，物体的运动速度对模拟结果有较大的影响，应进行收敛性分析以选择合适的速度。

Wang 等（2015）通过四个典型算例来比较三种 LDFE 方法的模拟结果，表 2.2 列出了两个基于总应力分析的算例，分别为锥形触探仪在黏土海床中连续贯入时的锥尖阻力和自由落体式锥形贯入仪在黏土海床中高速沉贯过程。

表 2.2　两个典型算例（Wang et al., 2015）

算例	算例描述	分析类型	土体破坏准则	接触
1	锥形触探仪锥尖阻力	静力，总应力分析	von Mises	光滑
2	自由落体式锥形贯入仪高速贯入海床过程	动力，总应力分析	Tresca	光滑

1.　锥形触探仪承载力系数

锥形触探仪直径 $D_{cone} = 35.7$ mm，锥角 $\alpha_{cone} = 60°$。土体不排水抗剪强度 $s_u =$

10 kPa，不模拟土体率效应及软化效应，刚度指数 $G/s_u = 100$（G 为土体剪切模量）。在 RITSS、ALE 和 CEL 模拟中最小网格尺寸均为 $D_{cone}/20$，如图 2.5 所示。承载力系数 N_{kT}［式（1.9）］随无量纲化的贯入深度 z/D_{cone} 的变化关系如图 2.6 所示。Walker 等（2010, 2006）基于 ALE 方法模拟了锥形触探仪在海床中的连续贯入过程。其中，Walker 等（2006）在计算锥尖反力时用的是与锥尖接触的土体单元的积分点上的平均应力，而 Walker 等（2010）在计算锥尖反力时用的是与锥尖接触的土体节点上的应力。因此，后者得到的承载力系数 $N_{kT} = 10.8$ 比前者 $N_{kT} = 9.5$ 偏高。基于 ALE 方法得到的平均承载力系数 $N_{kT} = 10.2$。RITSS 方法模拟得到的 $N_{kT} = 9.8$，与 Walker 等（2006）的结果比较接近。

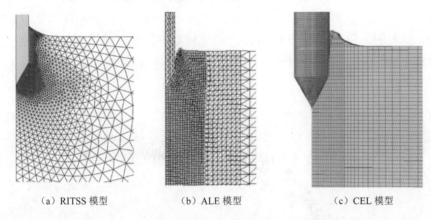

（a）RITSS 模型　　　　（b）ALE 模型　　　　（c）CEL 模型

图 2.5　三种 LDFE 方法模拟锥形触探仪在海床中贯入过程模型（Wang et al., 2015）

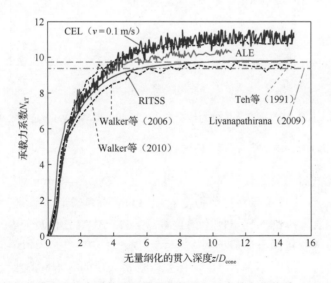

图 2.6　锥形触探仪锥尖承载力系数随无量纲化的贯入深度的变化关系（Wang et al., 2015）

由于 CEL 方法只能模拟拟静力问题，需要给锥形触探仪施加一个速度 v，当 $v = 0.1$ m/s 时承载力系数 $N_{kT} = 11.1$，与 Walker 等（2010）的结果比较接近。由于 CEL 方法为显式算法，与 RITSS 结果相比得到的土体阻力有较大的振荡。从图 2.6 三种 LDFE 模拟结果可以发现：当贯入深度 z/D_{cone} 超过 9 时，承载力系数均趋于稳定。图 2.6 中还显示了 Liyanapathirana（2009）基于 ALE 的模拟结果与 Teh 等（1991）的理论分析结果，承载力系数分别为 9.4 和 9.7。总之，基于三种方法均能模拟锥形触探仪在海床中的连续贯入问题，且能得到比较可靠的结果。需要说明的是，在用 CEL 方法模拟拟静力问题时首先要选择合适的贯入速度。图 2.7 为不同贯入速度对锥形触探仪锥尖承载力系数 N_{kT} 的影响，N_{kT} 随着贯入速度的减小而减小，且数据的振荡也随之减小。然而减小贯入速度意味着增加计算耗时。总之，在基于 CEL 方法进行数值模拟之前不仅需要对网格进行收敛性分析，还需要对速度进行收敛性分析，以同时满足计算精度及计算时间要求。

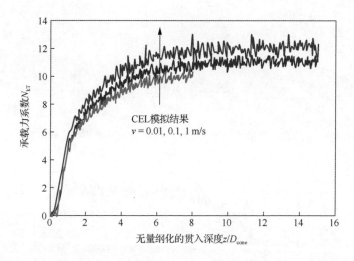

图 2.7　CEL 模拟中贯入速度对锥尖承载力系数的影响（Wang et al., 2015）

2. 自由落体式锥形贯入仪沉贯过程

自由落体式锥形贯入仪质量 $m = 0.5$ kg，直径 $D_{cone} = 40$ mm，长度为 405 mm，锥角 $\alpha_{cone} = 60°$。土体不排水抗剪强度 $s_u = 5$ kPa，不考虑土体率效应和软化效应，土体饱和容重 $\gamma_s = 19.6$ kN/m^3，刚度指数 $G/s_u = 67$。在 ALE 和 RITSS 模拟中，自由落体式锥形贯入仪周围土体最小网格尺寸为 $D_{cone}/8$。在 CEL 模拟中，最小网格尺寸从 $D_{cone}/8$ 到 $D_{cone}/48$ 不等。自由落体式锥形贯入仪的初始贯入速度 $v_0 = 10$ m/s，在海床中的运动速度随贯入深度的变化关系如图 2.8 所示。基于 ALE 和 RITSS 方法得到的沉贯深度相同，为 $12.1D_{cone}$。当最小网格尺寸为 $D_{cone}/8$ 时，基于 CEL 模拟得到的沉贯深度仅为 $8.8D_{cone}$，比 ALE 或 RITSS 方法的模拟结果偏低 27%。当缩小网格尺寸后，CEL 模拟得到的沉贯深度有所增加，当最小网格尺寸缩小至 $D_{cone}/48$ 时，对应的沉贯深度为 $10.9D_{cone}$，仍然低于 ALE 和 RITSS 的模拟结果。因此，对于动力贯入问题，基于 CEL 方法貌似得不到收敛的结果。但是 ALE 或 RITSS 方法在模拟动力问题时也有局限性，由于二者为隐式分析，在每个计算步内都需要大量迭代，在大规模计算方面还存在很多挑战。

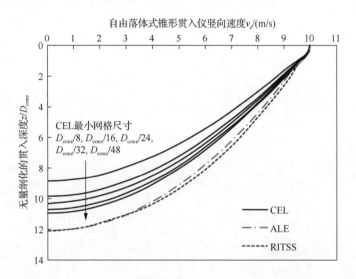

图 2.8　三种 LDFE 方法模拟自由落体式锥形贯入仪在海床中高速沉贯过程
（Wang et al., 2015）

　　三种 LDFE 方法的特点可参考表 2.1。由于 RITSS 方法和 ALE 方法都需要用户自行编写脚本程序，给使用者造成了很大的不便。CEL 方法已经嵌入商业软件 ABAQUS 中，方便用户使用。然而 CEL 方法为显式计算，输出结果振荡较大，且需要通过模型试验或经验数据来验证模拟结果，以确保模拟结果是可靠的。

2.4　塑性分析方法简介

　　海底锚固基础、浅基础通常所受的荷载不仅仅为法向荷载，而是复杂受力条件下产生的荷载组合。例如，对于多向受荷锚，在锚眼处施加上拔荷载 F_a 时，作用在锚上的阻力为切向阻力 F_s、法向阻力 F_n 以及外力矩 M 形成的荷载组合，如图 2.9 所示。在复杂荷载作用下，锚在海床中的受力及运动模式非常复杂，而塑性分析方法非常适用于预测锚在复杂荷载作用下的运动轨迹及承载力演化规律。

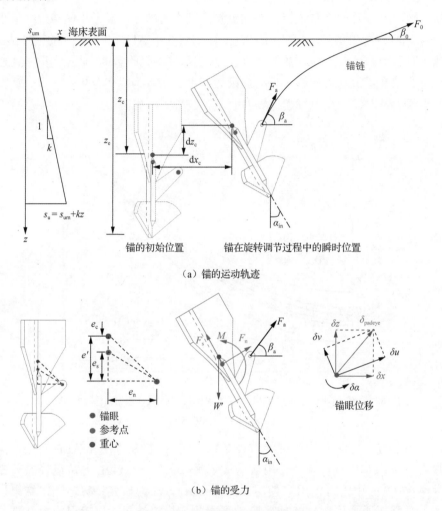

（a）锚的运动轨迹

（b）锚的受力

图 2.9　塑性分析中用到的变量和符号

　　塑性分析方法的基础为组合荷载的屈服包络面。屈服包络面定义为物体在海床中运动时土体所能承受的容许荷载组合，其数学表达为

$$f(F_n, F_s, M) = 1 \tag{2.38}$$

这一方程表示物体周围土体达到极限平衡状态时，所承受的组合荷载构成的三维荷载空间的外凸曲面。塑性分析方法的前提假设为：土体为理想刚塑性、不可压缩材料，且遵循相关联流动法则。在相关联流动法则的前提下，物体的屈服包络面方程与塑性势函数相同。因此，屈服包络面函数对每个荷载的微分，也就是塑

性势函数在法向的梯度，即为与各个荷载(F_n, F_s, M)方向对应的位移$(\delta u, \delta v, \delta \alpha)$，如图 2.10 所示。

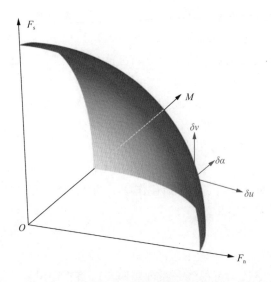

图 2.10　屈服包络面

塑性分析方法的实质是：将锚和周围土体看作一个单元，当锚受到的上拔荷载等于土体所能提供的最大阻力时，土体屈服；根据屈服包络面方程计算锚的运动方向，进而得到锚的运动轨迹和承载力。基于塑性分析方法预测锚在海床中的旋转调节过程已经成功应用于拖曳安装锚、吸力式安装板锚以及多向受荷锚（Liu et al., 2017b, 2016a; Wei et al., 2015; Cassidy et al., 2012; Lowmass, 2006; O'Neill et al., 2003）。进行塑性分析之前首先要建立锚在组合荷载作用下的屈服包络面方程。

2.4.1　屈服包络面的建立

Bransby 等（1999）建立了浅基础的屈服包络面方程：

$$\left(\frac{|N_n|}{N_{nmax}}\right)^q + \left[\left(\frac{|N_m|}{N_{mmax}}\right)^m + \left(\frac{|N_s|}{N_{smax}}\right)^n\right]^{1/p} - 1 = 0 \qquad (2.39)$$

式中，N_n、N_s 和 N_m 分别为基础的法向阻力、切向阻力和力矩对应的承载力系数；N_{nmax}、N_{smax} 和 N_{mmax} 分别为基础在法向、切向及旋转方向的单轴承载力系数，表征包络面的大小；m、n、p 和 q 为表征包络面形状的系数。锚的屈服包络面方程与浅基础的屈服包络面方程一致（Liu et al., 2016a; Cassidy et al., 2012; O'Neill et al., 2003）。

　　屈服包络面方程的建立有多种途径，包括模型试验、有限元计算和极限分析。通过小变形有限元方法建立锚的屈服包络面是最常见的方法（Liu et al., 2016a; Wei et al., 2015; O'Neill et al., 2003）。另外，许多学者也通过小变形有限元建立海底浅基础的包络面方程（Shen et al., 2016; Fu et al., 2014; Feng et al., 2014）。基于小变形有限元建立塑性屈服包络面的方法包括扫略法和试探法（Zhang et al., 2012; O'Neill et al., 2003）。扫略法是先在物体参考点上施加一个方向上的位移，使其达到极限承载力，然后在另一方向施加位移，直到该方向承载力不再随位移的增加而变化。扫略法的计算效率较高，通过一次计算就可以得到某个平面内的屈服包络线。试探法是在物体参考点上沿某个特定方向施加位移，两个方向的位移比 $\delta u/\delta v$、$\delta u/\delta \alpha$ 和 $\delta v/\delta \alpha$ 是恒定的。经过一系列不同比值的 $\delta u/\delta v$、$\delta u/\delta \alpha$ 和 $\delta v/\delta \alpha$ 位移试探后，就能得到一系列的组合荷载作用下的屈服点。对这些屈服点进行拟合，即可得到结构的屈服包络面方程。

　　图 2.11 为基于试探法和扫略法建立的深埋基础的屈服包络线（Zhang et al., 2012）。圆形基础厚度与直径之比 $T/D = 0.05$，埋深比 $z/D = 2.5$，基础和土体不允许分离。通过改变 $\delta u/\delta v$ 可得到一系列屈服点，将不同组合荷载作用下的屈服点连线即得到了 $F_n \sim F_s$ 面内的屈服包络线。若先给基础施加竖向位移 δu，当基础周围土体屈服后再对基础施加水平位移 δv，直至荷载不再改变，这样就可以基于扫略法建立 $F_n \sim F_s$ 面内的屈服包络线。相似地，也可以建立 $F_n \sim M$ 面和 $F_s \sim M$ 面内的屈服包络线。

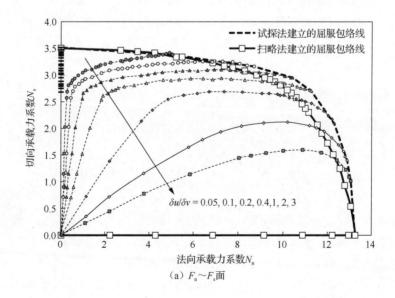

(a) $F_n \sim F_s$ 面

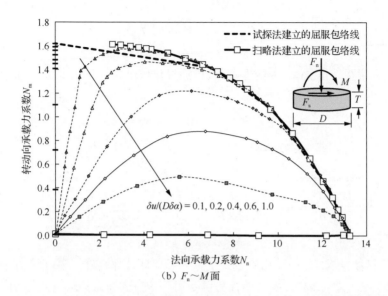

图 2.11 基于试探法和扫略法建立的深埋基础的屈服包络线（Zhang et al., 2012）

从图 2.11 中可以看出，两种方法建立的屈服包络线在 $F_n \sim M$ 面内比较吻合，但在 $F_n \sim F_s$ 面内略有不同。由于要得到一系列的荷载组合，基于试探法建立屈服包络面方程需要较大的工作量，但是试探法具有更高的计算精度，也因此具有更广泛的应用。

2.4.2 塑性分析方法的流程

已知锚眼处上拔荷载 F_a 及其与水平面之间的夹角 β_a，并已知锚的转角 α_{in}，则作用在锚上的法向阻力 F_n、切向阻力 F_s 和力矩 M 可表示为

$$\begin{cases} F_n = F_a \sin(\pi/2 + \alpha_{in} - \beta_a) - W' \sin \alpha_{in} \\ F_s = F_a \cos(\pi/2 + \alpha_{in} - \beta_a) - W' \cos \alpha_{in} \\ M = F_a \left[e_n \cos(\pi/2 + \alpha_{in} - \beta_a) + e_s \sin(\pi/2 + \alpha_{in} - \beta_a) \right] + W' e_c \sin \alpha_{in} \end{cases} \quad (2.40)$$

式中，e_n 为锚眼至锚轴线的距离；e_s 为锚眼至参考点的距离在平行于锚轴线方向的投影；e_c 为重心至参考点的距离在平行于锚轴线方向的投影。锚的参考点定义为：当锚垂直于轴线方向或沿轴线方向运动时，作用在锚上的法向阻力和切向阻力相对某一点的外力矩为零，该点即为参考点。若荷载组合(F_n, F_s, M)在屈服包络面上，则锚在垂直于锚轴线、平行于锚轴线、绕锚参考点旋转的位移增量分别 δu、δv 和 $\delta \alpha$，可表示为

$$
\begin{bmatrix} \delta u \\ \delta v \\ B_A \delta \alpha \end{bmatrix} = \Delta_{\text{plast}} \begin{bmatrix} \partial f / \partial F_n \\ \text{sgn}(F_s) \partial f / \partial F_s \\ \text{sgn}(M) \partial f / \partial (M / B_A) \end{bmatrix} \tag{2.41}
$$

式中，B_A 为锚板宽度；Δ_{plast} 为塑性乘子，可通过锚眼处位移增量 δ_{padeye} 来确定。δ_{padeye} 可表示为

$$
\delta_{\text{padeye}} = \sqrt{\left(\delta u + e_n \delta \alpha\right)^2 + \left(\delta v + e_s \delta \alpha\right)^2} \tag{2.42}
$$

将式（2.41）代入式（2.42）中，可得

$$
\Delta_{\text{plast}} = \frac{\delta_{\text{padeye}}}{\sqrt{\left[\dfrac{\partial f}{\partial F_n} + \dfrac{e_s}{B_A}\text{sgn}(M)\dfrac{\partial f}{\partial (M / B_A)}\right]^2 + \left[\text{sgn}(F_s)\dfrac{\partial f}{\partial F_s} + \dfrac{e_n}{B_A}\text{sgn}(M)\dfrac{\partial f}{\partial (M / B_A)}\right]^2}}
$$

$$
\tag{2.43}
$$

锚眼处位移增量 δ_{padeye} 是使用者选择的，为了保证计算精度，δ_{padeye} 的取值应限制在 B_A‰ 以内。式（2.41）中，塑性势函数对三个方向荷载的偏导数分别为

$$
\begin{cases}
\dfrac{\partial f}{\partial F_n} = q\left(\dfrac{F_n}{F_{n,\max}}\right)^{q-1}\dfrac{1}{F_{n,\max}} \\[3mm]
\text{sgn}(F_s)\dfrac{\partial f}{\partial F_s} = \text{sgn}(F_s)\dfrac{1}{p}\left[\left(\dfrac{|M|}{M_{\max}}\right)^m + \left(\dfrac{|F_s|}{F_{s,\max}}\right)^n\right]^{1/p-1} \times n\left(\dfrac{|F_s|}{F_{s,\max}}\right)^{n-1}\dfrac{1}{F_{s,\max}} \\[3mm]
\text{sgn}(M)\dfrac{\partial f}{\partial (M / B_A)} = \text{sgn}(M)\dfrac{1}{p}\left[\left(\dfrac{|M|}{M_{\max}}\right)^m + \left(\dfrac{|F_s|}{F_{s,\max}}\right)^n\right]^{1/p-1} \times m\left(\dfrac{|M|}{M_{\max}}\right)^{m-1}\dfrac{B_A}{M_{\max}}
\end{cases}
$$

$$
\tag{2.44}
$$

进行坐标变换，将参考点处位移增量 $(\delta u, \delta v, \delta \alpha)$ 换算至全局坐标系下：

$$
\begin{cases}
\delta x = \delta u \cos \alpha_{\text{in}} - \delta v \sin \alpha_{\text{in}} \\
\delta z = \delta u \sin \alpha_{\text{in}} + \delta v \cos \alpha_{\text{in}} \\
\delta \alpha = \delta \alpha
\end{cases} \tag{2.45}
$$

　　以上过程可以得到一个增量步中锚的位移及承载力。不断重复上述过程即可得到锚在海床中的完整运动轨迹和承载力。如图 2.9（a）所示，一段锚链嵌入海床中，这部分锚链称为嵌入段锚链，由于受到土体阻力而呈反悬链形态。锚链和海床表面的交点称为嵌入点，嵌入点处上拔荷载记为 F_0，与水平方向之间的夹角记为 β_0。Neubecker 等（1995）提出了表征嵌入段锚链受力和反悬链形态的锚链方程：

$$\frac{F_a}{1+\mu^2}\left[e^{\mu(\beta_z-\beta_0)}(\cos\beta_0+\mu\sin\beta_0)-\cos\beta_z-\mu\sin\beta_z\right]=\int_0^z f_n \mathrm{d}z \qquad (2.46)$$

式中，μ 为作用在锚链上的土体切向阻力与法向阻力之比；β_z 为深度 z 处锚链切线方向与水平方向之间的夹角；f_n 为土体对锚链的法向阻力。当考虑嵌入段锚链的影响时，基于塑性分析方法预测锚在海床中运动轨迹和承载力的流程如图 2.12 所示。流程如下：

（1）设定锚的初始转角 α_{in} 和埋深，并给定嵌入点处上拔荷载角度 β_0 以及锚眼处位移增量 δ_{padeye}；

（2）假设锚眼处上拔荷载角度 β_a；

（3）假设锚眼处上拔荷载 F_a；

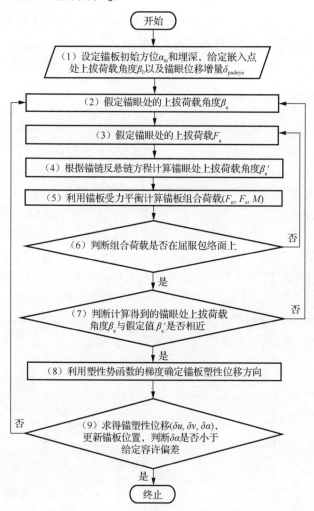

图 2.12   基于塑性分析方法预测锚在海床中旋转调节过程流程图

（4）根据 Neubecker 等（1995）提出的锚链反悬链方程计算锚眼处上拔荷载角度 β_a'；

（5）根据锚板受力平衡方程［式（2.40）］计算锚板所受的组合荷载 (F_n, F_s, M)；

（6）判断荷载组合 (F_n, F_s, M) 是否在屈服包络面上，若荷载组合在屈服包络面上，则进行下一步，若荷载组合不在屈服包络面上，则返回步骤（3），重新对锚眼处上拔荷载 F_a 进行假设；

（7）比较 β_a 和 β_a'，若二者之差小于 $|\varepsilon_1|$（ε_1 为容许偏差），则进行下一步，若二者之差大于 $|\varepsilon_1|$，则返回步骤（2），重新对锚眼处上拔荷载角度 β_a 进行假设；

（8）通过对塑性势函数求偏导数，得到锚在三个荷载方向的塑性位移增量 $(\delta u, \delta v, \delta \alpha)$；

（9）进行坐标变换，将锚在局部坐标系下的位移增量换算至全局坐标系下，并判断 $\delta \alpha$ 是否小于 $|\varepsilon_2|$（ε_2 为容许偏差），若 $\delta \alpha < |\varepsilon_2|$，则计算停止，若 $\delta \alpha > |\varepsilon_2|$，则更新锚的转角和埋深，重复步骤（2）～（9），进行新一轮计算。

2.4.3　塑性分析方法的应用

下面从浅基础和锚固基础两个方面介绍塑性分析方法的应用。对于支撑上部平台或结构的浅基础，作用在基础上的荷载主要包括竖向力 V、水平力 H 和力矩 M，如图 2.13（a）所示。Bransby 等（1998）结合小变形有限元分析和塑性力学上限分析方法研究了带裙板和格栅浅基础的屈服包络面。对于支撑水下生产系统的海底浅基础，作用在基础上的荷载可分解为竖向荷载 V、两个相互垂直的水平方向的荷载 H_1 和 H_2、绕 x 和 y 轴的力矩 M_1 和 M_2，以及绕 z 轴的力矩 T，也称六自由度复杂荷载，如图 2.13（b）所示。Shen 等（2017）建立了圆形浅基础在六自由度复杂荷载作用下的屈服包络面方程，并研究了土体非均质度系数对屈服包络面大小的影响。Feng 等（2017）基于小变形有限元建立了矩形浅基础的屈服包络面方程，并研究了基础长宽比对屈服包络面大小的影响。除了上面所列出的几篇代表性文献，国内外很多学者基于塑性分析方法研究了复杂荷载作

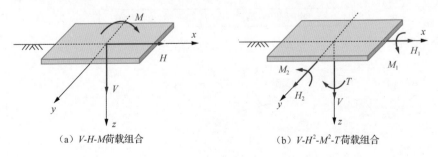

（a）V-H-M荷载组合　　　　　（b）V-H^2-M^2-T荷载组合

图 2.13　浅基础所受组合荷载

用下浅基础的承载力（Fu et al., 2017, 2014；刘润等，2014; Mana et al., 2013；张其一，2013）。

很多学者基于塑性分析方法研究了拖曳安装锚、吸力式安装板锚 SEPLA 和多向受荷锚在黏土海床中的旋转调节过程。O'Neill 等（2003）将拖曳锚简化成矩形锚板和楔形锚板，分别建立了两种锚板的屈服包络面方程，并预测了锚在拖曳安装时的运动轨迹。Cassidy 等（2012）基于塑性分析方法研究了翼板厚度、土强度梯度等因素对 SEPLA 在旋转调节过程中埋深损失以及下潜性能的影响规律。Wei 等（2015）研究了 SEPLA 锚柄对屈服包络面大小和形状的影响，以及对旋转调节过程中运动轨迹和承载力的影响。Liu 等（2017b）研究了襟翼展开方式对 SEPLA 旋转调节过程的影响，并分析了锚眼偏移量 e_s、嵌入点处上拔荷载角度 β_0 等因素对 SEPLA 极限下潜深度和极限承载力的影响。

塑性分析方法力学概念简明，在计算耗时上有明显的优势。计算程序设计好后，在普通计算机上仅需几秒钟就能完成一个工况的计算。因此，塑性分析方法非常适用于进行参数化分析，以确定锚在复杂多因素作用下的运动轨迹和承载力。但是，塑性分析方法假设土体为刚塑性材料，暂时还不能考虑旋转调节过程中锚周围土体大变形软化对锚的承载力和运动行为的影响。

2.5　小　　结

本章简要介绍了海洋岩土工程开展数值模拟的三种工具：基于 FVM 的 CFD 方法、大变形有限元方法和塑性分析方法。CFD 方法的一大优势是能模拟多相流问题，如动力锚-水-海床土耦合作用问题，但是该方法不能模拟土体刚度和各向异性等。LDFE 方法广泛用于模拟结构-海床土相互作用，但是针对复杂流固耦合问题，如何处理接触问题是 LDFE 方法的一大难点。塑性分析方法简洁高效，非常适用于进行参数分析，但是不能考虑结构安装过程对周围土体的扰动、结构大位移运动时周围土体的软化等。总之，以上方法各有利弊，在选择数值计算工具时应首先了解其优点并明确其不足之处，发挥各自优势。另外，数值模拟结果还有必要通过物理试验进行验证。

参 考 文 献

安德森, 2007. 计算流体力学基础及其应用. 吴颂平, 刘赵淼, 译. 北京: 机械工业出版社.

李亚, 李书兆, 张超, 2018. 黏土中自升式钻井船插桩对邻近桩基影响的分析方法. 岩土力学, 39(5): 1891-1900.

刘君, 于龙, 孔宪京, 2005. 饱和粘土中基础承载力的三维大变形分析//第 14 届结构工程学术会议论文集(第二册),烟台: 307-312.

刘君, 张雪琪, 2017. 板翼动力锚水中自由下落过程数值模拟. 海洋工程, 35(3): 29-36.

刘君, 张雨勤, 2018. FFP 在黏土中贯入过程的 CFD 模拟. 力学学报, 50(1): 167-176.

刘润, 王磊, 丁红岩, 等, 2014. 复合加载模式下不排水饱和软黏土中宽浅式筒型基础地基承载力包络线研究. 岩土工程学报, 36(1): 146-154.

苏芳眉, 刘海笑, 李洲, 2016. 基于耦合欧拉-拉格朗日法的锚板在黏土中的极限承载力数值分析. 岩土力学, 37(9): 2728-2736.

张其一, 2013. 复合加载情况下六自由度圆形基础失稳模式与极限承载能力研究. 岩土工程学报, 35(3): 559-566.

郑敬宾, 胡畔, 王栋, 2018. 复杂土层中自升式平台桩靴安装穿刺预测. 海洋工程, 36(3): 123-130.

Benson D J, 1989. An efficient, accurate and simple ALE method for nonlinear finite element programs. Computer Methods in Applied Mechanics and Engineering, 72: 30-50.

Benson D J, 1992. Computational methods in Lagrangian and Eulerian hydrocodes. Computer methods in Applied Mechanics and Engineering, 99(2-3): 235-394.

Benson D J, Okazawa S, 2004. Contact in a multi-material Eulerian finite element formulation. Computer Methods in Applied Mechanics and Engineering, 193(39-41): 4277-4298.

Bransby M F, O'Neill, 1999. Drag anchor fluke soil interaction in clays//Proceedings of the 7th International Symposium on Numerical Models in Geomechanics, Graz, Austria: 487-491.

Bransby M F, Randolph M F, 1998. Combined loading of skirted foundations. Géotechnique, 48(5): 637-655.

Carter J P, Balaam N P, 1995. Afena user manual 5.0. Geotechnical Research Centre, The University of Sydney, Sydney, Australia.

Cassidy M J, Gaudin C, Randolph M F, et al., 2012. A plasticity model to assess the keying of plate anchors. Géotechnique, 62(9): 825-836.

Dassault Systémes, 2014. Abaqus analysis user's manual, SIMULIA, Providence, R.I.

Dutta S, Hawlader B, Phillips R, 2014. Finite element modeling of partially embedded pipelines in clay seabed using Coupled Eulerian–Lagrangian method. Canadian Geotechnical Journal, 52(1): 58-72.

Dutta S, Hawlader B, 2019. Pipeline-soil-water interaction modelling for submarine landslide impact on suspended offshore pipelines. Geotechnique, 69(1): 29-41.

Feng X, Gourvenec S, Shen Z, 2017. Shape effects on undrained capacity of mudmat foundations under multi-directional loading. Ocean Engineering, 135: 221-235.

Feng X, Randolph M F, Gourvenec S, et al., 2014. Design approach for rectangular mudmats under fully three-dimensional loading. Géotechnique, 64(1): 51-63.

Fu D, Bienen B, Gaudin C, et al., 2014. Undrained capacity of a hybrid subsea skirted mat with caissons under combined loading. Canadian Geotechnical Journal, 51(8): 934-949.

Fu D, Gaudin C, Tian Y, et al., 2017. Uniaxial capacities of skirted circular foundations in clay. Journal of Geotechnical and Geoenvironmental Engineering, 143(7): 04017022.

Han C C, Chen X J, Liu J, 2018. Physical and numerical modeling of dynamic penetration of ship anchor in clay. Journal of Waterway, Port, Coastal, and Ocean Engineering, 145(1): 04018030.

Hawlader B, Dutta S, Fouzder A, et al., 2015. Penetration of steel catenary riser in soft clay seabed: finite-element and finite-volume methods. International Journal of Geomechanics, 15(6): 04015008.

Herrmann L R, 1978. Finite element analysis of contact problems. Journal of the Engineering Mechanics Division, 104(5): 1043-1059.

Hu P, Wang D, Cassidy M J, et al., 2014. Predicting the resistance profile of a spudcan penetrating sand overlying clay. Canadian Geotechnical Journal, 51(10): 1151-1164.

Hu P, Wang D, Stanier S A, et al., 2015. Assessing the punch-through hazard of a spudcan on sand overlying clay. Géotechnique, 65(11): 883-896.

Hu Y, Randolph M F, 1998a. A practical numerical approach for large deformation problems in soil. International Journal for Numerical and Analytical Methods in Geomechanics, 22(5): 327-350.

Hu Y, Randolph M F, 1998b. H-adaptive FE analysis of elasto-plastic non-homogeneous soil with large deformation. Computers and Geotechnics, 23(1-2): 61-83.

Hu Y, Randolph M F, 2002. Bearing capacity of caisson foundations on normally consolidated clay. Soils and Foundations, 42(5): 71-77.

Jun M J, Kim Y H, Hossain M S, et al., 2019. Global jack-up rig behaviour next to a footprint. Marine Structures, 64: 421-441.

Kim Y H, Hossain M S, Wang D, et al., 2015a. Numerical investigation of dynamic installation of torpedo anchors in clay. Ocean Engineering, 108: 820-832.

Kim Y H, Hossain M S, Wang D, 2015b. Effect of strain rate and strain softening on embedment depth of a torpedo anchor in clay. Ocean Engineering, 108: 704-715.

Kim Y H, Hossain M S, 2015c. Dynamic installation of OMNI-Max anchors in clay: numerical analysis. Geotechnique, 65(12): 1029-1037.

Kim Y H, Hossain M S, Lee J K, 2017. Dynamic installation of a torpedo anchor in two-layered clays. Canadian Geotechnical Journal, 55(3): 446-454.

Ko J, Jeong S, Lee J K, 2016. Large deformation FE analysis of driven steel pipe piles with soil plugging. Computers and Geotechnics, 71: 82-97.

Liu H, Xu K, Zhao Y, 2016b. Numerical investigation on the penetration of gravity installed anchors by a coupled Eulerian–Lagrangian approach. Applied Ocean Research, 60: 94-108.

Liu J, Hu Y X, Kong X J, 2005. Deep penetration of spudcan foundations into double layered soils. China Ocean Engineering, 19(2): 309-324.

Liu J, Lu L H, Hu Y X, 2016a. Keying behavior of gravity installed plate anchor in clay. Ocean Engineering, 114: 10-24.

Liu J, Zhang Y Q, 2017a. Numerical simulation on the dynamic installation of the OMNI-Max anchors in clay using a fluid dynamic approach//ASME 2017 36th International Conference on Ocean, Offshore and Arctic Engineering. American Society of Mechanical Engineers, Trondheim, Norway: V009T10A003.

Liu J, Lu L H, Yu L, 2017b. Keying behavior of suction embedded plate anchors with flap in clay. Ocean Engineering, 131: 231-243.

Liu J, Han C C, Zhang Y Q, et al., 2018. An innovative concept of booster for OMNI-Max anchor. Applied Ocean Research, 76: 184-198.

Liu J, Ma Y Y, Han C C, 2019. CFD analysis on directional stability and terminal velocity of OMNI-Max anchor with a booster. Ocean Engineering, 171: 311-323.

Liyanapathirana D S, 2009. Arbitrary Lagrangian Eulerian based finite element analysis of cone penetration in soft clay. Computers and Geotechnics, 36(5): 851-860.

Lowmass A C, 2006. Installation and keying of follower embedded plate anchors. Crawley: The University of Western Australia.

Lu Q, Randolph M F, Hu Y, et al., 2004. A numerical study of cone penetration in clay. Géotechnique, 54(4): 257-267.

Mana D S K, Gourvenec S, Martin C M, 2013. Critical skirt spacing for shallow foundations under general loading. Journal of Geotechnical and Geoenvironmental Engineering, 139(9): 1554-1566.

Mehryar Z, Hu Y, 2004. Critical depth of spudcan foundation in layered soils//The Fourteenth International Offshore and Polar Engineering Conference. International Society of Offshore and Polar Engineers, Toulon, France: ISOPE-I-04-189.

Moavenian M H, Nazem M, Carter J P, et al., 2016. Numerical analysis of penetrometers free-falling into soil with shear strength increasing linearly with depth. Computers and Geotechnics, 72: 57-66.

Nazem M, Sheng D, Carter J P, 2006. Stress integration and mesh refinement in numerical solutions to large deformations in geomechanics. International Journal for Numerical Methods in Engineering, 65: 1002-1027.

Nazem M, Sheng D, Carter J P, et al., 2008. Arbitrary-Lagrangian–Eulerian method for large-deformation consolidation problems in geomechanics. International Journal for Numerical and Analytical Methods in Geomechanics, 32: 1023-1050.

Nazem M, Carter J P, Airey D W, et al., 2012. Dynamic analysis of a smooth penetrometer free-falling into uniform clay. Géotechnique, 62(10): 893-905.

Neubecker S R, Randolph M F, 1995. Profile and frictional capacity of embedded anchor chains. Journal of Geotechnical Engineering, 121(11): 797-803.

Noh W F, 1964. CEL: A time-dependent, two-space-dimensional, coupled Eulerian-Lagrange code. Methods in Computational Physics, 3: 117-179.

O'Neill M P, Bransby M F, Randolph M F, 2003. Drag anchor fluke-soil interaction in clay. Canadian Geotechnical Journal, 40(1): 78-94.

Qiu G, Henke S, 2011. Controlled installation of spudcan foundations on loose sand overlying weak clay. Marine structures, 24(4): 528-550.

Qiu G, Grabe J, 2012. Numerical investigation of bearing capacity due to spudcan penetration in sand overlying clay. Canadian Geotechnical Journal, 49(12): 1393-1407.

Raie M S, 2009. A computational procedure for simulation of torpedo anchor installation, set-up and pull-out. Austin: The University of Texas at Austin.

Raie M S, Tassoulas J L, 2009. Installation of torpedo anchors: numerical modeling. Journal of Geotechnical and Geoenvironmental Engineering, 135(12): 1805-1813.

Richardson M D, 2008. Dynamically installed anchors for floating offshore structures. Perth: The University of Western Australia.

Randolph M F, Martin C M, Hu Y, 2000. Limiting resistance of a spherical penetrometer in cohesive material. Géotechnique, 50(5): 573-582.

Sabetamal H, Nazem M, Carter J P, 2013. Numerical analysis of torpedo anchors//Proceedings of the 3rd International Symposium on Computational Geomechanics. Krakow, Poland: 621-632.

Sabetamal H, Nazem M, Carter J P, et al., 2014. Large deformation dynamic analysis of saturated porous media with application to penetration problems. Computers and Geotechnics, 55: 117-131.

Sabetamal H, Carter J P, Nazem M, et al., 2016. Coupled analysis of dynamically penetrating anchors. Computers and Geotechnics, 77: 26-44.

Sabetamal H, Carter J P, Sloan S W, 2018. Pore pressure response to dynamically installed penetrometers. International Journal of Geomechanics, 18(7): 04018061.

Shelton J T, 2007. OMNI-Maxtrade anchor development and technology//OCEANS 2007, Vancouver, BC, Canada: 1-10.

Shen Z, Bie S, Guo L, 2017. Undrained capacity of a surface circular foundation under fully three-dimensional loading. Computers and Geotechnics, 92: 57-67.

Shen Z, Feng X, Gourvenec S, 2016. Undrained capacity of surface foundations with zero-tension interface under planar VHM loading. Computers and Geotechnics, 73: 47-57.

Sheng D, Nazem M, Carter J P, 2009. Some computational aspects for solving deep penetration problems in geomechanics. Computational Mechanics, 44(4): 549-561.

Silva D F C, 2010. CFD hydrodynamic analysis of a torpedo anchor directional stability//ASME 2010 29th International Conference on Ocean, Offshore and Arctic Engineering, Shanghai, China: OMAE 2010-20687.

Teh C I, Houlsby G T, 1991. An analytical study of the cone penetration test in clay. Geotechnique, 41(1): 17-34.

Tho K K, Leung C F, Chow Y K, et al., 2010. Eulerian finite-element technique for analysis of jack-up spudcan penetration. International Journal of Geomechanics, 12(1): 64-73.

Tian Y, Cassidy M J, Randolph M F, et al., 2014. A simple implementation of RITSS and its application in large deformation analysis. Computers and Geotechnics, 56: 160-167.

Versteeg H K, Malalasekera W, 2007. An introduction to computational fluid dynamics: the finite volume method. London: Pearson education.

Walker J, Yu H S, 2006. Adaptive finite element analysis of cone penetration in clay. Acta Geotechnica, 1(1): 43-57.

Walker J, Yu H S, 2010. Analysis of the cone penetration test in layered clay. Géotechnique, 60(12): 939-948.

Wang C X, Carter J P, 2002. Deep penetration of strip and circular footings into layered clays. International Journal of Geomechanics, 2(2): 205-232.

Wang D, White D J, Randolph M F, 2010. Large-deformation finite element analysis of pipe penetration and large-amplitude lateral displacement. Canadian Geotechnical Journal, 47(8): 842-856.

Wang D, Hu Y, Randolph M F, 2011. Keying of rectangular plate anchors in normally consolidated clays. Journal of Geotechnical and Geoenvironmental Engineering, 137(12): 1244-1253.

Wang D, Randolph M F, White D J, 2013. A dynamic large deformation finite element method based on mesh regeneration. Computers and Geotechnics, 54: 192-201.

Wang D, Bienen B, Nazem M, et al., 2015. Large deformation finite element analyses in geotechnical engineering. Computers and Geotechnics, 65: 104-114.

Wei Q, Cassidy M J, Tian Y, et al., 2015. Incorporating shank resistance into prediction of the keying behavior of suction embedded plate anchors. Journal of Geotechnical and Geoenvironmental Engineering, 141(1): 04014080.

Yu L, Liu J, Kong X J, et al., 2008. Three-dimensional RITSS large displacement finite element method for penetration of foundations into soil. Computers and Geotechnics, 35(3): 372-382.

Yu L, Liu J, Kong X J, et al., 2009. Three-dimensional numerical analysis of the keying of vertically installed plate anchors in clay. Computers and Geotechnics, 36(4): 558-567.

Yu L, Liu J, Kong X J, et al., 2011. Three-dimensional large deformation FE analysis of square footings in two-layered clays. Journal of Geotechnical and Geoenvironmental Engineering, 137(1): 52-58.

Zakeri A, Hawlader B, 2013. Drag forces caused by submarine glide block or out-runner block impact on suspended(free-span)pipelines – Numerical analysis. Ocean Engineering, 67: 89-99.

Zhang Y H, Bienen B, Cassidy M J, et al., 2012. Undrained bearing capacity of deeply buried flat circular footings under general loading. Journal of Geotechnical and Geoenvironmental Engineering, 138(3): 385-397.

3 动力锚水动力学特性

3.1 引 言

对于重力式锚固基础、桩锚、吸力式沉箱和拖曳安装锚等，无须特别考虑锚在海水中释放时的水动力学特性（hydrodynamic characteristics）。然而对于动力锚这种通过在水中自由下落获得能量以贯入海床中的锚固基础，必须考虑锚在水中的水动力学特性。动力锚在水中自由下落时的水动力学特性主要包括拖曳阻力系数和方向稳定性等。根据拖曳阻力系数可确定锚在水中的运动速度。动力锚在水中下落至海床表面的速度称为贯入速度，该速度是影响锚在海床中沉贯深度的重要因素之一。锚的方向稳定性可由锚轴线和竖直方向之间的夹角来表示，方向稳定性越好，锚在水中下落时越不容易偏离竖直方向，从而保证锚能顺利贯入海床完成安装。

本章首先简述物体在水中运动时拖曳阻力系数计算方法以及方向稳定性判别方法，在此基础上介绍不同形状物体的拖曳阻力系数。在已有研究背景的基础上，本章详细论述了各种类型动力锚的水动力学特性，分析了锚的形状、尾翼形状及尺寸、锚链等因素对锚的拖曳阻力系数和极限速度的影响，最后提出了锚在水中自由下落过程理论预测模型，该模型能快速预测锚的贯入速度以及在水中的最优安装高度，以便指导工程设计和施工。

3.2 水中下落物体水动力学特性

3.2.1 拖曳阻力

水对物体的拖曳阻力 F_{Dw} 可表示为

$$F_{Dw} = \frac{1}{2} C_{Dw} \rho_w A_F v^2 \tag{3.1}$$

式中，C_{Dw} 为拖曳阻力系数；ρ_w 为水的密度；v 为物体与水的相对速度；A_F 为物体的特征面积，一般取为物体在垂直于速度方向平面内的投影面积。

式（3.2）是物体在水中下落时的运动微分方程：

$$(m + m^*)a = W' - F_{Dw} \tag{3.2}$$

式中，m 为物体质量；m^* 为附加质量；a 为物体的加速度；W' 为物体在水中的有效重量。

拖曳阻力系数 C_{Dw} 与雷诺数 Re 有关，Re 的表达式为

$$Re = \frac{v l_{charac}}{\upsilon} \tag{3.3}$$

式中，l_{charac} 为物体的特征长度；υ 为水的运动黏度（单位：m^2/s）。拖曳阻力 F_{Dw} 由压差阻力 F_{Dn} 和摩擦阻力 F_{Df} 两部分组成，其中压差阻力 F_{Dn} 为物体前后表面的压力差，摩擦阻力 F_{Df} 为流体流过物体表面所产生的阻力（刘鹤年，2004）。

一般来说，绕过物体的水流在物体边界层分离点下游形成尾流，尾流的旋涡耗能使得尾流区物体表面的压强低于来流压强，而迎流面的压强高于来流压强，物体前后表面的压力差形成了压差阻力。尾流区的大小决定了压差阻力的大小，边界层分离点的位置越向物体表面后移，尾流区域越小，压差阻力也越小。所以机翼、鸟的翅膀和汽车等的外形都近似于流线型，以使分离点尽量向物体尾部移动，从而减小压差阻力。压差阻力系数仅与物体形状有关而与雷诺数无关，摩擦阻力系数随雷诺数的增加而减小（Fernandes et al., 2005; Lewis, 1988）。例如，Lewis（1988）提及一种计算平板（长度×宽度×厚度 $= L_p×B_p×t_p$，水流方向与平板长度方向平行）绕流阻力中摩擦阻力系数 C_{Df} 的计算公式：

$$C_{Df} = \frac{0.075}{(\log Re - 2)^2} \tag{3.4}$$

需要注意的是，当用式（3.4）得到的 C_{Df} 计算摩擦阻力 F_{Df} 时，对应的特征面积 $A_F = L_p×B_p$。

附加质量 m^* 可表示为

$$m^* = C_m \rho_w V_{dis} \tag{3.5}$$

式中，C_m 为附加质量系数，其大小主要取决于物体的形状（DNV, 2010）；V_{dis} 为物体排开水的体积。当物体在水中加速运动时，物体周围的部分水体会获得与物体相同的加速度，因此附加质量力 $m^* a$ 可以看作是一项作用在物体上的惯性力。

物体在水中静止释放后开始加速下落，随着下落速度逐渐增加，物体所受拖曳阻力不断增大。当拖曳阻力 F_{Dw} 与物体有效重量 W' 相等时，加速度和附加质量减为零，速度不再继续增加。此后，物体保持此速度在水中匀速下落，该速度称为极限速度 v_T：

$$v_T = \sqrt{\frac{W'}{\frac{1}{2} C_{Dw} \rho_w A_F}} \tag{3.6}$$

值得说明的是，在有限的下落高度内，物体达不到极限速度。当下落速度为 $0.99v_T$ 时，一般认为物体已达到极限速度。

3.2.2 方向稳定性判别准则

判别物体在水中下落时方向稳定性的方法有很多种（Fernandes et al., 2011），最常见最简单的方法是根据物体水动力中心（hydrodynamic center，记为 CH）和重心（gravity center，记为 CG）的相对位置来判断（Triantafyllou et al., 2003），如图 3.1 所示。当一个细长形物体（如流线型物体或细长圆柱）在水中自由下落时，如果物体轴线偏离初始竖直方向，设物体轴线与竖直方向间的夹角为 δ_t，水对物体的作用力可分解成一个沿物体轴线方向的拖曳阻力 F_{Dw} 和一个垂直于物体轴线方向的横向力 F_{Nw}，该横向力的作用点即为水动力中心 CH。横向力 F_{Nw} 相对物体重心产生一个力矩 M_r，称为恢复力矩（restoration moment）。设物体轴线顺时针偏转为正，反之为负；力矩 M_r 顺时针方向为正，反之为负。当重心 CG 比水动力中心 CH 高时，若物体顺时针偏转（$\delta_t > 0$），作用在水动力中心 CH 处的横向力 F_{Nw} 相对重心 CG 产生一个顺时针力矩（$M_r > 0$），该力矩会使物体进一步偏离竖直方向，因此物体在水中是不稳定的；同理，若物体逆时针偏转（$\delta_t < 0$），横向力 F_{Nw} 相对 CG 产生一个逆时针力矩（$M_r < 0$），物体在水中也是不稳定的。当 CG 低于 CH 时，若物体顺时针偏转（$\delta_t > 0$），则力矩 M_r 为逆时针方向，在 M_r 作用下物体会反向偏转至竖直方向；同理，若物体逆时针偏转（$\delta_t < 0$），则力矩 M_r 为顺时针方向。综上，当 CG 高于 CH 时，偏角 δ_t 和力矩 M_r 同号，物体在水中是不稳定的；当 CH 高于 CG 时，偏角 δ_t 和力矩 M_r 异号，物体在水中是稳定的。

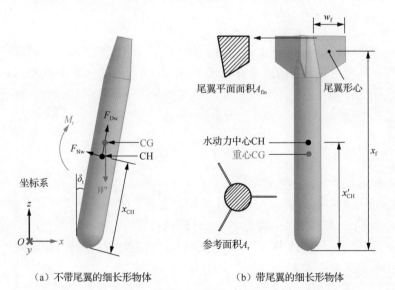

（a）不带尾翼的细长形物体　　　　（b）带尾翼的细长形物体

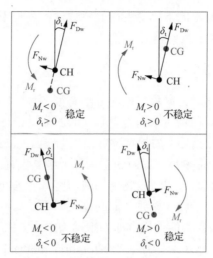

（c）方向稳定性判别方法

图 3.1　物体在水中自由下落时的方向稳定性

设水动力中心 CH 至物体前端的距离为 x_{CH} ［图 3.1（a）］，可通过模型试验或数值分析确定。Triantafyllou 等（2003）指出：在物体尾部连接尾翼可使水动力中心 CH 向物体尾部移动，从而提高方向稳定性。连接尾翼后水动力中心 CH 至物体前端的距离为 x'_{CH}，可表示为

$$x'_{CH} = \frac{C_N x_{CH} + C_L \cos\delta_t x_f \dfrac{A_{fin}}{A_r}}{C_N + C_L \cos\delta_t \dfrac{A_{fin}}{A_r}} \tag{3.7}$$

式中，C_N 为横向力 F_{Nw} 对应的横向阻力系数；C_L 为升力系数，与尾翼形状有关；x_f 为物体前端至尾翼形心的距离在平行于物体轴线方向的投影 ［图 3.1（b）］；A_{fin} 为尾翼的平面面积 ［图 3.1（b）］；A_r 为参考面积，一般取为物体在垂直于轴线平面内的投影面积（即 $A_r = A_F$）。升力系数 C_L 为

$$C_L = \frac{\pi}{2} \varLambda \sin\delta_t \tag{3.8}$$

式中，$\varLambda$ 为尾翼展弦比。对于矩形尾翼，$\varLambda = w_f/h_f$（w_f 和 h_f 分别为尾翼宽度和高度），对于不规则形状尾翼 $\varLambda = (w_f)^2/A_{fin}$。增加尾翼宽度 w_f 能增大尾翼平面面积 A_{fin} 和升力系数 C_L，从而提高水动力中心 CH 的位置。需要指出的是，式（3.7）仅适用于计算细长圆柱形物体的水动力中心，对于形状更复杂的物体（如多向受荷锚），上述公式不再适用。

设作用在物体上的流体阻力沿 x、y 和 z 轴的分量分别为 F_x、F_y 和 F_z，作用在物体上的绕 x、y 和 z 轴的力矩分别为 M_x、M_y 和 M_z，则沿三个轴的阻力系数分别为 C_x、C_y 和 C_z，绕三个轴的力矩系数分别为 C_{mx}、C_{my} 和 C_{mz}：

$$\begin{cases} C_x = \dfrac{F_x}{\dfrac{1}{2}\rho_w A_F v^2} \\[4mm] C_y = \dfrac{F_y}{\dfrac{1}{2}\rho_w A_F v^2} \\[4mm] C_z = \dfrac{F_z}{\dfrac{1}{2}\rho_w A_F v^2} \end{cases} \tag{3.9}$$

$$\begin{cases} C_{mx} = \dfrac{M_x}{\dfrac{1}{2}L_c\rho_w A_F v^2} \\[4mm] C_{my} = \dfrac{M_y}{\dfrac{1}{2}L_c\rho_w A_F v^2} \\[4mm] C_{mz} = \dfrac{M_z}{\dfrac{1}{2}L_c\rho_w A_F v^2} \end{cases} \tag{3.10}$$

式（3.9）和式（3.10）中，L_c 为物体的特征长度，通常取为与物体轴线平行方向的尺寸。对于动力锚，L_c 取为锚长。物体所受拖曳阻力主要来自平行于来流方向的阻力，因此图 3.1（a）所示 z 轴方向的阻力系数 C_z 即可作为拖曳阻力系数 C_{Dw}：

$$C_{Dw} = C_z \tag{3.11}$$

3.2.3 物理模型试验相似关系

如果在常规重力和压强下进行模型试验，设原型和模型的几何比尺为 λ_L，则物体的面积、质量和重量对应的比尺分别为 λ_L^2、λ_L^3 和 λ_L^3。假设物体所受拖曳阻力以压差阻力为主，则模型与原型的拖曳阻力系数基本相等。之后的 3.3 节和 3.4.2 节将通过数值模拟结果来验证该假设的正确性，即摩擦阻力对动力锚拖曳阻力的贡献很小。当拖曳阻力系数比尺为 1 时，极限速度比尺为

$$\lambda_{v_{\mathrm{T}}} = \frac{\sqrt{\dfrac{W_{\mathrm{p}}'}{0.5C_{\mathrm{Dw,p}}\rho_{\mathrm{w,p}}A_{\mathrm{F,p}}}}}{\sqrt{\dfrac{W_{\mathrm{m}}'}{0.5C_{\mathrm{Dw,m}}\rho_{\mathrm{w,m}}A_{\mathrm{F,m}}}}} = \sqrt{\lambda_{\mathrm{L}}}$$

式中，各物理量中下标'p'和'm'分别表示原型和模型。拖曳阻力比尺为

$$\lambda_{F_{\mathrm{Dw}}} = \frac{0.5C_{\mathrm{Dw,p}}\rho_{\mathrm{w,p}}A_{\mathrm{F,p}}v_{\mathrm{p}}^2}{0.5C_{\mathrm{Dw,m}}\rho_{\mathrm{w,m}}A_{\mathrm{F,m}}v_{\mathrm{m}}^2} = \lambda_{\mathrm{L}}^3$$

因此，拖曳阻力比尺与重量比尺相同，即拖曳阻力满足阻力相似。

弗劳德数（Froude number）Fr 表征惯性力与重力之比：

$$Fr = \frac{v}{\sqrt{gL_{\mathrm{c}}}} \tag{3.12}$$

由上述相似关系可知，模型和原型弗劳德数相等，即动力锚在水中下落模型试验满足重力相似。

3.3　几种典型形状物体的拖曳阻力系数

图 3.2 显示了无限长圆柱、圆球、圆盘、两种动力锚（多向受荷锚和无尾翼鱼雷锚）的拖曳阻力系数随雷诺数的变化关系。整体上看，拖曳阻力系数随着雷诺数的增加而减小，当雷诺数大于某一临界值后，拖曳阻力系数保持为一常数。拖曳阻力系数与物体形状、表面粗糙度以及流体的紊流程度有关。以圆球为例：当雷诺数较小（$Re < 1$）时，水流平顺地绕过球体，球的尾部不出现旋涡，作用在球上拖曳阻力主要为摩擦阻力；随着雷诺数的增加，球表面出现层流边界分离，分离点向上游前移且分离点位置随 Re 的增加而不断前移，从而压差阻力所占比例增加；当雷诺数 Re 达到 3×10^5 附近时，C_{Dw} 骤降，出现"失阻"现象，这是因为分离点上游的边界层由层流变为紊流，紊流的掺混作用会使靠近圆球壁面的流体质点得到较多的动能补充，分离点后移，旋涡区显著减小，进而压差阻力减小。对于圆盘，分离点始终在圆盘边缘，所以当雷诺数 $Re > 10^3$ 时，拖曳阻力系数保持不变。对于无尾翼鱼雷锚和多向受荷锚，当雷诺数 $Re > 10^5$ 时，拖曳阻力系数不再随雷诺数的增加而减小。此时，摩擦阻力对拖曳阻力的贡献很小。因此，在模型试验中若雷诺数 $Re > 10^5$，可认为模型试验得到的拖曳阻力系数可直接反映原型。无尾翼鱼雷锚比多向受荷锚形状简单，因此拖曳阻力系数更小。

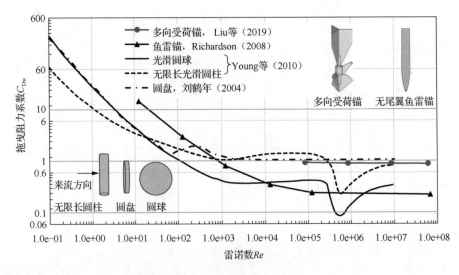

图 3.2　几种典型形状物体的拖曳阻力系数

表 3.1 总结了几种典型形状物体的拖曳阻力系数。对于流线型物体，流体能平顺地从物体前端流向后端，基本不会出现尾涡，因此压差阻力得以极大降低。

表 3.1　几种典型形状物体的拖曳阻力系数（Young et al., 2010；刘鹤年，2004）

物体形状		特征长度 l_{charac}	雷诺数范围 $Re = \nu l_{charac} / \upsilon$	特征面积 A_F	拖曳阻力系数 C_{Dw}
平板	水流方向 d L	d	$> 10^3$	$d \times L$	1.20（$L/d = 5$） 1.30（$L/d = 10$） 1.50（$L/d = 20$） 1.60（$L/d = 30$） 1.95（$L/d = \infty$）
圆柱	水流方向 L d	d	$10^3 \sim 10^5$	$d \times L$	0.80（$L/d = 5$） 0.83（$L/d = 10$） 0.93（$L/d = 20$） 1.00（$L/d = 30$） 1.20（$L/d = \infty$）
圆柱	水流方向 L d	d	$> 10^5$	$\frac{1}{4}\pi d^2$	1.10（$L/d = 0.5$） 0.93（$L/d = 1.0$） 0.83（$L/d = 2.0$） 0.85（$L/d = 4.0$）
圆锥	水流方向 α_{cone} d	d	$> 10^4$	$\frac{1}{4}\pi d^2$	0.30（$\alpha_{cone} = 10°$） 0.55（$\alpha_{cone} = 30°$） 0.80（$\alpha_{cone} = 60°$） 1.15（$\alpha_{cone} = 90°$）

物体形状	特征长度 l_{charac}	雷诺数范围 $Re = vl_{charac}/\upsilon$	特征面积 A_F	拖曳阻力系数 C_{Dw}
实心半球 d	d	$> 10^4$	$\frac{1}{4}\pi d^2$	水流方向 → 1.17 ← 0.42
流线型物体 水流方向→ d	d	$> 10^5$	$\frac{1}{4}\pi d^2$	0.04

3.4 鱼雷锚水动力学特性

3.4.1 物理试验

Freeman 等（1984）设计了一种细长圆柱形贯入仪，该贯入仪内部填充核废料，依靠在水中下落获得的动能和自身重力势能贯入海床中，从而埋置核废料。该贯入仪与鱼雷锚相似，包括一个圆柱形中轴和四片尾翼（图 3.3）。圆柱中轴前端呈尖顶拱形，能使水流平缓地流过尖端，后端为一段逐渐收缩的圆台，能显著减小尾涡区域从而降低压差阻力。当贯入仪在水中的下落速度为 $10\sim50$ m/s 时，对应的拖曳阻力系数为 $0.180\sim0.148$。摩擦阻力系数 C_{Df} 随雷诺数的增加而减小，因此贯入仪的拖曳阻力系数随速度的增加而有所减小。贯入仪具有良好的方向稳定性：当贯入仪以 50 m/s 的速度下落时，在 1 m/s 的横向底流作用下瞬时偏角仅为 $1°$；当贯入仪水平释放时（即贯入仪轴线位于水平面内），2 s 后轴线与竖直方向的夹角 $\delta_t < 6°$，8 s 后偏角 δ_t 仅为 $2°$。

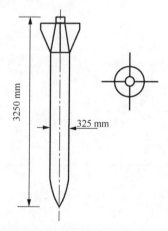

图 3.3 埋置核废料的贯入仪（Freeman et al., 1984）

Brandão 等（2006）在巴西坎波斯湾进行了三组鱼雷锚 T74（质量 74 t）现场安装试验。文献中未给出锚的具体尺寸，可参考鱼雷锚 T98（质量 98 t）的尺寸：锚长 h_A = 17 m，直径 D_A = 1.07 m。安装区域水深为 940～1195 m，锚的安装高度 H_e = 40～135 m，贯入速度能达到 v_0 = 16.3～24.0 m/s，具体数据列于表 3.2。从表 3.2 中可以发现：当锚在水中的安装高度 H_e 为 135 m 和 97 m 时，贯入速度分别为 23.0 m/s 和 24.0 m/s，这可能是由于锚链对锚的拖曳力引起的。当锚在水中自由下落时，连接在锚眼处的锚链会对锚产生一个向上的拖曳力，过大的拖曳力会影响锚在水中的下落速度。从表 3.2 中还可发现，锚在水中的安装高度越大，安装结束后锚轴线与竖直方向之间的夹角越大。这可能是因为锚在水中的安装高度越大，其在水中下落时的偏角越大，也有可能是地基土的不均匀性导致的。锚在水中的安装高度不宜过高，以避免锚链拖曳力对锚下落速度的影响，并避免锚在水中下落时出现过大的偏角。

表 3.2 鱼雷锚 T74 现场安装试验结果（Brandão et al., 2006）

工况	锚尖锥角 α_{cone}/(°)	水深/m	安装高度 H_e/m	贯入速度 v_0/(m/s)	沉贯深度 z_e/m	安装后锚轴偏角 δ_t/(°)
1	60	1195	40	16.3	26.0	3.0
2	30	1180	135	23.0	33.0	9.0
3	30	940	97	24.0	34.5	5.0

DPA 长 h_A = 15 m，中轴直径 D_A = 1.2 m，质量 m = 75 t，中轴后部连接有四片尾翼（长度×宽度 = 7.5 m × 1.8 m）。当安装高度为 75 m 时锚的贯入速度为 27 m/s（DPA 官网数据）。O'Beirne 等（2017）通过现场缩尺试验研究了 DPA 的高速安装过程，其主要结果列于表 3.3。在北海 Troll Field 区域进行了比尺 λ_L = 3 模型锚的安装试验，该区域水深 300 m，海床土为轻微超固结土，当深度小于 2.5 m 时，土强度为 5 kPa，当深度超过 2.5 m 时，土强度沿深度线性增加，强度梯度 k = 2.69 kPa/m（即深度每增加 1 m，土强度增加 k kPa）。模型锚长 4.4 m，干重量 28.5 kN。当锚在水中的安装高度为 15.9～74.8 m 时，贯入速度能达到 12.7～14.8 m/s，沉贯深度为 7.4～8.7 m。在北爱尔兰 Lower Lough Erne 区域进行了比尺 λ_L = 20 模型锚的安装试验，该区域水深 3～19 m，海床土强度沿深度线性增加，当深度小于 1.5 m 时，土强度可表示为 s_u = 1.5z kPa，当深度超过 1.5 m 时，土强度梯度减小至 k = 0.8 kPa/m。模型锚长度 750 mm，干重量 203 N。当锚在水中的安装高度为 0～17.18 m 时，贯入速度能达到 0～7.11 m/s，沉贯深度为 1.13～2.06 m。若将缩尺试验中的贯入速度乘以 $\lambda_L^{0.5}$ 换算至原型，则 Troll Field 和 Lower Lough Erne 区域对应的原型贯入速度分别为 22.0～25.6 m/s 和 0～31.8 m/s，与 DPA 官网显示贯入速度 27 m/s 非常接近。

表 3.3　DPA 动力安装模型试验结果（O'Beirne et al., 2017）

锚	试验位置	土强度 s_u/kPa	水深/m	安装高度 H_e/m	贯入速度 v_0/(m/s)	沉贯深度 z_e/m	埋深比 z_e/h_A
1∶3	北海 Troll Field	5 ($z \leqslant 2.5$ m)；5+2.69(z−2.5) ($z>2.5$ m)	300	15.9～74.8	12.7～14.8	7.4～8.7	1.68～1.98
1∶20	北爱尔兰 Lower Lough Erne	1.5z ($z \leqslant 1.5$ m)；2.25+0.8(z−1.5) ($z>1.5$ m)	3～19	0～17.18	0～7.11	1.13～2.06	1.51～2.75

　　模型锚上装有基于微机电原理（micro-electromechanical systems, MEMS）的加速度传感器，可测量动力锚运动过程中的沿程加速度，对加速度积分可得到锚的下落速度及下落距离。MEMS 加速度传感器的工作原理可参考 O'Loughlin 等（2014）的研究工作。图 3.4 显示了比尺 $\lambda_L=3$ 的 DPA 下落速度 v 同下落距离 S_z 之间的关系。从图中可以发现：若安装高度较小，锚在水中一直加速下落；随着安装高度的增加，锚的贯入速度也随之增加；若安装高度超过某临界值，锚在水中先加速后减速（$v_0<v_{max}$）。锚在水中减速是由锚链拖曳力引起的，锚链的拖曳阻力系数将在后面章节中详细讨论。试验结果表明：DPA 的拖曳阻力系数约为 0.67～0.70。

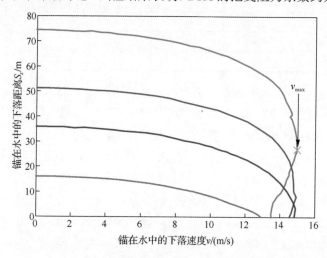

图 3.4　DPA 在水中的下落速度同下落距离间的关系（O'Beirne et al., 2017）

3.4.2　数值模拟

　　Richardson（2008）基于流体动力学软件 FLUENT 研究了锚尖形状对无尾翼鱼雷锚拖曳阻力系数的影响。在数值模拟中，锚长 $h_A=15$ m，直径 $D_A=1.2$ m，水流以不同速度（$v_i=10^{-6}～60$ m/s）冲击固定在计算域中的鱼雷锚，且水流方向与锚轴线方向平行。四种锚尖形状分别为半椭球形、锥形、尖顶拱形和平面（锚为一段圆柱），如图 3.5（a）所示。四种锚的拖曳阻力系数随水流冲击速度 v_i 和雷诺数的变化关系如图 3.5（b）所示。对于尖端为半椭球形、锥形、尖顶拱形和平面的鱼雷锚，其稳定后的拖曳阻力系数分别为 0.24、0.22、0.22 和 0.88。如前所述，压差阻力主要取决于物体形状，当锚尖形状不同时，压差阻力会发生显著变化。需要说明的是，由于鱼雷锚所受拖曳阻力以压差阻力为主，而压差阻力与物体迎流面形状有很大关系，因此，雷诺数表达式中特征长度 l_{charac} 取为锚轴直径 D_A。从图 3.5（b）中还可以发现，当雷诺数 $Re > 10^5$ 或水流冲击速度 $v_i > 0.1$ m/s 时，四种锚的拖曳阻力系数均不再变化而是保持一常数。动力锚实际安装过程中非常容易达到 0.1 m/s 的下落速度，因此，对于锚在水中的整个下落过程，可将拖曳阻力系数取为稳定后的常数。鱼雷锚和 DPA 的锚尖分别为锥形和半椭球形，这是为了减小压差阻力从而提高锚的贯入速度。

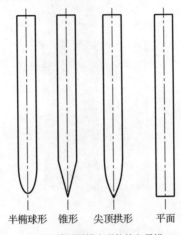

（a）四种不同锚尖形状的鱼雷锚

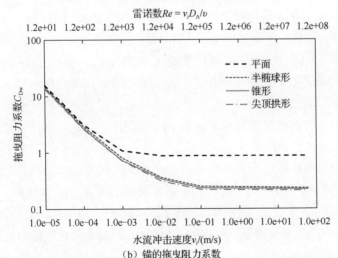

（b）锚的拖曳阻力系数

图 3.5　无尾翼鱼雷锚及其拖曳阻力系数（Richardson, 2008）

图 3.6 为尖端为锥形的鱼雷锚周围流场的速度云图。当水流冲击速度 $v_i = 10^{-6}$ m/s 时，紧贴锚侧壁的水流速度为零，距离锚中轴约 $6D_A$ 范围内水流速度均受到影响。当冲击速度 v_i 增加至 10^{-4} m/s 时，受锚影响的流场区域显著减小。当水流速度增加后，水流质点的能量明显增加，在绕过锚流动时有助于抵抗锚的约束。当冲击速度 v_i 增加至 60 m/s 时，由于速度明显增加导致分离点向锚尖移动，从而使得作用在锚上的摩擦阻力显著降低。锚尾部的流速明显小于 60 m/s，这会导致锚尾形成负压区并出现旋涡。而图 3.3 中贯入仪的尾部为收缩圆台，能显著降低流体的紊流程度，从而有助于降低压差阻力。

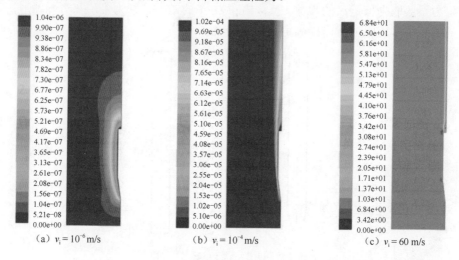

图 3.6　锥形锚尖鱼雷锚周围流场的速度云图（Richardson, 2008）

Silva（2010）基于流体动力学软件 CFX 研究了鱼雷锚在水中的方向稳定性。共考虑了四种鱼雷锚，如图 3.7 所示。TORP0 长度和直径分别为 15 m 和 1.0 m，重心至锚尖距离 7.5 m；TORP1 长度和直径比 TORP0 大，锚长为 21 m；TORP2 与 TORP1 相比尾翼不变，而锚长增加了 1 m；TORP3 的尾翼宽度增加 1 倍而长度减小一半，即尾翼展弦比 Λ 是 TORP2 的 4 倍。水流以不同攻角冲击固定在计算域中的锚，以确定作用在锚上的拖曳阻力 F_{Dw} 和横向力 F_{Nw}，进而确定锚的拖曳阻力系数及方向稳定性。

水流方向与锚轴线之间的夹角记为 δ_{att}，称为水流冲击攻角。当攻角 $\delta_{att} = 2.5°$ 时，四种锚的拖曳阻力系数和恢复力矩系数如图 3.8 所示。TORP0、TORP1 和 TORP2 的拖曳阻力系数基本相同，约为 0.6，而 TORP3 的拖曳阻力系数有所增加，约为 0.7。相比前三种鱼雷锚，TORP3 尾翼宽度增加从而导致锚的迎流面面积有所增加，增加的迎流面积会影响水流流态，因而在一定程度上增加了拖曳阻力系数。对于前三种锚，水流冲击攻角与恢复力矩均为正数，表明锚的重心高于水动力中心位置，锚在水中是不稳定的。对于第四种加宽了尾翼的鱼雷锚（TORP3），水流冲击攻角为正而恢复力矩系数为负，表明锚的水动力中心高于重心位置，锚在水中是稳定的。从式（3.8）中也可得出，增加尾翼宽度有助于提高展弦比和升力系数，使水动力中心位置向锚尾移动从而提高方向稳定性。

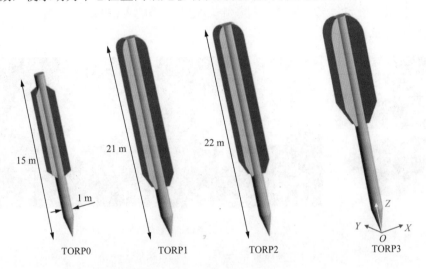

图 3.7　CFD 模拟中几种不同形状的鱼雷锚（Silva，2010）

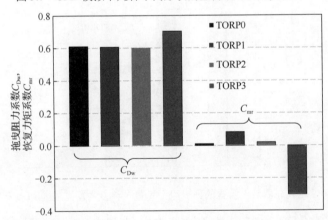

图 3.8　不同形状鱼雷锚的拖曳阻力系数及恢复力矩系数（$\delta_{att}=2.5°$）（Silva，2010）

Silva（2010）还研究了尾翼屈曲对鱼雷锚水动力学特性的影响。鱼雷锚尾翼厚度仅为 0.1 m，在吊装或者运输过程中容易发生屈曲变形，如图 3.9（a）所示。Silva（2010）在 TORP1 基础上建立了一个屈曲尾翼的模型，记为 TORP1d，如图 3.9（a）所示。当水流攻角为零时，流体流过 TORP1 和 TORP1d 的流线如图 3.9（b）所示。从图中可以看出，当流体流过 TORP1 的尾翼时，流线基本与锚轴线平行；当流体流过 TORP1d 的屈曲尾翼时，流线方向发生显著变化，导致尾翼附近流线不对称。从图 3.10 中可以看出，当一块尾翼屈曲变形后，锚的恢复力矩系数 C_{mr} 显著增加，导致锚的方向稳定性变得更差。虽然屈曲变形并未明显提高拖曳阻力系数，但由于影响了锚自身拓扑结构的对称性，导致方向稳定性明显变差。因此，在动力锚实际安装过程中，应注意锚的翼板和尾翼等薄弱区域，保证锚的完好性以提高安装成功率。

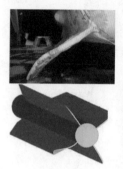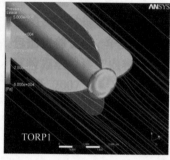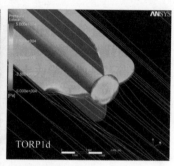

（a）屈曲尾翼　　　　　　　（b）水流流过完好和屈曲尾翼的流线

图 3.9　屈曲尾翼在 CFX 中的模拟（Silva, 2010）

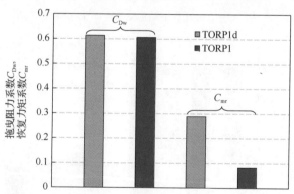

图 3.10　尾翼屈曲后鱼雷锚的拖曳阻力系数及恢复力矩系数（Silva, 2010）

　　Li 等（2014）基于 CFD 方法研究了 DPA 在水中的自由下落过程。DPA 尾翼宽度为 1.4 m，内侧和外侧高度分别为 6 m 和 4 m，展弦比 $\Lambda = 0.28$，重心至锚尖距离为 5.56 m［图 3.11（a）］。为了研究尾翼尺寸及形状对锚的水动力学特性的影响，还分别减小了翼板宽度和在原有尾翼外缘连接一个厚度为 0.01 m 的环形尾翼，如图 3.11（b）和图 3.11（c）所示。锚在水中自由下落过程中水动力学特性汇总于表 3.4。三种锚的极限速度分别为 44.25 m/s、45.59 m/s 和 42.26 m/s，表明迎流面投影面积越大，锚在水中所能达到的极限速度越小。三种锚达到极限速度时锚轴线与竖直方向的夹角分别为 2.39°、11.51° 和 0.35°，表明增加尾翼展弦比和连接环形尾翼有助于提高锚的方向稳定性。尤其是连接环形尾翼之后，锚达到极限速度时的横向位移仅为 0.65 m，表明锚的方向稳定性显著提高。

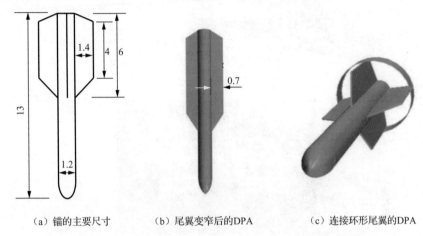

(a) 锚的主要尺寸   (b) 尾翼变窄后的 DPA   (c) 连接环形尾翼的 DPA

图 3.11   不同尾翼形状及尺寸的 DPA（单位：m）（Li et al., 2014）

表 3.4   尾翼形状及尺寸对 DPA 水动力学特性的影响（Li et al., 2014）

尾翼形状	展弦比 Λ	极限速度 v_T /(m/s)	拖曳阻力系数 C_{Dw}	偏角 δ_t /(°)	横向位移/m
板形尾翼	0.28	44.25	0.564	2.39	4.81
	0.14	45.59	0.543	11.51	24.11
环形尾翼	0.28	42.26	0.565	0.35	0.65

3.5   多向受荷锚水动力学特性

3.5.1   物理试验

Cenac（2011）在水槽中开展拖车试验研究了翼板大小及加载臂位置对多向受荷锚拖曳阻力系数的影响规律。试验中所用模型锚比尺 $\lambda_L = 15$，锚长 $h_A = 57.15$ cm，如图 3.12（a）所示。模型锚前翼板和后翼板可调节为三种状态：完全展开、部分展开和完全缩回，对应的投影面积逐渐减小。加载臂可调节为两种状态：与某一组翼板共面或位于两组翼板中间，后者在垂直于轴线平面内的投影面积更大。图 3.12（b）为拖车试验装置，模型锚尾部有一圆柱形平衡杆，上部连接装置与平衡杆相连。上部连接装置可沿着水槽以不同速率匀速运动，用力传感器测量水对锚的拖曳阻力，进而通过式（3.1）确定锚的拖曳阻力系数。

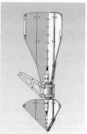

（a）锚模型

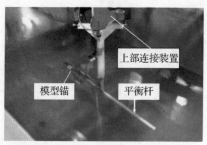

（b）试验装置

图 3.12　拖车试验装置（Cenac, 2011）

　　图 3.13 中横坐标为雷诺数，雷诺数中的特征长度 l_{charac} 取为多向受荷锚的等效直径 D_{eff}（D_{eff} 定义为与锚在垂直于轴线平面内的投影面积相等的圆的直径）。若加载臂与某一组翼板共面，当翼板处于部分展开状态时对应的拖曳阻力系数最大，约为 1.0，当翼板完全缩回时对应的拖曳阻力较小，约为 0.87。图 3.13（a）和图 3.13（b）的对比结果表明：加载臂位于两组翼板中间时锚的拖曳阻力系数稍小。这是由于当加载臂位于两组翼板中间时，锚在迎流面上的投影面积增加，因此由式（3.1）计算得到的拖曳阻力系数反而有所降低。

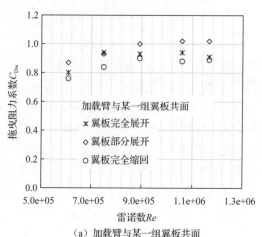

（a）加载臂与某一组翼板共面

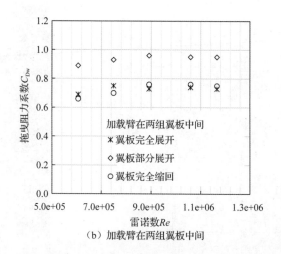

图 3.13 拖车试验确定多向受荷锚的拖曳阻力系数（Cenac, 2011）

Liu 等（2018a）通过自由落体模型试验研究了加载臂位置对多向受荷锚拖曳阻力系数的影响。为保证锚在下落过程中不偏离竖直方向，模型试验中设计了一个竖向轨道，由一根直径为 0.8 mm 的细钢丝制成。模型锚比尺 $\lambda_L = 50$，锚长 $h_A = 181$ mm。锚在竖直水筒中下落，圆柱形水筒高度和内径分别为 8 m 和 0.78 m，如图 3.14 所示。模型锚沿着竖向轨道在水筒中自由下落，在水筒正前方靠近底部位置布置一台高速相机以捕捉锚在不同时刻的位置。对高速相机所拍摄照片进行图像识别可确定锚在不同时刻的下落位置，根据锚的位置及对应的时间间隔可确定锚的平均下落速度。当锚从水筒上方下落至接近水筒底部的相机视窗范围内时，锚的速度已经基本达到极限速度 v_T。通过式（3.6）计算锚的拖曳阻力系数 C_{Dw}。

当加载臂与一组翼板共面（记为 A-a）和加载臂位于两组翼板中间（记为 A-b）时，模型锚的极限速度分别为 3.48 m/s 和 3.34 m/s。锚 A-b 的加载臂位于迎流面上，因此加载臂所受拖曳阻力比锚 A-a 加载臂所受拖曳阻力大，从而导致极限速度减小。锚 A-a 和锚 A-b 的拖曳阻力系数分别为 0.87 和 0.81（图 3.15）。虽然锚 A-a 比锚 A-b 的极限速度大，但锚 A-a 比 A-b 在垂直于轴线平面内的投影面积小，最终导致锚 A-a 比锚 A-b 的拖曳阻力系数大，该结论与 Cenac（2011）拖车试验结果一致。

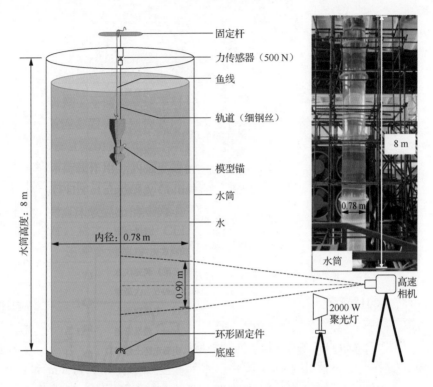

图 3.14　多向受荷锚在水中自由下落模型试验装置（Liu et al., 2018a）

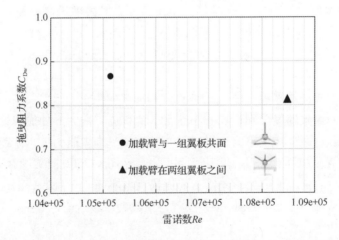

图 3.15　加载臂位置对多向受荷锚拖曳阻力系数的影响（Liu et al., 2018a）

Liu 等（2018a）研究了多向受荷锚的自由下落过程，模型锚比尺 $\lambda_L = 30$，锚长 $h_A = 301$ mm。在模型锚上装有一个基于 MEMS 原理的六自由度加速度传感器

和陀螺仪 [图 3.16 （a）]，可分别测量三个相互垂直轴的加速度和绕三个轴的角速度。该六自由度测量装置也称运动追踪装置（motion tracking device, MTD），通过对加速度和角速度数据进行分析可确定锚在水中的竖向速度、下落距离以及锚的轴线相对竖直方向的偏角，相关计算公式可参考 Liu 等（2018a）、Blake 等（2016）和 Fossen（2011）的研究工作。

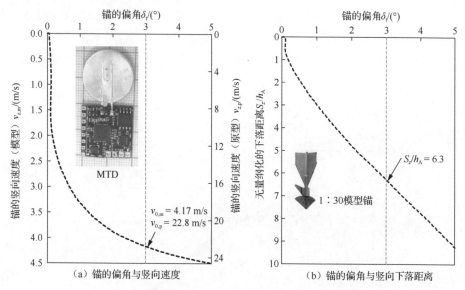

图 3.16 多向受荷锚水动力学特性（Liu et al., 2018a）

图 3.16 （a）和图 3.16 （b）分别为多向受荷锚的偏角 δ_t 随竖向速度 v_z 及无量纲化的竖向下落距离 S_z/h_A（S_z 和 h_A 分别为锚的竖向下落距离和锚长）间的关系。锚的初始偏角接近零，表明初始时刻锚的轴线方向与竖直方向平行。当锚的竖向速度 $v_z > 2.0$ m/s 或下落距离 $S_z/h_A > 1.0$ 时，锚的偏角开始逐渐增加。在模型试验中，难以直接确定水动力中心位置以判断锚的方向稳定性，因此以 $\delta_t = 3°$ 作为临界偏角。当锚的偏角达到临界偏角时，竖向速度越接近极限速度、下落距离越大，表明锚的方向稳定性越好。相应地，$\delta_t = 3°$ 时的竖向速度和下落距离作为贯入速度和安装高度。从图 3.16 中可以发现，当 $\delta_t = 3°$ 时，模型试验得到的贯入速度 $v_{0,m} = 4.17$ m/s，下落距离 $S_z/h_A = 6.3$。将模型试验得到的速度乘以 $\lambda_L^{0.5}$ 换算至原型，对应的贯入速度 $v_{0,p} = 22.8$ m/s。当 $\delta_t > 3°$ 时，锚在水中继续加速运动，这表明 $\delta_t = 3°$ 时锚尚未达到极限速度。

从试验结果可以判断，多向受荷锚在水中方向稳定性较差，一旦锚的轴线方向偏离竖直方向，作用在锚上的横向力相对重心的恢复力矩 M_r 与锚的偏转方向相同，导致锚进一步偏转。在实际工程应用中，多向受荷锚的安装高度 H_e 一般为 $30\sim50$ m（$H_e/h_A = 3.3\sim5.5$）（Gaudin et al., 2013），比鱼雷锚的安装高度 $50\sim$

100 m（Hossain et al., 2015）要低。适当降低安装高度可防止锚在水中自由下落时出现过大的偏角，避免沉贯深度变浅甚至安装失败。

　　Liu 等（2018a）还研究了多向受荷锚在水中加速下落时的附加质量系数。已知锚在水中的加速度、速度和拖曳阻力系数，根据式（3.2）和式（3.5）可确定附加质量系数 C_m。当 $C_m = 0.02$ 时，拖曳阻力系数基本不随雷诺数变化，如图 3.17 所示。若不考虑附加质量系数，则由式（3.2）计算得到的拖曳阻力系数随雷诺数的增加而减小，当雷诺数 $Re < 7×10^4$ 时，拖曳阻力系数 C_{Dw} 随着雷诺数的增加从 1.2 左右降低至 0.9 左右；当 $Re > 7×10^4$ 时，拖曳阻力系数 C_{Dw} 保持 0.87 不变。

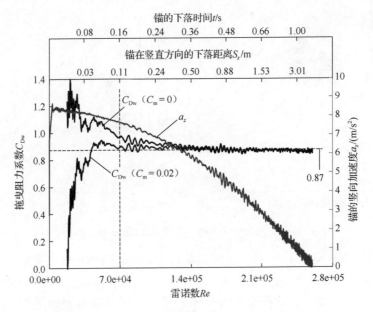

图 3.17　拖曳阻力系数及附加质量系数随雷诺数变化关系（Liu et al., 2018a）

　　总之，附加质量很小，相比锚的质量可忽略不计。Beard（1981）的研究结果表明，对于细长的自由落体式锥形贯入仪，其附加质量可以忽略。鱼雷锚和多向受荷锚均为细长形物体，其附加质量系数通常也取为零（O'Beirne et al., 2016；Shelton et al., 2011）。然而对于球体来说，试验结果表明其附加质量系数 $C_m = 0.5$（Pantaleone et al., 2011），一般不能忽略。

3.5.2　数值模拟

　　刘君等（2017）基于 FLUENT 软件模拟了多向受荷锚在水中的自由下落过程，并探究了有无加载臂以及加载臂位置对锚的水动力学特性的影响。FLUENT 模拟中动网格计算模型如图 3.18 所示。计算域尺寸为长度×宽度×高度 = 50 m × 50 m ×

120 m，锚周围设置加密区（长度×宽度×高度 = 6 m × 6 m × 12 m），加密区内网格尺寸为 0.08 m（$0.4t_A$，t_A 为翼板厚度）。锚周围设置 14 层边界层，每层厚度均为 0.2 mm（$0.001t_A$），以提高计算精度。水流采用 RNG k-ε 湍流模型，采用局部网格重构法更新网格。

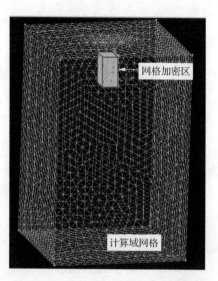

图 3.18　多向受荷锚在水中自由下落过程动网格模型（刘君等, 2017）

在 FLUENT 中共模拟三个工况，工况 C-1、C-2 和 C-3 中的锚分别无加载臂、加载臂与其中一组翼板共面和加载臂在两组翼板中间，如表 3.5 所示。当竖向下落距离 S_z = 60 m 时，三个工况中锚的竖向速度 v_z 分别为 25.26 m/s、25.04 m/s 和 24.49 m/s，C-2 和 C-3 工况中锚轴线相对竖直方向的偏角分别为-2.03°和 5.63°，如图 3.19 所示。这表明加载臂破坏了锚的方向稳定性，锚在下落过程中会逐渐偏离竖直方向。当加载臂与某一组翼板共面时（C-2），锚朝着加载臂方向旋转，表明加载臂的重量大于作用在加载臂上的拖曳阻力。当加载臂位于两组翼板中间时（C-3），锚朝着背离加载臂的方向旋转，表明作用在加载臂上的拖曳阻力大于加载臂重量。为了减小锚在水中下落时的偏角，应保证加载臂与某一组翼板共面。

表 3.5　加载臂对多向受荷锚方向稳定性的影响（刘君等，2017）

工况	加载臂	投影面积 A_F/m²	质量 m/t	竖向速度 v_z/(m/s)*	锚轴线偏角 δ_v/(°)*
C-1	无	1.217	58.71	25.26	—
C-2	有（与一组翼板共面）	1.217	60.44	25.04	-2.03
C-3	有（在两组翼板中间）	1.503	60.50	24.49	5.63

* 表最后两列数值分别为锚下落 60 m 的竖向速度和偏角。

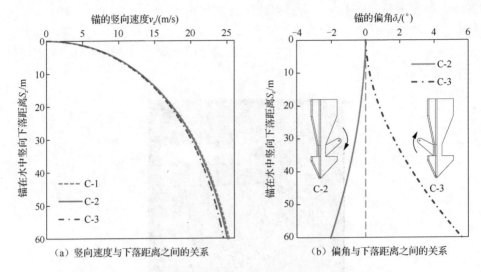

（a）竖向速度与下落距离之间的关系　　　　（b）偏角与下落距离之间的关系

图 3.19　加载臂对多向受荷锚方向稳定性的影响（刘君等，2017）

Liu 等（2019）基于 CFD 软件 FLUENT 模拟了水流以不同攻角（$\delta_{att} = 0, \pm2.5°$，$\pm5°$，$\pm10°$，$\pm15°$）冲击固定在计算域内多向受荷锚的过程，以探究锚的拖曳阻力系数及方向稳定性。计算模型如图 3.20 所示。计算域高度为 $9h_A$，宽度和厚度均为 $30D_{max}$（D_{max} 为锚的三块翼板形成的外接圆的直径），进口边界至锚尖距离为 $3h_A$，锚尾至出口边界距离为 $5h_A$。加载臂位于 xOz 平面内，锚轴线与竖直方

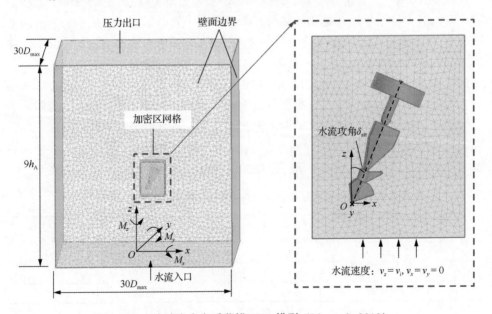

图 3.20　水流冲击多向受荷锚 CFD 模型（Liu et al., 2019）

向（即 z 轴方向）之间呈一定夹角，水流方向平行于 z 轴方向。计算域侧壁边界的运动速度与进口水流冲击速度 v_i 相同，出口边界采用零压力出口。计算模型中锚长 $h_A = 9.05$ m，质量 $m = 61.6$ t。

如图 3.21（a）所示，当攻角从 0 增加至 ±15° 时，恢复力矩系数 C_{mr} 始终与水流攻角 δ_{att} 同号，表明锚的重心高于水动力中心，锚在水中是不稳定的。图 3.21（b）显示了锚的拖曳阻力系数和极限速度随水流冲击攻角的变化关系。当水流冲击攻角从 0 增加至 ±15° 时，拖曳阻力系数从 0.87 增加至 1.01，极限速度从 25.9 m/s 降低至 24.2 m/s。由于多向受荷锚的方向稳定性较差，在实际安装过程中通常要控制锚在水中的安装高度，以避免锚在水中自由下落时产生过大偏角，因而多向受荷锚在水中下落时通常达不到极限速度。

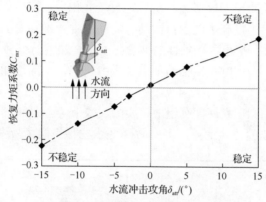

（a）恢复力矩系数与水流冲击攻角之间的关系

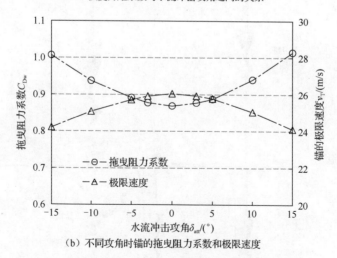

（b）不同攻角时锚的拖曳阻力系数和极限速度

图 3.21 多向受荷锚的水动力学特性（Liu et al., 2019）

3.6　针对多向受荷锚的助推器装置

3.6.1　助推器概念

对比鱼雷锚、DPA 和多向受荷锚可以发现：鱼雷锚和 DPA 形状简单，拖曳阻力系数较小，为 0.54～0.7（O'Beirne et al., 2017；Li et al., 2014），而多向受荷锚的拖曳阻力系数为 0.8～1.0（Liu et al., 2019, 2018a；Cenac, 2011）。模型试验和数值模拟结果均表明，多向受荷锚在水中的方向稳定性较差。上述因素均导致多向受荷锚的贯入速度较小，而贯入速度是影响锚在海床中沉贯深度的关键因素之一。另一方面，多向受荷锚为板形锚，质量轻且表面积大，这也会导致锚在海床中的沉贯深度偏浅。为了提高多向受荷锚的方向稳定性并增加锚的贯入速度及沉贯深度，Liu 等（2018b）提出了助推器的概念，如图 3.22 所示。助推器连接在多向受荷锚的尾部，有助于同时提高锚的动能和重力势能，从而增加锚在海床中的沉贯深度。

助推器由中轴和尾翼两部分组成，如图 3.22 所示。助推器的外形近似于鱼雷锚，比多向受荷锚的形状简单，可有效降低水的拖曳阻力及海床土的摩擦阻力，

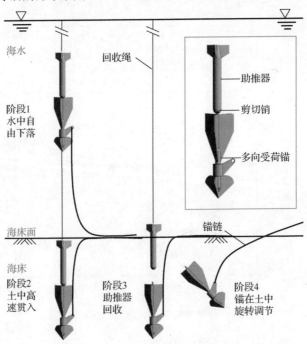

图 3.22　使用助推器安装多向受荷锚示意图（Liu et al., 2018b）

进而提高锚的沉贯深度。多向受荷锚的尾部设有一个连接杆，助推器中轴前端设有与连接杆相匹配的凹槽。在安装时，锚尾连接杆插入助推器前端的凹槽中，并通过剪切销固定。连接有助推器的多向受荷锚称为组合锚，其安装过程包括四个阶段：阶段1，组合锚在距离海床一定高度处释放，使其在水中自由下落并获得动能；阶段2，组合锚高速贯入海床中直至停止；阶段3，通过回收绳将助推器拔出海床，只留锚在海床中；阶段4，张紧工作锚链使多向受荷锚旋转调节至合适方位。回收后的助推器可用来安装其他锚。

3.6.2 助推器的设计准则

设计助推器的主要目的是：增加多向受荷锚在海床中的沉贯深度。因此，助推器应具有以下特点：①助推器能提高组合锚在水中的方向稳定性以及下落速度；②助推器在海床中所受阻力小从而容易被拔出海床，方便回收；③助推器外形简单，容易加工。为此，在设计助推器时应满足如下原则：

（1）助推器中轴近似呈流线型，前端为半椭球形，保证水流较平顺地流过助推器前端，使分离点尽量后移，从而降低压差阻力［图3.23（a）］。助推器尾部为一个逐渐收缩的圆台，可将尾部涡流限制在一个较窄的区域内，从而进一步降低压差阻力（朗道等，2013）。助推器的中轴直径应不超过多向受荷锚上连接加载臂的圆环直径，这样不至于增加沉贯过程中作用在助推器端部的土体阻力。

（2）助推器的尾部可安装三片互成120°的尾翼，以提高组合锚的方向稳定性（Triantafyllou et al., 2003）。尾翼形状和尺寸可根据实际情况调整，以满足组合锚在水中方向稳定性的要求。在板形尾翼周围还可连接一环形尾翼以提高组合锚的方向稳定性［图3.23（a）］。

（3）助推器和多向受荷锚用剪切销连接，剪切销的抗剪极限建议值为$(1.5\sim 2.0)W_d$（$W_d = mg$，为锚的干重量）。抗剪极限的选取应考虑如下原则：①剪切销剪切强度应大于锚的自重，当组合锚在水中释放或水中下落时，确保多向受荷锚和助推器不会脱离；②剪切销的剪切强度应小于锚在海床中的竖向抗拔承载力，当剪切销被剪断、助推器被拔出海床时，锚仍留在海床中而不会随助推器一起被拔出。

（4）要保证锚的轴线和助推器中轴线重合，以提高组合锚的方向稳定性；也要保证助推器尾翼与锚的翼板共面，以减小作用在组合锚上的拖曳阻力。

需要指出的是，在助推器携带多向受荷锚高速贯入海床过程中，作用在多向受荷锚上的土体阻力迅速增加，导致助推器和多向受荷锚之间的相互作用力为压力，此时助推器前端恰好卡住多向受荷锚的翼板尾部［图3.23（b）］，剪切销不受力。只有当助推器和多向受荷锚之间的相互作用力为拉力时，剪切销才起作用。

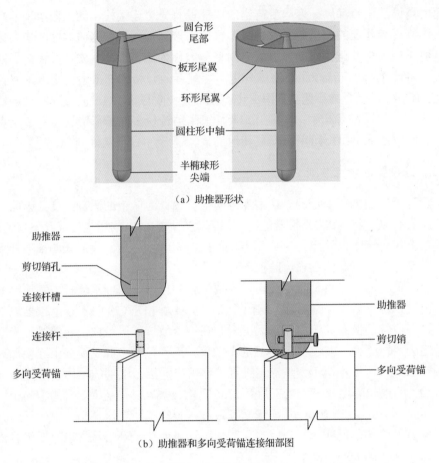

（a）助推器形状

（b）助推器和多向受荷锚连接细部图

图 3.23　助推器及助推器与锚的连接（Liu et al., 2018b）

3.6.3　助推器水动力学特性

Liu 等（2018a）开展模型试验研究了助推器在水中自由下落过程，试验装置如图 3.14 所示。助推器比尺 $\lambda_L = 50$，直径 $D_B = 22$ mm，长度和尾翼可以调整，具体尺寸如图 3.24 所示并列于表 3.6。助推器命名格式为'Bx-Fy'或'Bx-Ry'，其中'B'、'F'和'R'分别表示助推器、板形尾翼和环形尾翼，'x'表示助推器与多向受荷锚质量比，'y'表示助推器板形尾翼宽度 w_B 或环形尾翼半径 $D_R/2$（D_R 为环形尾翼直径）与多向受荷锚翼板宽度 w_A 之比。表 3.6 中五种助推器具有良好的方向稳定性，基于 MTD 记录沿程下落加速度、速度及位移，并由式（3.2）来计算拖曳阻力系数。

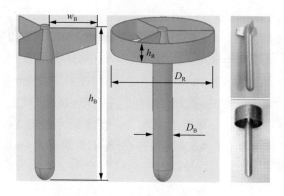

图 3.24 模型试验中的助推器（Liu et al., 2018a）

表 3.6 助推器的拖曳阻力系数

工况	工况名称	长度 h_B/mm	板形尾翼宽度 w_B/mm	环形尾翼		质量 m_B/g	投影面积 A_F/mm²	拖曳阻力系数 C_{Dw}
				直径 D_R/mm	高度 h_R/mm			
1	B1.5-F1.0	259	34	—		673	464.1	0.30
2	B1.5-F1.5	259	47			676	503.1	0.62
3	B1.0-F1.5	185	47			455	503.1	0.58
4	B1.5-R1.0	259	34	78	34	739	696.9	0.71
5	B1.5-R1.0-h*	259	34	78	51	769	696.9	0.88

* 工况 5 名称中 'h' 表示环形尾翼高度 h_R 增加至 51 mm，以区别工况 4。

工况 B1.5-F1.0 和 B1.5-F1.5 的拖曳阻力系数分别为 0.30 和 0.62，说明尾翼尺寸越大，拖曳阻力系数越大。工况 B1.5-F1.5 和 B1.0-F1.5 的拖曳阻力系数分别为 0.62 和 0.58，表明随着助推器中轴长度和表面积的增加，摩擦阻力有所增加，从而导致拖曳阻力系数略有增加。在助推器 B1.5-F1.0 的尾部连接环形尾翼后，拖曳阻力系数从 0.30 增加至 0.71（环形尾翼高度 $h_R = 34$ mm）～0.88（$h_R = 51$ mm），表明尾翼形状越复杂，拖曳阻力系数越大。

3.6.4 带助推器组合锚的水动力学特性

Liu 等（2018a）基于模型试验研究了助推器尾翼形状及尺寸对组合锚方向稳定性的影响，试验装置如图 3.14 所示。图 3.25 为四种不同尾翼的组合锚，助推器与多向受荷锚质量比约为 1:1，前两个组合锚尾部连接板形尾翼，尾翼宽度 w_B 分别为锚翼板宽度 w_A 的 1.0 倍和 1.5 倍，后两个组合锚在板形尾翼外部连接环形尾翼，环形尾翼直径 D_R 分别为锚翼板宽度 w_A 的 2.0 倍和 3.0 倍。四种组合锚分别命名为 H1.0-F1.0、H1.0-F1.5、H1.0-R1.0 和 H1.0-R1.5。

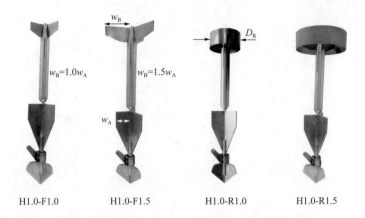

$w_B = 1.0w_A$　　　$w_B = 1.5w_A$　　　D_R

w_A

H1.0-F1.0　　　H1.0-F1.5　　　H1.0-R1.0　　　H1.0-R1.5

图 3.25　不同尾翼形状及尺寸的组合锚（Liu et al., 2018a）

图 3.26 为四种组合锚在水中自由下落试验结果，基于 MTD 确定锚轴线相对竖直方向的偏角、竖向速度及竖向下落距离。从图 3.26 可以看出，锚的尾翼尺寸越大，当 $\delta_t = 3°$ 时对应的竖向速度和下落距离越大。四种组合锚在 $\delta_t = 3°$ 时的原型速度分别为 23.4 m/s、25.5 m/s、27.5 m/s 和 28.4 m/s，无量纲化的下落距离 S_z/h_A 分别为 4.7、6.2、9.7、21.0，这表明增加尾翼尺寸有助于提高组合锚的方向稳定性。然而过大的尾翼面积会增加迎流面的受力面积从而降低锚的下落速度，因此有必要优化尾翼形状及尺寸，使组合锚兼有良好的方向稳定性和较高的下落速度。

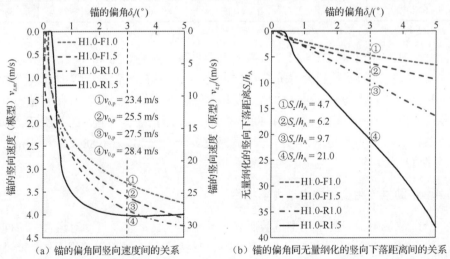

（a）锚的偏角同竖向速度间的关系　　　　（b）锚的偏角同无量纲化的竖向下落距离间的关系

图 3.26　尾翼形状及尺寸对组合锚方向稳定性的影响规律（模型试验结果）（Liu et al., 2018a）

在模型试验的基础上，Liu 等（2019）基于 FLUENT 软件模拟了水流以恒定速度冲击组合锚的过程，数值模型如图 3.20 所示，而图 3.27 展示了模拟结果。从图 3.27（a）中可以发现，组合锚 H1.0-F1.0、H1.0-R1.0 的恢复力矩系数 C_{mr} 与水

流冲击攻角 δ_{att} 同号，表明锚在水中是不稳定的，当增大环形尾翼直径后，组合锚 H1.0-R1.5 的恢复力矩系数 C_{mr} 与水流冲击攻角 δ_{att} 异号，表明锚在水中是稳定的。图 3.27（b）为多向受荷锚及组合锚的拖曳阻力系数。以攻角 $\delta_{att} = 3°$ 为例，多向受荷锚、组合锚 H1.0-F1.0、H1.0-R1.0 和 H1.0-R1.5 的拖曳阻力系数分别为 0.88、0.95、0.97 和 1.05，表明助推器在一定程度上增加了组合锚的拖曳阻力系数，但增加幅值不大。因此，助推器有助于提高组合锚在水中的下落速度和动能。

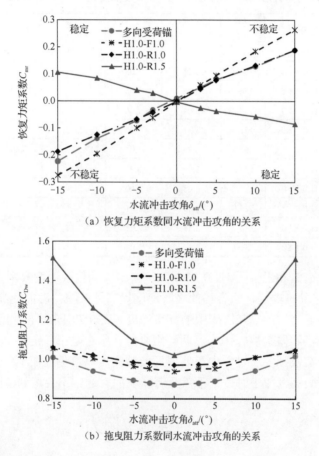

（a）恢复力矩系数同水流冲击攻角的关系

（b）拖曳阻力系数同水流冲击攻角的关系

图 3.27 尾翼形状及尺寸对组合锚方向稳定性的影响规律（数值模拟结果）（Liu et al., 2019）

为优化尾翼形状及尺寸，Liu 等（2019）基于 CFD 软件 FLUENT 开展了参数化研究，如表 3.7 所示。表 3.7 中以 $(x_{CH}-x_{CG})/h_t$ 来表征组合锚的方向稳定性，x_{CH}、x_{CG} 和 h_t 分别为水动力中心至锚尖距离、重心至锚尖距离以及组合锚长度。若 $(x_{CH}-x_{CG})/h_t > 0$，表明锚是稳定的，且 $(x_{CH}-x_{CG})/h_t$ 越大表示锚的方向稳定性越好。同理，若 $(x_{CH}-x_{CG})/h_t < 0$，表示锚是不稳定的。如表 3.7 所示，组合锚 H1.0-R1.5 和 H1.0-F2.0 的重心和水动力中心位置基本重合，处于临界稳定状态，二者的极

限速度分别为 27.7 m/s 和 32.0 m/s。增加环形尾翼直径和板形尾翼宽度均能提高组合锚的方向稳定性，连接环形尾翼有助于减小尾翼尺寸并节约空间，但环形尾翼增加了组合锚迎流面面积，因而会减小锚在水中的极限速度。在实际工程中，应综合考虑运输船及安装船功能和海床土特性等因素，选取合适的尾翼形状及尺寸。

表 3.7　尾翼形状及尺寸对组合锚方向稳定性的影响（Liu et al., 2019）

锚	工况名	质量 m/t	投影面积 A_F/m²	拖曳阻力系数 C_{Dw}	极限速度 v_T/(m/s)	动能 E_k /(×10⁷ J)	$(x_{CH}-x_{CG})/h_t$
多向受荷锚	—	61.6	1.79	0.88	25.9	2.07	−0.189
组合锚 H1.0	H1.0-R1.0	130.4	2.41	1.03	—	—	−0.196
	H1.0-R1.5	136.0	2.86	1.06	27.7	5.22	0.064
	H1.0-R1.7	138.2	3.04	1.06	27.1	5.08	0.116
	H1.0-R2.0	141.6	3.31	1.06	26.3	4.91	0.161
	H1.0-R2.5	167.8	3.76	1.06	26.8	6.04	0.158
组合锚 H1.0	H1.0-F1.0	122.2	1.79	0.95	—	—	−0.437
	H1.0-F2.0	125.2	2.08	1.00	32.0	6.68	−0.004
	H1.0-F2.5	126.6	2.23	1.01	31.1	6.29	−0.003
	H1.0-F3.0	128.1	2.38	1.01	30.3	5.98	0.114
	H1.0-F4.0	131.1	2.67	1.04	28.5	5.29	0.180

以多向受荷锚和组合锚 H1.0-F2.0 为例，二者的极限速度分别为 25.9 m/s 和 32.0 m/s，连接助推器后，组合锚的极限速度提高了 25%，动能提高了 223%，所提高的动能将显著增加锚在海床中的沉贯深度。表 3.7 中未给出组合锚 H1.0-R1.0 和 H1.0-F1.0 的极限速度，因为这两种组合锚在水中是不稳定的。如果锚的方向稳定性较差，在实际安装过程中需要降低安装高度以避免锚在下落过程中出现过大偏角。当安装高度较小时，锚下落至海床表面时通常不会达到极限速度。

3.7　锚链拖曳阻力

连接在锚眼的锚链和连接在锚尾的安装绳会减小动力锚在水中的下落速度。动力锚和锚链在水中下落时的运动微分方程可表示为

$$(m+m_c)a_z = W' + W_c' - F_{Dw} - F_{Dc} \tag{3.13}$$

式中，m_c 和 W_c' 分别为随锚一起运动的锚链质量和在水中的有效重量；F_{Dc} 为锚链所受的拖曳阻力，可表示为

$$F_{Dc} = \frac{1}{2}C_{Dc}\rho_w v^2 A_{Fc} \tag{3.14}$$

式中，C_{Dc} 和 A_{Fc} 分别为锚链的拖曳阻力系数和特征面积。由于锚链呈细长形，其长度远大于直径，所以作用在锚链上的拖曳阻力以摩擦阻力为主。因此，特征面积 A_{Fc} 取为锚链的等效侧面积。对于环环相扣的索链，假设单位长度圆柱具有与单位长度索链相同的体积，则该圆柱直径称为索链等效直径 $d_{\text{eff},c}$，对应的特征面积 $A_{Fc} = \pi d_{\text{eff},c} l_c$（$l_c$ 为随锚一起运动的索链长度）。对于锚绳，其特征面积为 $A_{Fc} = \pi d_r l_c$，d_r 为锚绳直径。

O'Beirne 等（2017）通过现场缩尺试验研究了带锚链鱼雷锚在水中的自由下落过程。锚和场地土相关参数参考 3.4.1 节。其中，比尺 $\lambda_L = 20$ 的模型锚尾部连接直径为 4 mm 或 12 mm 的缆绳；比尺 $\lambda_L = 3$ 的模型锚尾部连接 28 m 长的索链，组成每一环索链的金属圆杆直径 $d_{bar} = 36$ mm，索链之后连接直径为 38 mm 的钢缆。当锚在水中自由下落时，拖在锚后面的锚链不断从安装船上释放，且参与运动的锚链随着锚在水中下落距离的增加而增加。用 MEMS 加速度传感器测量锚在水中下落过程中的加速度，并积分得到锚在水中的运动速度和下落距离，如图 3.4 所示。已知鱼雷锚的拖曳阻力系数 C_{Dw}，通过式（3.13）～式（3.14）可计算得到缆绳和索链的拖曳阻力系数 C_{Dc} 分别为 0.008 和 0.019。由于索链形状比较复杂，因此其拖曳阻力系数较高。

Liu 等（2018a）基于模型试验研究了锚链的拖曳阻力系数。模型试验中，在助推器 B1.0-F1.0 的尾部连接一定长度的锚链［图 3.28（a）］，二者一起在水中下落并通过 MTD 记录助推器在下落时的加速度，基于式（3.13）和式（3.14）来计算锚链的拖曳阻力系数。模型试验中所用索链和锚绳如图 3.28（b）所示，二者的拖曳阻力系数分别为 0.02 和 0.01，试验结果列于表 3.8。Liu 等（2018a）的试验结果与 O'Beirne 等（2017）的试验结果比较吻合，大体上可认为索链的拖曳阻力系数为锚绳拖曳阻力系数的 2 倍。

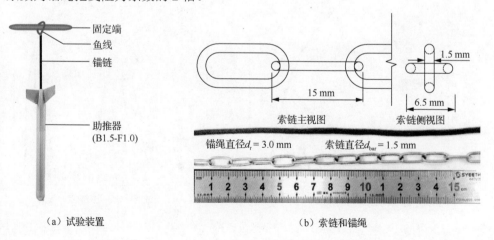

（a）试验装置 （b）索链和锚绳

图 3.28　测量锚链拖曳阻力系数试验装置（Liu et al., 2018a）

表 3.8　锚链拖曳阻力系数（Liu et al., 2018a）

工况	锚链类型	直径 d_{bar} 或 d_r/mm	长度 l_c/m	质量 m_c/g	拖曳阻力系数 C_{Dc}
1-1			0.362	13	0.020
1-2	索链	1.5	0.543	20	0.020
1-3			1.086	40	0.021
2	锚绳	3.0	1.000	9	0.011

3.8　动力锚水中下落过程理论预测方法

O'Beirne 等（2017）和 Liu 等（2018a）的试验结果表明：已知动力锚和锚链的拖曳阻力系数，基于式（3.13）可预测锚在水中的自由下落过程，进而确定锚的贯入速度 v_0 和安装高度 H_e。图 3.29（a）为 $\lambda_L = 30$ 多向受荷锚的竖向速度 v_z 同无量纲化的下落距离 S_z/h_A 之间的关系（Liu et al., 2018a），实线为 MTD 测的加速度积分结果，虚线为式（3.13）预测结果，二者非常吻合。基于式（3.13）还可预测锚链对锚在水中下落速度的影响，如图 3.29（b）所示。锚链直径越大，锚在水中所能达到的最大速度越小，且出现最大速度时对应的下落距离越小。在动力锚实际安装时，应综合考虑锚的方向稳定性以及锚链拖曳力的影响，以选择最优安装高度。

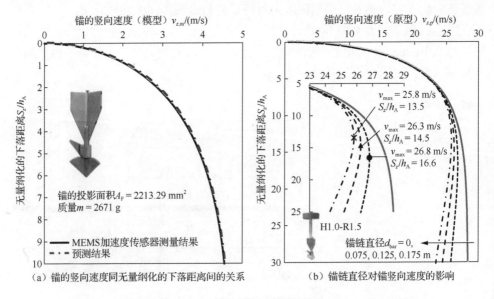

（a）锚的竖向速度同无量纲化的下落距离间的关系　　　（b）锚链直径对锚竖向速度的影响

图 3.29　动力锚在水中自由下落过程理论预测结果（Liu et al., 2018a）

3.9 小 结

   动力锚在水中自由下落时的水动力学特性是研究动力锚安装过程的一个重要方面。锚的形状越复杂，对应的拖曳阻力系数越大、贯入速度越小。例如，鱼雷锚和 DPA 的拖曳阻力系数约为 0.54～0.7，而多向受荷锚的拖曳阻力系数约为 0.8～1.0。连接在锚眼处的锚链会对锚产生一个向上的拖曳力从而减小锚的下落速度，索链和锚绳的拖曳阻力系数分别为 0.019～0.02 和 0.008～0.01。若锚在水中的安装高度过大，则过长的锚链随锚一起下落会降低锚的运动速度，应综合考虑锚链形状和尺寸，选取最优安装高度。基于牛顿第二定律建立的运动微分方程可预测锚在水中的运动速度随下落距离的关系，从而预测锚的贯入速度和安装高度。

   基于水动力中心和重心的相对位置可判定动力锚的方向稳定性，增加板形尾翼宽度或在板形尾翼外侧连接环形尾翼有助于提高水动力中心的位置，进而可提高锚的方向稳定性。Liu 等（2018a）针对多向受荷锚提出了助推器装置，通过调整助推器尾翼形状和尺寸可改变组合锚的拓扑结构形状，进而有效提高组合锚的方向稳定性。另外，助推器还能提高组合锚的下落速度，从而显著提高锚的动能，这有利于提高多向受荷锚在海床中的沉贯深度及承载能力。

   连接在动力锚上的锚链不仅影响锚在水中的下落速度，还会影响锚的方向稳定性，然而目前关于锚链对动力锚方向稳定性方面的研究还未深入开展，需要通过模型试验或数值分析来确定锚链对锚方向稳定性的影响，以优化锚的安装高度。此外，动力锚在实际安装过程中可能会受到海底横向底流的干扰，锚在横向底流作用下的水动力响应需要进一步研究。

参 考 文 献

朗道, 栗弗席兹, 2013. 流体动力学: 理论物理学教程(第六卷). 5 版. 李植, 译. 北京: 高等教育出版社: 175-212.

刘鹤年, 2004. 流体力学. 北京: 中国建筑工业出版社.

刘君, 张雪琪, 2017. 板翼动力锚水中自由下落过程数值模拟. 海洋工程, 35(3): 29-36.

Beard R M, 1981. A penetrometer for deep ocean seafloor exploration//OCEANS 81, Boston, MA, USA: 668-673.

Blake A P, O'Loughlin C D, Morton J P, et al., 2016. In situ measurement of the dynamic penetration of free-fall projectiles in soft soils using a low-cost inertial measurement unit. Geotechnical Testing Journal, 39(2): 235-251.

Brandão F E N, Henriques C C D, Araújo J B, et al., 2006. Albacora Leste field development-FPSO P-50 mooring system concept and installation//Offshore Technology Conference, Houston, USA: OTC-18243-MS.

Cenac W A, 2011. Vertically loaded anchor: drag coefficient, fall velocity, and penetration depth using laboratory measurements. Texax: Texas A & M University.

Det Norske Veritas(DNV), 2010. Risk assessment of pipeline protection: DNVGL-RP-F107. Norway.

Fernandes A C, dos Santos M F, de Araujo J B, et al., 2005. Hydrodynamic aspects of the Torpedo anchor installation//ASME 2005 24th International Conference on Offshore Mechanics and Arctic Engineering, Halkidiki, Greece: OMAE 2005-67201.

Fernandes A C, Sales Jr J S, Silva D F C, et al., 2011. Directional stability of the torpedo anchor pile during its installation. The IES Journal Part A: Civil & Structural Engineering, 4(3): 180-189.

Fossen T I, 2011. Handbook of marine craft hydrodynamics and motion control. John Wiley & Sons, Hoboken, USA.

Freeman T J, Murray C N, Francis T J G, et al., 1984. Modelling radioactive waste disposal by penetrator experiments in the abyssal Atlantic Ocean. Nature, 310(5973): 130-133.

Gaudin C, O'Loughlin C D, Hossain M S, et al., 2013. The performance of dynamically embedded anchors in calcareous silt//ASME 2013 32nd International Conference on Ocean, Offshore and Arctic Engineering. American Society of Mechanical Engineers, Nantes, France: OMAE 2013-10115.

Hossain M S, O'Loughlin C D, Kim Y, 2015. Dynamic installation and monotonic pullout of a torpedo anchor in calcareous silt. Géotechnique, 65(2): 77-90.

Lewis E V, 1988. Principle of naval architecture(Second revision), Volume II, Resistance, propulsion and vibration. The Society of Naval Architects and Marine Engineers, Jersey City, USA.

Li D Y, Ke P F, Ou L J, et al., 2014. Directional stability study of torpedo anchors. Applied Mechanics and Materials, 556: 1310-1313.

Liu J, Han C C, Ma Y Y, et al., 2018a. Experimental investigation on hydrodynamic characteristics of OMNI-Max anchor with a booster. Ocean Engineering, 158: 38-53.

Liu J, Han C C, Zhang Y Q, et al., 2018b. An innovative concept of booster for OMNI-Max anchor. Applied Ocean Research, 76: 184-198.

Liu J, Ma Y Y, Han C C, 2019. CFD analysis on directional stability and terminal velocity of OMNI-Max anchor with a booster. Ocean Engineering, 171: 311-323.

O'Beirne C, O'Loughlin C D, Gaudin C, 2016. Assessing the penetration resistance acting on a dynamically installed anchor in normally consolidated and overconsolidated clay. Canadian Geotechnical Journal, 54(1): 1-17.

O'Beirne C, O'Loughlin C D, Gaudin C, 2017. A release-to-rest model for dynamically installed anchors. Journal of Geotechnical and Geoenvironmental Engineering, 143(9): 04017052.

O'Loughlin C D, Gaudin C, Morton J P, et al., 2014. MEMS accelerometers for measuring dynamic penetration events in geotechnical centrifuge tests. International Journal of Physical Modelling in Geotechnics, 14(2): 31-39.

Pantaleone J, Messer J, 2011. The added mass of a spherical projectile. American Journal of Physics, 79(12): 1202-1210.

Richardson M D, 2008. Dynamically installed anchors for floating offshore structures. Perth: The University of Western Australia.

Shelton J T, Nie C, Shuler D, 2011. Installation penetration of gravity installed plate anchors-laboratory study results and field history data//Offshore Technology Conference, Houston, USA: OTC 22502.

Silva D F C, 2010. CFD hydrodynamic analysis of a torpedo anchor directional stability. ASME 2010 29th International Conference on Ocean//Offshore and Arctic Engineering. American Society of Mechanical Engineers, Shanghai, China: OMAE 2010-20687.

Triantafyllou M S, Hover F S, 2003. Maneuvering and control of marine vehicles. Cambridge: Massachusetts of Institute of Technology.

Young D F, Munson B R, Okiishi T H, et al., 2010. A brief introduction to fluid mechanics. Hoboken: John Wiley & Sons.

4 动力锚在海床中的沉贯特性

4.1 引　言

　　动力锚在海床中的承载力直接取决于锚周围海床土强度。深海软黏土一般为正常固结或超固结软黏土，土强度随深度线性增加。因此，明晰作用在锚上的各项阻力、准确预测锚在海床中的沉贯深度，将有助于更加精确地预测锚在海床中的承载力，从而提高工程设计的可靠度。动力锚在海床中高速贯入过程涉及锚-海床土-水耦合作用，锚周围土体同时出现高剪应变率效应和大变形软化效应，二者通过改变土强度来影响锚的沉贯深度。海床软黏土的天然含水量常常高于液限，呈可流动状态且表现黏性流体的性质，当锚高速贯入海床中时有必要考虑土体拖曳阻力。另外，当动力锚从水中高速贯入海床土中时，一部分水体会随着锚被裹挟至海床中，导致锚-土之间附有一层水膜，该现象称为"携水效应"，水膜会改变锚-土界面摩擦特性从而影响作用在锚上的摩擦阻力以及锚在海床中的沉贯深度。

　　综上所述，土体率效应和软化特性、土体拖曳阻力以及携水效应等因素均增加了预测动力锚在海床中沉贯深度的不确定性。本章首先分析动力锚高速贯入海床过程中的受力，在此基础上介绍动力锚在海床中高速沉贯过程模型试验和数值模拟方法，探究贯入速度、锚的形状和质量、土强度、土体率效应及软化效应参数等因素对沉贯深度的影响。根据模型试验和数值模拟结果分析作用在动力锚上各项土体阻力的取值，并总结了基于总能量的和基于运动微分方程的动力锚沉贯深度预测模型。

4.2 动力锚沉贯过程受力分析

　　在高速贯入海床过程中，动力锚的能量转化为克服土体和水的阻力所做的功：

$$E_{\text{total}} = E_{\text{k}} + E_{\text{p}} = \frac{1}{2}mv_0^2 + W'z_{\text{e}} = \int_0^{z_{\text{e}}} f\text{d}z \tag{4.1}$$

式中，E_{total} 为锚下落至海床表面时的总能量，包括动能（E_{k}）和相对于最终沉贯位置的重力势能（E_{p}）；m 为锚的质量；v_0 为锚下落至海床表面时的竖向速度，称为贯入速度；W' 为锚在水中的有效重量；z_{e} 为锚的沉贯深度，即安装结束后锚尖至海床表面的距离；f 为作用在锚上的阻力。阻力 f 包括端承阻力 F_t、侧壁摩擦阻力 F_f、拖曳阻力 F_D 和土体对锚的浮力 F_b，如图 4.1 和式（4.2）所示。

$$f = F_t + F_f + F_D + F_b \tag{4.2}$$

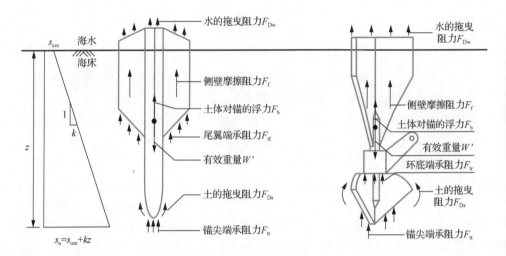

图 4.1　动力锚高速贯入海床过程受力分析

4.2.1　端承阻力

端承阻力 F_t 指作用于锚尖、尾翼端部等部位的土体阻力：

$$F_t = N_c s_u A_t \tag{4.3}$$

式中，N_c 为承载力系数；A_t 为锚-土接触面积在垂直于锚轴线方向的投影。对于鱼雷锚和 DPA，端承阻力包括作用在锚尖的阻力 F_{tt} 及作用在尾翼端部的阻力 F_{tf}；对于多向受荷锚，端承阻力包括作用在锚尖的阻力 F_{tt} 及作用在加载臂圆环底部的阻力 F_{tr}（图 4.1）。

4.2.2　摩擦阻力

摩擦阻力 F_f 为锚轴、翼板侧面受到的土体阻力：

$$F_f = \alpha s_u A_s \tag{4.4}$$

式中，α 为锚-土界面摩擦系数；A_s 为锚的侧面与土的接触面积。摩擦系数 α 与锚表面粗糙度、土体性质、携水效应等因素有关，需要根据大量工程经验来确定。由式（4.3）和式（4.4）可以发现，端承阻力和摩擦阻力与土强度成正比，土强度越大，锚在海床中的沉贯深度越浅。

4.2.3　率效应

式（1.2）～式（1.4）为土体率效应系数表达式：

$$R_\mathrm{f} = 1 + \lambda \log\left(\dot{\gamma}/\dot{\gamma}_\mathrm{ref}\right) \qquad \text{半对数形式}$$

$$R_\mathrm{f} = \left(\dot{\gamma}/\dot{\gamma}_\mathrm{ref}\right)^\beta \qquad \text{幂指数形式}$$

$$R_\mathrm{f} = 1 + \lambda' \operatorname{arcsinh}\left(\dot{\gamma}/\dot{\gamma}_\mathrm{ref}\right) \qquad \text{反双曲正弦形式}$$

上述率效应模型是基于土单元建立的。对于贯入海床中的结构，其端部和侧壁土体剪切带厚度不同，从而导致剪应变率不同。剪应变率 $\dot{\gamma}$ 通常取为物体运动速度 v 与特征尺寸 d_charac 之比：

$$\dot{\gamma} = v / d_\mathrm{charac} \tag{4.5}$$

式（4.5）的剪应变率是一个名义剪应变率，不能反映物体周围每一个土单元的剪应变率。Einav 等（2006）的研究结果表明：当一个埋于土中的圆柱体沿轴线方向平动或绕轴线转动时，圆柱体侧面土体比端部土体所受的剪应变率高，其宏观表现为圆柱体侧面土体率效应系数 R_f2 比端部土体率效应系数 R_f1 大，该结果也被 Dayal 等（1975）、Steiner 等（2013）、Chow 等（2017）和刘君等（2018）的试验或数值模拟结果所验证。Einav 等（2006）基于理论分析结果得出：当圆柱体在黏土中沿轴线方向平动时，R_f2 和 R_f1 之间的关系为

$$R_\mathrm{f2} = \left[2\left(\frac{1}{\beta}-1\right)\right]^\beta R_\mathrm{f1} \tag{4.6}$$

式中，β 为幂指数形式率效应模型［式（1.3）］中的率效应参数。当 $\beta = 0.079$ 时，式（1.2）半对数表达式中率效应参数 $\lambda = 0.2$（剪应变率每提高一个量级，土体不排水抗剪强度提高 20%），圆柱体侧壁与端部周围土体率效应系数关系为 $R_\mathrm{f2} = 1.28 R_\mathrm{f1}$。刘君等（2018）基于 CFD 方法模拟了锥形触探仪在黏土中的贯入过程，计算结果表明：锥尖周围土体率效应系数 R_f1 低于式（1.2）～式（1.4）计算得到的率效应系数，而侧壁周围土体率效应系数 R_f2 高于式（1.2）～式（1.4）计算得到的率效应系数。由于圆柱侧壁周围土体剪切带很薄，由式（4.5）计算得到的剪应变率低于实际剪应变率，因此，从宏观上表现为 $R_\mathrm{f2} > R_\mathrm{f1}$。式（4.5）中剪应变率仅是一个名义剪应变率，只能反映结构周围土体平均剪应变率，不能反映每一个土单元所经历的剪应变率。

4.2.4　拖曳阻力

拖曳阻力 F_D 包括水的拖曳阻力 F_Dw 和土的拖曳阻力 F_Ds，其表达式如式（3.1）所示。需要注意的是，在计算土体拖曳阻力时，式（3.1）中密度为土体饱和密度 ρ_s，拖曳阻力系数为土体拖曳阻力系数 C_Ds。

4.3　动力锚在海床中的沉贯深度

4.3.1　动力锚在黏土海床中沉贯深度模型试验

1. 现场试验

Medeiros（2002）介绍了原型鱼雷锚在巴西坎波斯湾的现场安装试验结果，水深 200～1000 m，锚长 h_A = 12 m，直径 D_A = 0.76 m，质量 m = 40 t。坎波斯湾 Marlim 区域水深 600～1000 m，海床分布正常固结土和超固结土。正常固结土强度 s_u = 5+2z kPa，锚的沉贯深度 z_e = 29.0 m，超固结土强度未给出，锚的沉贯深度 z_e = 13.5 m。坎波斯湾 Albacora 区域水深 500 m，海床上层分布 13 m 厚的细砂，下层为正常固结黏土，锚的沉贯深度 z_e = 22 m。坎波斯湾 Corvina 区域水深 200 m，海床土为未胶结的钙质砂，锚的沉贯深度 z_e = 15 m，如图 4.2 所示。锚在四个区域的埋深比 z_e/h_A = 1.13～2.42。

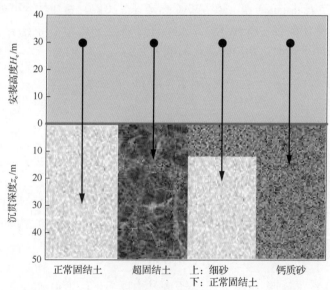

图 4.2　鱼雷锚现场试验沉贯深度（Medeiros, 2002）

Brandão 等（2006）和 O'Beirne 等（2017a）分别通过现场原型试验和现场缩尺试验研究了鱼雷锚和 DPA 在海床中的沉贯深度，详细结果列于表 3.2 和表 3.3。表 4.1 汇总了 Medeiros（2002）、Brandão 等（2006）与 O'Beirne 等（2017a）的试验结果。

表 4.1 现场试验鱼雷锚与 DPA 的埋深比

地点	锚	埋深比 z_e/h_A	参考文献
巴西坎波斯湾	鱼雷锚 40 t	2.42（正常固结土） 1.13（超固结土） 1.25（钙质砂） 1.83（上层为 13 m 厚的细砂， 下层为正常固结黏土）	Medeiros（2002）
	鱼雷锚 T74	1.56～2.09	Brandão 等（2006）
北爱尔兰 Lower Lough Erne	DPA（$\lambda_L = 20$）	1.51～2.75	O'Beirne 等（2017a）
北海 Troll Field	DPA（$\lambda_L = 3$）	1.68～1.98	O'Beirne 等（2017a）

Zimmerman 等（2009）在墨西哥湾海域开展了 54 组多向受荷锚安装过程现场试验，海床土为正常固结土，不排水抗剪强度随深度的变化关系可表示为 $s_u = 2.4 + 1.1z$ kPa。多向受荷锚长 $h_A = 9.15$ m，质量 $m = 39$ t，从距离海床表面约 30 m 处下落，能达到 19 m/s 的贯入速度，埋深比 $z_e/h_A = 1.16～2.20$，平均埋深比 1.77，如图 4.3 所示。Medeiros（2002）在巴西坎波斯湾现场试验结果表明：40 t 重鱼雷锚在强度 $s_u = 5 + 2z$ kPa 的正常固结土中埋深比能达到 $z_e/h_A = 2.42$。Medeiros（2002）和 Zimmerman 等（2009）中两种动力锚的质量基本相等，但多向受荷锚具有更加复杂的形状及更大的表面积，从而导致其在海床中的沉贯深度较浅。

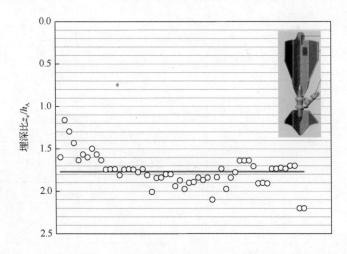

图 4.3 多向受荷锚现场沉贯试验的埋深比（Zimmerman et al., 2009）

2. 模型试验

在介绍模型试验结果之前，有必要明确物体高速贯入海床过程模型试验相似关系。离心模型试验中模型几何尺寸缩小为原型的 $1/n$，同时加速度由 $1g$ 提高至

ng（$n = \lambda_L$，λ_L 为几何比尺），在保证原型与模型几何相似的前提下，可保证它们的力学特性相似、破坏机理相同。离心模型试验也称 ng 试验。常规重力场（$1g$）模型试验中模型几何尺寸缩小为原型的 $1/\lambda_L$，因此土体应力水平 $\gamma'_s z$（γ'_s 为土体的有效容重，z 为土体深度）较低，是原型的 $1/\lambda_L$，需要将土强度折减至原型的 $1/\lambda_L$ 以保证模型和原型应力比 $\gamma'_s z/s_u$ 相同，从而保证锚周围土体流动模式相同。离心模型试验应力水平 $\gamma'_s z$ 与原型一致，土体在自重应力下固结，土强度与原型一致（即 $s_{u,m} = s_{u,p}$，下标'm'和'p'分别表示模型和原型）。因此，ng 模型试验中应力比 $\gamma'_s z/s_u$ 也与原型相同。表 4.2 列出了模型试验相似关系，$1g$ 模型试验通过降低土强度来保证应力比与原型相同，而 ng 模型试验通过提高重力场来保证应力比与原型相同。

表 4.2　物体在黏土中动力贯入过程模型试验相似关系

物理量	符号	$1g$ 模型试验比尺（原型：模型）	ng 模型试验比尺（原型：模型）
长度	L	λ_L	λ_L
面积	A	λ_L^2	λ_L^2
质量	m	λ_L^3	λ_L^3
重力加速度	g	1	$1/\lambda_L$
有效重量	W'	λ_L^3	λ_L^2
下落速度	v	$\sqrt{\lambda_L}$	1
时间	t	$\sqrt{\lambda_L}$	λ_L
剪应变率	$\dot{\gamma}$	$1/\sqrt{\lambda_L}$	$1/\lambda_L$
土体密度	ρ_s	1	1
土体有效容重	γ'_s	1	$1/\lambda_L$
土强度	s_u	λ_L	1
土强度梯度	k	1	1
土体阻力	f	λ_L^3	λ_L^2
锚的沉贯深度	z_e	λ_L	λ_L
土的应力水平	$\gamma'_s z$	λ_L	1
土的应力比	$\gamma'_s z/s_u$	1	1
动能	E_k	λ_L^4	λ_L^3
重力势能	E_p	λ_L^4	λ_L^3
弗劳德数	Fr	1	1

1）离心模型试验结果

O'Loughlin 等（2004）开展离心模型试验（$200g$）模拟了鱼雷锚在黏土海床中高速贯入过程。用高岭土模拟海床软黏土，土强度随深度近似线性增加，试验

前土强度 $s_u = 1.2z$ kPa，试验后土强度 $s_u = 1.5z$ kPa，试验过程中土样持续固结，导致强度梯度有所增加。共设计三种模型锚：T1 为四尾翼鱼雷锚［图 4.4（a）］，锚长 $h_A = 75$ mm，中轴直径 $D_A = 6$ mm，尾翼形状呈蝶形，高度 $h_f = 37.5$ mm，宽度 $w_A = 11$ mm，质量 $m = 12.5$ g；T2 为三尾翼鱼雷锚，中轴与尾翼尺寸与 T1 相同，质量 $m = 12.5$ g；T3 为无尾翼鱼雷锚，中轴尺寸与 T1、T2 相同，质量 $m = 16.75$ g。需要说明的是，三种模型锚由不同密度材料制成，因此可保证模型锚 T1 和 T2 体积不同而质量相同。

模型锚沿轨道自由下落并以一定的初速度垂直贯入高岭土中，贯入速度及对应的埋深比如图 4.4（b）所示。从图中可以发现：①贯入速度越大，锚的动能越大，从而埋深比越大；②当贯入速度相同时，因 T3 质量大且表面积小，因此对应的埋深比最大；③T1 比 T2 多了一片尾翼从而增加了锚-土接触面积，因此 T1 的埋深比最小。当锚的贯入速度 $v_0 = 18.4 \sim 29.7$ m/s 时，鱼雷锚的埋深比 $z_e/h_A = 1.4 \sim 2.9$。

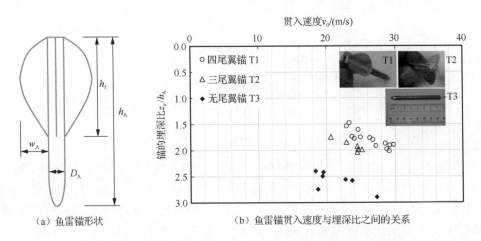

（a）鱼雷锚形状   （b）鱼雷锚贯入速度与埋深比之间的关系

图 4.4 鱼雷锚模型及动力沉贯试验结果（O'Loughlin et al., 2004）

图 4.5 对比了鱼雷锚和多向受荷锚在高岭土和钙质土中的沉贯深度。为方便比较，接下来本小节所涉及物理量数值均为原型。Hossain 等（2014）进行了鱼雷锚动力安装离心模型试验（200g），锚长 $h_A = 15 \sim 16.3$ m，质量 $m = 150.4 \sim 172.7$ t，用 T-bar 触探仪测得高岭土和钙质土不排水抗剪强度分别为 $s_u = 1+0.85z$ kPa 和 $s_u = 2+3z$ kPa。当贯入速度 $v_0 = 14.9 \sim 18.9$ m/s 时，鱼雷锚在高岭土中的沉贯深度为 $z_e = 29 \sim 31$ m；当贯入速度 $v_0 = 15.2 \sim 21.8$ m/s 时，鱼雷锚在钙质土中的沉贯深度为 $z_e = 17.6 \sim 23.4$ m。Hossain 等（2015）开展离心模型试验（133.3g）研究了鱼雷锚在钙质土中的沉贯深度，锚长 $h_A = 17$ m，质量 $m = 107$ t，钙质土不排水抗剪强度 $s_u = 7.5+2.9z$ kPa，当贯入速度 $v_0 = 16.56 \sim 21.23$ m/s 时，锚的沉贯深度 $z_e = 17.0 \sim 18.7$ m。由上述研究结果可得出以下结论：①土强度越低，锚的沉贯深度越

深；②锚质量越大，沉贯深度越深；③锚的贯入速度越大，沉贯深度越深，且沉贯深度随贯入速度的增加近似线性增加（图4.5）。

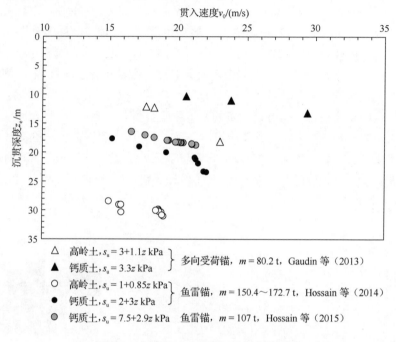

图4.5　土强度对动力锚沉贯深度的影响

Gaudin 等（2013）通过离心模型试验（$n = 200$）探究了多向受荷锚在高岭土和钙质土中的沉贯深度，两种土样不排水抗剪强度分别为 s_u = 3+1.1z kPa 和 s_u = 3.3z kPa。锚长 h_A = 9.05 m，质量 m = 80.2 t。当贯入速度 v_0 = 17.0～23.0 m/s 时，锚在高岭土中的沉贯深度 z_e = 10.7～18.1 m；当贯入速度 v_0 = 20.5～29.4 m/s 时，锚在钙质土中的沉贯深度 z_e = 10.3～13.2 m。Hossain 等（2015）与 Gaudin 等（2013）的对比结果表明：当鱼雷锚和多向受荷锚的质量与贯入速度基本相同时，前者在钙质土中的沉贯深度约为后者的 1.8 倍。多向受荷锚具有更大的表面积，贯入海床过程中受到的摩擦阻力相对较大，从而导致沉贯深度较浅。

2）1g 模型试验结果

Han 等（2019）通过 1g 模型试验模拟了多向受荷锚在高岭土中的高速安装过程，并探究了土强度和贯入速度对沉贯深度的影响。试验中采用水力梯度法制备正常固结土样（Nanda et al., 2017; Chow et al., 2013; Zelikson, 1969）。在正常固结土样表层刮去一层土体就可得到表层具有一定强度的超固结土样。水力梯度法利用渗流力来增加作用在土样上的竖向有效应力，渗流力 j 可表示为

$$j = \gamma_w i \tag{4.7}$$

式中，γ_w 为水的容重；i 为水力坡降。i 可表示为

$$i = v/k' \tag{4.8}$$

式中，v 为渗流速度；k' 为渗透系数。渗流力是一种体积力，其源于作用在土颗粒上沿渗流方向的渗流水压力不等。当渗流力方向与土的重力方向相同时，可帮助增加土体的竖向有效应力，从而加快固结进程。作用在土样深度 z 处的竖向有效应力 σ_v' 可表示为

$$\sigma_v' = \int_0^z \left(\gamma_s' + j \right) \mathrm{d}z \tag{4.9}$$

式中，γ_s' 为土体有效容重。通过改变水头高度来调整水力坡降及渗流力大小，从而可得到不同强度梯度的正常固结土样。

模型锚比尺 $\lambda_L = 50$，按照表 4.2 所示相似关系换算至原型后，锚长 $h_A = 9.05$ m，质量 $m = 54.75$ t，高岭土不排水抗剪强度 $s_u = (2.0z \sim 7.5 + 2.6z)$ kPa。模型锚从空气中自由下落，并依靠动能和自身重力势能贯入土体中，用 MEMS 加速度传感器（ADXL326）测量锚的沿程加速度变化，并确定锚在土体中的运动速度和贯入深度。当贯入速度 $v_0 = 15 \sim 23$ m/s 时，埋深比 $z_e/h_A = 1.12 \sim 1.70$，如图 4.6 所示。

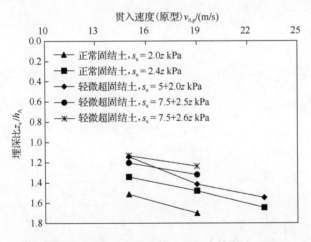

图 4.6 贯入速度及土强度对多向受荷锚沉贯深度的影响（Han et al., 2019）

综上所述，动力锚在海床中的沉贯深度主要取决于锚的形状及质量、土强度、贯入速度等因素。动力锚形状越复杂、锚-土接触面积越大，锚在水中下落至海床表面时所能达到的贯入速度越小且在海床中的沉贯深度越浅。因此，与鱼雷锚和 DPA 相比，多向受荷锚的沉贯深度较浅。

4.3.2 动力锚在砂土海床中沉贯深度模型试验

除了软黏土，海床表层也广泛分布着砂土和粉土。例如，澳大利亚西北海域

海床广泛分布有钙质砂。Richardson（2008）基于离心模型试验研究了无尾翼鱼雷锚在钙质砂和石英粉中的沉贯深度，并与在高岭土中的沉贯结果进行了对比。离心模型试验加速度为 $200g$，模型锚由铜制成，质量为 14.8 g，直径和长度分别为 6 mm 和 75 mm。钙质砂取自澳大利亚西北海域，主要由海洋微生物残骸沉积形成。石英粉中值粒径 $d_{50}=45$ μm。钙质砂和石英粉在离心机中进行饱和，并用锥形触探仪测量土强度，锥尖阻力 q_t 随深度变化关系如图 4.7 所示。钙质砂有很强的压缩性，当应力水平相当时，锥形触探仪测得的锥尖阻力比在石英粉中测得结果低一个量级（Randolph, 1988）。因此，鱼雷锚在钙质砂中的埋深比理应大于在石英粉中的埋深比，结果如图 4.8 所示。当贯入速度 $v_0=28.7$ m/s 时，鱼雷锚在石英粉中的埋深比 z_e/h_A 只有 0.33～0.36；当贯入速度 $v_0=0$～29.4 m/s 时，锚在钙质砂中的埋深比 z_e/h_A 能达到 0.6～1.5，鱼雷锚在钙质砂中的埋深比约为石英粉中的 3 倍。

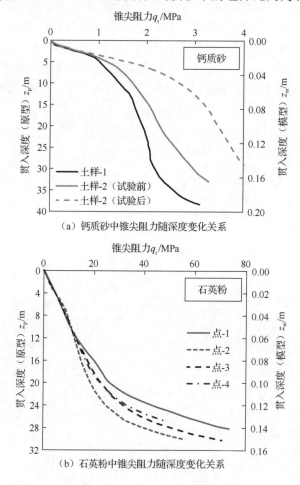

图 4.7 CPT 测得的钙质砂和石英粉中锥尖阻力随深度变化关系（Richardson, 2008）

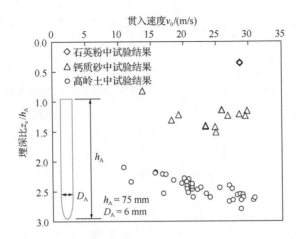

图 4.8 鱼雷锚在不同性质土中的埋深比（Richardson, 2008）

图 4.8 还给出了鱼雷锚在正常固结软黏土中的埋深比。当土强度 $s_u = 1.15z$ kPa，贯入速度 $v_0 = 10.75 \sim 30.62$ m/s 时，锚的埋深比 z_e/h_A 能达到 $2.1 \sim 2.8$。综上所述，鱼雷锚在砂土中的沉贯深度有限，还需在现有动力锚类型基础上继续研制新型动力锚，使其能应用于砂土海床中。

4.3.3　动力锚在黏土海床中沉贯过程数值模拟

目前模拟结构在海床中的高速贯入过程主要有 CFD 方法和 LDFE 方法，其中 LDFE 方法又包括 ALE 方法和 CEL 方法。

1. CFD 方法

Raie 等（2009）用 CFD 软件 FLUENT 模拟了自由落体式锥形贯入仪在海床中的高速沉贯过程。自由落体式锥形贯入仪可看作是无尾翼鱼雷锚。土体模拟为非牛顿流体，流体剪切强度等于土体不排水抗剪强度 $s_u = 1.765$ kPa，参考剪应变率 $\dot{\gamma}_{ref} = 0.024$ s^{-1}，灵敏度系数 $S_t = 1.5$，率效应参数 $\lambda = 0.1$。将锚周围土体按照强度划分为三个区域，如图 4.9 所示。记参考剪应变率下流体屈服剪应力为 τ_0，在锥体侧壁设置土体 $\tau_0 = s_u/S_t$，在锥尖设置土体 $\tau_0 = \tau_{0,tip}$，在锥尖下方设置土体 $\tau_0 = s_u$。锥尖屈服剪应力 $\tau_{0,tip}$ 用式（4.10）计算：

$$\tau_{0,tip} = \frac{1}{\pi} \frac{A_F}{A_T} N_c s_u \qquad (4.10)$$

式中，A_F 和 A_T 分别为锥尖在垂直于轴线和平行于轴线平面内的投影面积；N_c 为承载力系数。由式（4.10）得到的 $\tau_{0,tip}$ 并没有实际物理意义，令作用在锥尖的端承阻力 F_t ［式（4.3）］等于锥尖处土体屈服剪应力 $\tau_{0,tip}$ 对锥尖表面的积分，即可得到式（4.10）所示关系。已知锥角和承载力系数，即可建立 $\tau_{0,tip}$ 和 s_u 的关系。

在数值模拟中需要事先假设承载力系数 N_c，这种假设并不能客观反映锥尖和周围土体的相互作用。

　　自由落体式锥形贯入仪的具体尺寸如图 4.10 所示，质量为 0.342 kg。在数值模拟中，壁面边界均设置为无滑移边界，并假设 $N_c = 12$。当贯入速度 $v_0 = 6.54$ m/s 时，贯入仪速度随贯入深度的曲线如图 4.10 所示，沉贯深度为 0.30 m，与 True（1976）的试验结果比较吻合。图 4.11 为贯入仪主体完全贯入土中时刻土体的剪应力 τ 和法向压力 σ_n。锥尖周围土体比锥体侧壁的屈服剪应力大，因此锥尖周围土体的剪应力和法向压力均比锥体侧壁的要大。

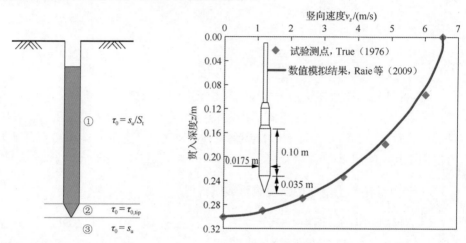

图 4.9　土体强度分区（Raie et al., 2009）　　图 4.10　竖向速度与贯入深度关系（Raie et al., 2009）

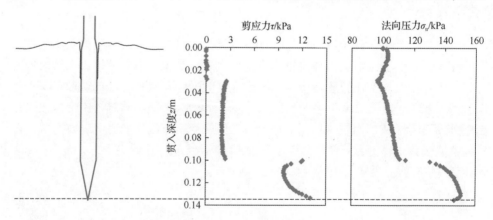

图 4.11　CFD 模拟自由落体式锥形贯入仪周围土体剪应力和法向压力（Raie et al., 2009）

　　Liu 等（2017a）用 CFD 软件 CFX 模拟了多向受荷锚在海床中的高速沉贯过程，计算模型如图 4.12 所示。计算域直径 100 m，计算域上部为空气，高度 54 m，下部为土体，高度 90 m。锚长 $h_A = 9.05$ m，翼板宽度 $w_A = 1.87$ m，质量 $m = 39$ t。

锚周围设置一子区域，子区域直径 16 m，高度 25 m。土体为正常固结软黏土，土强度 $s_{u,ref}$ = 2.4+3z kPa，参考剪应变率 $\dot{\gamma}_{ref}$ = 0.1 s^{-1}，剪应变率每提高一个量级，土强度提高 13%，在 CFX 中未模拟土体软化特性。锚从土体表面以一定贯入速度 v_0 贯入海床中，锚的壁面设置为滑移壁面和无滑移壁面，即锚-土界面摩擦系数 α 分别为 0 和 1.0。

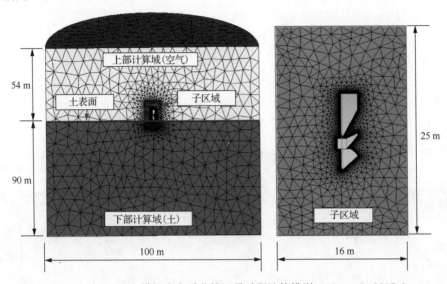

图 4.12 在 CFX 中模拟多向受荷锚沉贯过程计算模型（Liu et al., 2017a）

图 4.13（a）为界面摩擦系数 α = 1.0 时锚的竖向速度 v_z 随贯入深度 z 的变化关系。当贯入速度 v_0 从 15 m/s 增加至 25 m/s 时，锚的埋深比 z_e/h_A 从 0.87 增加至 1.09。当贯入速度 v_0 = 20 m/s，摩擦系数 α 从 1.0 降为 0 时，锚的埋深比 z_e/h_A 从 0.99 增加至 1.21，如图 4.13（b）所示。

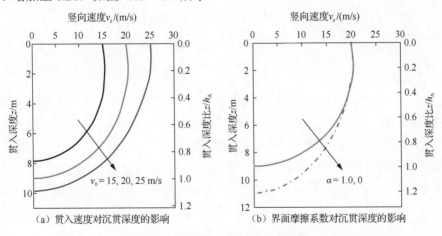

（a）贯入速度对沉贯深度的影响　　　（b）界面摩擦系数对沉贯深度的影响

图 4.13 CFX 模拟多向受荷锚在海床中沉贯结果（Liu et al., 2017a）

　　图 4.14 为多向受荷锚贯入海床过程周围土体速度矢量图和剪应变率云图。前翼板、后翼板、加载臂和加载臂圆环下方土体速度矢量向下，表明这部分土体受压，这些区域受到土体端承阻力。图 4.14（a）表示锚的前翼板刚刚贯入海床中，越靠近锚的表面，土体剪应变率越高。出现剪应变率表示土体受到扰动，受扰动土体范围约为$(1\sim2)w_A$（w_A 为翼板宽度）。当加载臂完全贯入海床中时［图 4.14（b）］，锚周围受扰动土体范围有所增加。随着锚的后翼板继续贯入海床中，作用在锚上的土体阻力不断增加，导致锚的运动速度不断减小。当贯入深度 $z = 7.98$ m 时，锚的运动速度降低至 $v = 8.22$ m/s，锚的前翼板周围受扰动土体的范围略有减小，这主要是锚的减速运动导致的；而锚的后翼板周围土体扰动范围明显小于前翼板周围土体扰动范围。当贯入深度 $z = 8.82$ m 时，锚的运动速度仅为 $v = 0.74$ m/s，由于速度明显降低，锚周围受扰动土体范围显著减小。

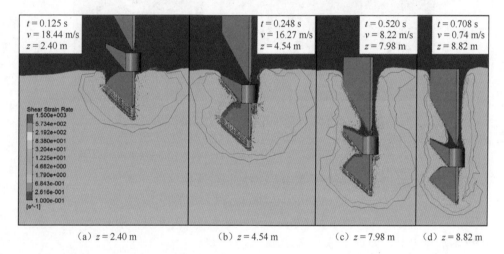

（a）$z = 2.40$ m　　　　　（b）$z = 4.54$ m　　　　（c）$z = 7.98$ m　　　（d）$z = 8.82$ m

图 4.14　多向受荷锚周围土体速度矢量图和剪应变率云图（Liu et al., 2018）

2. LDFE 方法

1）ALE 方法

　　Sabetamal 等（2016）用 ALE 方法模拟了无尾翼鱼雷锚在黏土中的高速贯入过程。该问题可简化为轴对称问题，计算模型如图 4.15 所示。计算域宽度和高度分别为 $7.5D_A$ 和 $20D_A$。锚的直径 $D_A = 1$ m，长度 $h_A = 11$ m，在水中的有效重量 $W' = 150$ kN。土体本构模型为修正剑桥模型，基于有效应力分析可得到锚在高速贯入海床过程中土体的超孔隙水压力，并能得到安装结束后超孔隙水压力消散规律。土体参数列于表 4.3。锚-土界面摩擦系数 $\alpha = 0.2$。

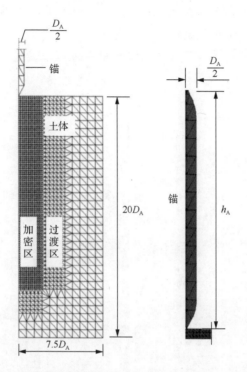

图 4.15　无尾翼鱼雷锚在黏土中高速沉贯过程 ALE 计算模型

（Sabetamal et al., 2016）

表 4.3　用 ALE 方法模拟无尾翼鱼雷锚沉贯过程中修正剑桥模型参数（Sabetamal et al., 2016）

参数	值	参数	值
内摩擦角 $\varphi/(°)$	23	超固结比 OCR	1
正常固结线斜率 λ_{NSL}	0.205	泊松比 ν	0.3
回弹曲线斜率 κ	0.044	土体饱和容重 $\gamma_s/(kN/m^3)$	17
初始孔隙比 e_0	2.14	土体渗透系数 $k'/(m/s)$	5×10^{-9}

锚以 $v_0 = 4.7$ m/s 的初速度贯入海床中，锚周围土体超孔隙水压力 Δu 如图 4.16 所示。当锚尖贯入深度 $z = 2.5 D_A$ 时，锚尖下部土体受到挤压因而产生超孔隙水压力。锚轴附近且靠近海床表面的土体被锚排开，这部分土体有向锚回流的趋势，因此出现负孔压。随着锚尖贯入深度继续增加至 $z = 11.5 D_A$，锚尖周围出现超孔压的土体范围向锚的四周和锚的下方发展，导致超孔压范围明显增加且超孔隙水压力的数值显著增加。当锚尖贯入深度 $z = 12.5 D_A$ 时，锚尾完全没入

海床中，锚尾四周土体开始回流，锚尾上方土体出现超孔隙水压力，但是在锚尖贯入深度达到 $14D_A$ 时又迅速消失。对于锚的整个沉贯过程，扰动土体边界至锚中轴的最大距离约为 $4D_A$，表明锚在贯入过程中受扰动土体径向范围约为 $4D_A$。

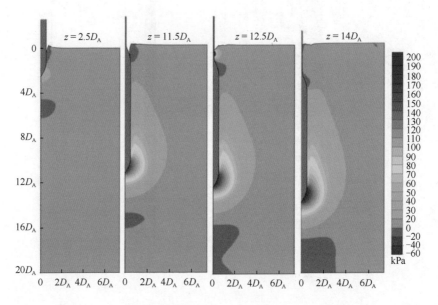

图 4.16　无尾翼鱼雷锚在黏土中高速沉贯过程超孔隙水压力 Δu

（Sabetamal et al., 2016）

基于修正剑桥模型可以考虑鱼雷锚贯入海床之后周围土体中超孔隙水压力消散过程。图 4.17 为高速安装过程结束后深度 $z = 13.4D_A$、距离锚轴不同位置处超孔隙水压力 Δu 的消散过程。土体至锚轴侧壁的距离记为 r，分别取 $r = 0$、$0.17D_A$、$0.67D_A$、$1.00D_A$、$1.33D_A$、$1.67D_A$、$2.00D_A$ 和 $4.00D_A$ 来分析距锚轴侧壁不同距离处土体超孔压消散规律。从图中可以看出，r 越小，土体中初始超孔隙水压力越大。当 $r = 4.00D_A$ 时，土体中初始超孔隙水压力仅有 15 kPa 左右，而有效自重应力 σ'_{v0} 为 94 kPa，因此，当 $r > 4.00D_A$ 时，土体中的超孔隙水压力可以忽略，即认为土体是未扰动的。虽然 r 不同，但超孔隙水压力随时间的消散规律相同。当消散时间达到 3 个月时，除了 $r = 4.00D_A$ 处，其他位置土体的超孔隙水压力消散程度均超过 80%。超孔隙水压力的消散有助于增加土体有效应力从而有助于提高锚的承载能力，这部分内容将在第 5 章详细讨论。

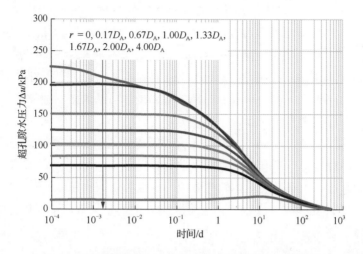

图 4.17 无尾翼鱼雷锚贯入海床后超孔隙水压力消散过程
（$z = 13.4D_A$）（Sabetamal et al., 2016）

2）CEL 方法

Kim 等（2017, 2015a, 2015b, 2015c）和 Liu 等（2016）基于 CEL 方法模拟了鱼雷锚和多向受荷锚在黏土海床中的高速沉贯过程，通过子程序 VUSDFLD 将土体率效应和软化效应参数耦合到 CEL 已有的本构中。子程序 VUSDFLD 可重新定义单元积分点处场变量，允许场变量为时间、应力、应变、温度、欧拉体积分数 EVF 等的函数。目前 CEL 方法的通用接触中设置结构-海床土之间的摩擦为库仑摩擦，无法直接模拟结构在正常固结或超固结黏土中的黏滞摩擦特性，即摩擦阻力 f_s 与结构-土体界面的法向应力无关而与界面摩擦系数 α 和土体不排水抗剪强度 s_u 成正比：

$$f_s = \alpha \cdot s_u \tag{4.11}$$

Kim 等（2015a）和 Liu 等（2016）分别提出了在 CEL 中考虑动力锚所受摩擦阻力的方法，具体参见 2.3.3 小节，这里不再赘述。下面以 Liu 等（2016）中模拟结果为例来说明土体率效应和软化效应参数对多向受荷锚沉贯深度的影响规律。土体为正常固结软黏土，参考剪应变率 $\dot{\gamma}_{ref} = 0.1 \text{ s}^{-1}$，土强度 $s_{u,ref} = 2.4 + 1.1z$ kPa，基于 Herschel-Bulkley（H-B）模型表征土体率效应，基于 Einav 等（2005）提出的软化模型表征土体软化效应，考虑率效应和软化效应的土强度可表示为

$$s_u = \left[1 + \eta'\left(\dot{\gamma}/\dot{\gamma}_{ref}\right)^{\beta'}\right]\left[\delta_{rem} + (1 - \delta_{rem})e^{-3\xi/\xi_{95}}\right]\frac{s_{u,ref}}{(1 + \eta')} \tag{4.12}$$

式中，η' 和 β' 分别为反映土体黏滞特性和率效应的参数。在 CEL 模拟中，多向受荷锚长 $h_A = 9.15$ m，翼板宽度 $w_A = 1.96$ m，翼板厚度 $t_A = 0.1$ m，锚在水中的有效重量 $W' = 341$ kN。当贯入速度 $v_0 = 19$ m/s 时，锚在海床中的贯入深度随时间的变化关系如图 4.18 所示。图 4.18（a）为土体率效应对沉贯深度的影响，共模拟三种考虑率效应的土体和一种不考虑率效应的土体。率效应参数如图 4.18（a）所示，剪应变率每提高一个量级，土强度分别提高 35%、13%、6% 和 0，对应的埋深比 z_e/h_A 分别为 1.58、1.76、1.90 和 1.96。因此，当剪应变率较高时，有必要考虑黏土率效应对土体强度和锚沉贯深度的影响。图 4.18（b）为重塑强度比 δ_{rem} 对沉贯深度的影响。当不考虑土体软化效应时，锚的埋深比 z_e/h_A 为 1.73；当 δ_{rem} 从 0.5 减为 0.2 时，锚的埋深比从 1.75 增加至 1.77，因此软化效应中的重塑强度比 δ_{rem} 对沉贯深度的影响并不显著，小于 5%。但是需要强调的是，重塑强度比 δ_{rem} 越小，表明土体灵敏度系数越高，而锚-土界面摩擦系数通常取为灵敏度系数的倒数，因此 δ_{rem} 越小意味着作用在锚上的摩擦阻力越小，这会显著提高锚的沉贯深度。图 4.18（c）为累积塑性剪应变 ξ_{95} 对沉贯深度的影响。当不考虑土体软化效应时，锚的埋深比 z_e/h_A 为 1.73；当 ξ_{95} 从 30 减为 10 时，锚的埋深比从 1.75 增加至 1.79，因此，累积塑性剪应变 ξ_{95} 对动力锚沉贯深度的影响也不显著，小于 5%。

　　综上所述，软化效应对动力锚沉贯深度的影响不太显著，而率效应对沉贯深度的影响比较显著（Liu et al., 2016）。对于动力锚在黏土海床中的高速贯入问题，必须考虑土体高剪应变率效应对沉贯深度的影响。

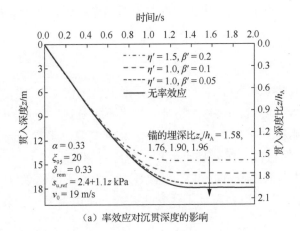

（a）率效应对沉贯深度的影响

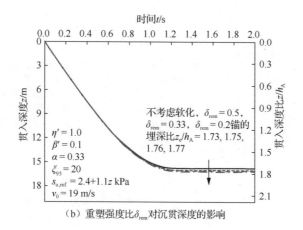

（b）重塑强度比δ_{rem}对沉贯深度的影响

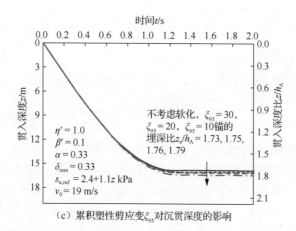

（c）累积塑性剪应变ξ_{95}对沉贯深度的影响

图4.18　率效应和软化效应参数对多向受荷锚沉贯深度的影响（Liu et al., 2016）

4.3.4 基于总能量的动力锚沉贯深度预测模型

从2004年到2013年，西澳大利亚大学经过10年的离心模型试验研究，分析了锚轴长径比（h_A/D_A）、锚的密度、锚尖形状、尾翼形状、尾翼尺寸及个数等因素对鱼雷锚沉贯深度的影响（O'Loughlin et al., 2013, 2009, 2004; Richardson et al., 2009, 2006），并提出了基于锚的总能量的沉贯深度预测模型：

$$z_e / D_{\text{eff}} = \left[E_{\text{total}} \Big/ \left(k D_{\text{eff}}^4 \right) \right]^{1/3} \tag{4.13}$$

式（4.13）等号右端，位于分子位置的总能量E_{total}包含了锚的质量及贯入速度对沉贯深度的影响，位于分母位置的强度梯度k考虑了土强度对沉贯深度的影响。图4.19显示了鱼雷锚无量纲化的总能量$E_{\text{total}}/(kD_{\text{eff}}^4)$与无量纲化的沉贯深度$z_e/D_{\text{eff}}$的关系，式（4.13）可用来快速预测鱼雷锚的沉贯深度。

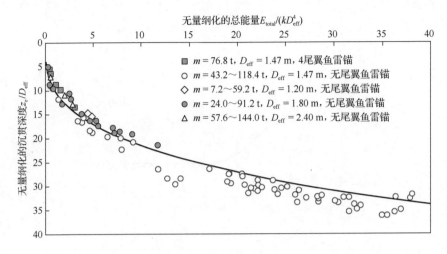

图 4.19　鱼雷锚总能量与沉贯深度关系（O'Loughlin et al., 2013）

　　Han 等（2019）通过 1g 模型试验模拟了多向受荷锚在高岭土中高速安装过程，并根据模型试验结果建立了基于总能量的沉贯深度预测模型：

$$z_e/D_{eff} = a\left[E_{total}\Big/\big(k_e A_s D_{eff}^2\big)\right]^b \tag{4.14}$$

式中，A_s 为多向受荷锚的侧面积；k_e 为土体等效强度梯度；a、b 为与锚的形状、土体种类等因素有关的参数。当 $a = 2.45$、$b = 0.34$ 时，式（4.14）预测结果与 Han 等（2019）的试验结果吻合，如图 4.20 所示。式（4.13）和式（4.14）分别用来预测鱼雷锚和多向受荷锚的沉贯深度。式（4.14）在式（4.13）的基础上作了以下调整：①用等效强度梯度 k_e 代替强度梯度 k，②用锚的侧面积 A_s 代替 D_{eff}^2。土体等效强度梯度 k_e 定义如图 4.21 所示：土强度和锚的沉贯深度所围成区域的面积与图示三角形面积相等，三角形斜边的斜率即为 $1/k_e$。定义等效强度梯度可扩大式（4.14）的适用范围，除了正常固结土，该公式还可用来预测均质土、超固结土、分层土中动力锚的沉贯深度。从图 4.20 可以发现：基于 Han 等（2019）提出的预测公式也能较好预测多向受荷锚在均质土中的沉贯深度（韩聪聪等，2016；Cenac, 2011）。多向受荷锚具有较大的侧面积，作用在锚上的摩擦阻力对沉贯深度起决定作用，因此，无量纲化的总能量 $E_{total}/(k_e A_s D_{eff}^2)$ 的分母中考虑了锚的侧面积，有助于提高预测结果的精度。

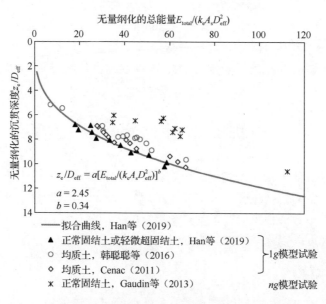

图 4.20　多向受荷锚总能量与沉贯深度关系

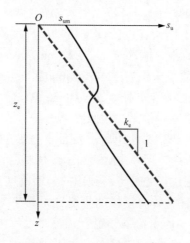

图 4.21　等效强度梯度 k_e 的定义

图 4.20 还显示了 Gaudin 等（2013）离心模型试验的结果，当无量纲化的总能量 $E_{total}/(k_e A_s D_{eff}^2)$ 相同时，ng 模型试验得到的沉贯深度小于 $1g$ 模型试验的结果，这可能是率效应不同引起的。从剪应变率表达式（4.5）可以得出：ng 模型试验和 $1g$ 模型试验中锚周围土体剪应变率分别为原型的 λ_L 倍和 $\sqrt{\lambda_L}$ 倍，高剪应变率会导致土体率效应系数提高从而导致沉贯深度偏于保守。若基于原位触探试验确定海床土强度，触探仪贯入速率为 20 mm/s，周围土体剪应变率约为 10^{-1} s^{-1}（参考剪

应变率）。对于动力锚现场安装过程，锚周围土体剪应变率约为 $10^1 \sim 10^2\ \mathrm{s}^{-1}$，比参考剪应变率高 $2 \sim 3$ 个量级。对于 Gaudin 等（2013）的 ng 模型试验，锚周围土体剪应变率约为 $10^3\ \mathrm{s}^{-1}$，比参考剪应变率高 4 个量级。因此，ng 模型试验相比 $1g$ 模型试验和现场试验加强了土体率效应，从而导致动力锚沉贯深度偏于保守。

4.4　带助推器的多向受荷锚沉贯深度

在 3.6 节介绍的助推器装置，用以提高多向受荷锚在水中下落时的方向稳定性以及在海床中的沉贯深度。Han 等（2019）与 Liu 等（2018）分别通过物理模型试验和大变形数值模拟研究了带有助推器的多向受荷锚在强度梯度较高的软黏土中的沉贯深度，以探究助推器的工作效率。

4.4.1　物理试验

Han 等（2019）通过 $1g$ 模型试验探究了带有助推器的多向受荷锚在高岭土中的高速沉贯过程。模型锚比尺 $\lambda_L = 50$，质量 $m = 438\ \mathrm{g}$，锚长 $h_A = 181\ \mathrm{mm}$，翼板宽度 $w_A = 37.7\ \mathrm{mm}$，翼板厚度 $t_A = 4\ \mathrm{mm}$，固定加载臂的圆环直径 $D_{ring} = 22\ \mathrm{mm}$。模型试验中设计了三种不同长径比的助推器以探究助推器重量对多向受荷锚沉贯深度的影响。三种助推器中轴直径 $D_B = 22\ \mathrm{mm}$，长度 h_B 分别为 112.0 mm、185.4 mm 和 258.8 mm，质量分别为 226 g、446 g 和 668 g，尾部连接板形尾翼（宽度 $w_B = 33.0\ \mathrm{mm}$）。三种助推器分别命名为 B0.5、B1.0 和 B1.5，字母'B'之后的数字表示助推器与多向受荷锚质量比。相似地，连接助推器的三种组合锚分别命名为 H0.5、H1.0 和 H1.5。模型锚从距离土表面一定高度处静止释放，在空气中自由下落获得动能并贯入土中，用 MEMS 加速度传感器（ADXL326）测量锚的沿程加速度，对加速度数据进行处理可得到锚的运动速度和位移。

为方便表述且与之后的数值模拟结果对比，接下来本节所涉及物理量均已换算至原型。图 4.22 为多向受荷锚及组合锚沉贯过程中竖向速度 v_z 随贯入深度比的变化关系。表层土强度 $s_{um} = 7.5\ \mathrm{kPa}$，强度梯度 $k = 2.6 \sim 3.7\ \mathrm{kPa/m}$，当贯入速度 $v_0 = 19\ \mathrm{m/s}$ 时，多向受荷锚、组合锚 H0.5、H1.0 和 H1.5 的埋深比 z_e/h_A 分别为 1.24、1.63、1.87 和 1.94。增加助推器质量有助于同时提高组合锚的动能和重力势能，从而显著增加锚在海床中的沉贯深度。在 3.6.4 节还提及助推器有助于增加组合锚的贯入速度，从而进一步提高组合锚的动能。当组合锚 H0.5、H1.0 和 H1.5 的贯入速度分别为 25 m/s、28 m/s 和 31 m/s 时，埋深比提高至 1.92、2.29 和 2.64。在正常固结土或超固结土中，增加锚的沉贯深度可显著提高承载能力。

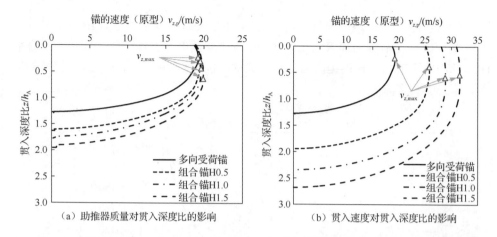

图 4.22 助推器质量及贯入速度对多向受荷锚贯入深度比的影响（Han et al., 2019）

锚的承载能力与周围土强度成正比，以多向受荷锚和组合锚 H1.0 为例，当二者贯入速度分别为 19 m/s 和 28 m/s 时，埋深比分别为 1.24 和 1.87，多向受荷锚重心处的埋深比分别为 0.69 和 1.32，后者承载效率约为前者的 1.9 倍。因此，在多向受荷锚尾部连接助推器能显著提高锚的沉贯深度和承载效率，这有助于减少深海工程中所需锚的个数或提高锚固系统的安全性。

从锚的速度随贯入深度的变化曲线可以发现：锚贯入土中后速度会继续增加，直到作用在锚上的土体阻力超过锚的重量后，锚才开始做减速运动。当贯入速度相同时，助推器质量越大，组合锚在贯入土体过程中的最大竖向速度 $v_{z,max}$ 越大，且 $v_{z,max}$ 出现时对应的贯入深度越大 [图 4.22 (a)]。然而当贯入速度不同时，图 4.22 (b) 中组合锚最大速度出现时对应的贯入深度没有图 4.22 (a) 中所示的规律。锚的贯入速度越大，作用在锚上的拖曳阻力越大，因此锚在土中的加速阶段越不明显。

4.4.2 数值模拟

Liu 等（2018）基于 CFD 软件 CFX 模拟了多向受荷锚及组合锚在正常固结黏土海床中的高速沉贯过程。锚质量 $m = 39$ t，锚长 $h_A = 9.05$ m，翼板宽度 $w_A = 1.95$ m，翼板厚度 $t_A = 0.2$ m，固定加载臂的圆环直径 $D_{ring} = 1.1$ m。数值模拟中设计了三种不同长径比的助推器以探究助推器质量对多向受荷锚沉贯深度的影响。三种助推器中轴直径 $D_B = 1.1$ m，长度 h_B 分别为 5.03 m、8.92 m 和 12.88 m，质量分别为 $0.5m$、$1.0m$ 和 $1.5m$。为提高计算效率，数值模拟中未考虑助推器尾翼。海床土为正常固结软黏土，参考剪应变率 $\dot{\gamma}_{ref} = 0.1$ s^{-1}，参考剪应变率下土强度 $s_{u,ref} = 2.4 + 3z$ kPa，剪应变率每提高一个量级，土强度提高 13%。锚-土界面摩擦系数 $\alpha = 1.0$，这高估了土体对锚的摩擦阻力，导致沉贯深度偏于保守。

从图 4.23 可以发现，当贯入速度 $v_0 = 20$ m/s 时，连接助推器 B0.5、B1.0 和 B1.5 后，多向受荷锚的埋深比 z_e/h_A 由 0.98 提高至 1.23、1.41 和 1.56；当组合锚 H1.0 和 H1.5 的贯入速度提高后，组合锚的动能进一步提高，从而进一步增加锚在海床中的沉贯深度。

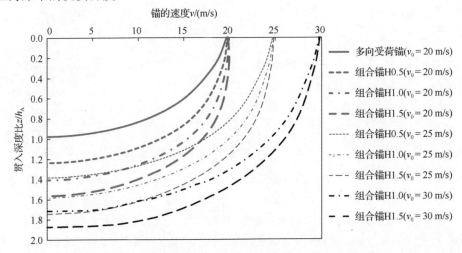

图 4.23　CFX 模拟助推器质量及贯入速度对沉贯深度的影响（Liu et al., 2018）

在模型试验和数值模拟的基础上，综合考虑助推器质量、贯入速度、土强度、以及锚-土界面摩擦系数的影响，提出了基于总能量的组合锚沉贯深度预测公式：

$$z_e/D_{eff} = a\left[E_{total}/\left(k_e\alpha^c A_s D_{eff}^2\right)\right]^b \tag{4.15}$$

与式（4.14）相比，式（4.15）考虑了锚-土界面摩擦系数 α 对沉贯深度的影响。当 $a = 2.10$，$b = 0.35$，$c = 0.55$ 时，基于式（4.15）得到的沉贯深度与模型试验和数值模拟结果吻合，如图 4.24 所示。

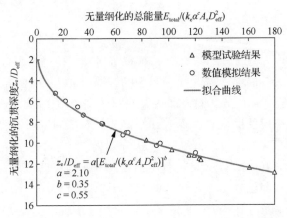

图 4.24　带有助推器的组合锚沉贯深度随总能量的变化关系

4.5　基于运动微分方程的动力锚沉贯深度预测方法

式（4.13）和式（4.14）分别建立了鱼雷锚和多向受荷锚基于总能量的沉贯深度预测模型，然而该预测模型不能反映土体率效应参数对沉贯深度的影响，且公式中的系数与锚的形状、土体性质等有关。为了更加深入地分析动力锚与黏土海床高速相互作用机理，需明确作用在锚上的每一项土体阻力，并建立锚在海床中沉贯过程运动微分方程：

$$\left(m+m^{*}\right)a_z = W' - F_t - F_f - F_D - F_b \tag{4.16}$$

根据式（4.16）可预测动力锚在海床中完整沉贯过程及沉贯深度，称为基于运动微分方程的动力锚沉贯深度预测模型。该模型具有普适性，可考虑不同形状动力锚在不同海床土中的沉贯过程，并能分析率效应、拖曳阻力、锚-土界面摩擦特性等因素对沉贯深度的影响。近年来，动力锚沉贯过程模型试验中引入了 MEMS 加速度传感器来测量锚在高速沉贯过程中的加速度，并能得到速度随贯入深度变化的完整曲线（Blake et al., 2016; O'Loughlin et al., 2014）。已知锚的运动速度随贯入深度的变化曲线，有助于反演作用在锚上的各项土体阻力的大小。

4.5.1　端承阻力

端承阻力表达式（4.3）中需要确定承载力系数 N_c。鱼雷锚和 DPA 锚尖分别为圆锥和半椭球形，锚尖端承阻力的承载力系数可参考桩基础的承载力系数。Skempton（1951）基于塑性力学理论分析建议：当圆柱形基础埋深比 z/D（z 和 D 分别为基础埋深和直径）超过 4 时，承载力系数 $N_c = 9.0$。美国 API PR 2A-WSD 也建议深埋桩基础在黏土中的承载力系数 $N_c = 9.0$。O'Loughlin 等（2009）通过模型试验确定鱼雷锚尖端承载力系数，将鱼雷锚固定在作动器上，启动作动器将锚以恒定速率压入土体中，用力传感器测得锚上的土体阻力，包括端承阻力、摩擦阻力及土体浮力。由传感器测得阻力减去摩擦阻力和土体浮力后得到端承阻力及承载力系数。试验结果表明：锚尖承载力系数 $N_c = 12$。Skempton（1951）还建议：当条形基础埋深比 z/B（z 和 B 分别为基础埋深和宽度）超过 4 时，承载力系数为 7.5，该系数经常被用来计算鱼雷锚及 DPA 尾翼端部的端承阻力。

但是，Salgado 等（2004）、Edwards 等（2005）和 Quoc（2008）的研究结果表明：基础在不排水黏土中承载力系数随埋深增加而增加，这与圆孔扩张理论结果一致。不排水黏土是不可压缩的，基础埋深越大，达到极限承载力所需要扰动的土体范围越大，因此承载力系数也越大。Liu 等（2017b）基于小变形有限元方法研究了矩形基础的承载力系数，如图 4.25 所示。基础承载力系数随宽长比（B/L，

L 为基础长度）和埋深比（z/B）的增加而增大。对于方形基础，当埋深比 $z/B = 1\sim$
10 时，承载力系数 $N_c = 8.9\sim15.4$。圆柱形基础承载力系数与方形基础相似，假设
鱼雷锚直径 $D_A = 1$ m，当锚尖埋深 $z_e = 1\sim10$ m 时，承载力系数 $N_c = 8.9\sim15.4$，
与 O'Loughlin 等（2009）建议结果 $N_c = 12$ 比较接近。然而，对于多向受荷锚，
翼板厚度与宽度之比 t_A/w_A 约为 0.1，即翼板宽度方向尺寸远大于厚度方向尺寸。
当锚尖埋深 $z_e = 10$ m 时，$z_e/t_A = 50$，由图 4.25 可得承载力系数 $N_c = 15.4$，为
Skempton（1951）建议值 $N_c = 7.5$ 的 2 倍。因此，Han 等（2019）建议：在计算
多向受荷锚端承阻力时，承载力系数 N_c 应参考 Liu 等（2017b）中矩形基础承载
力系数来取值。

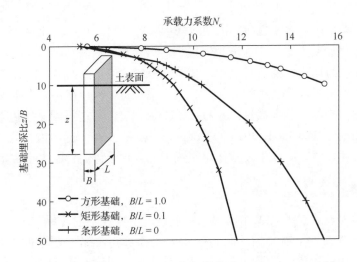

图 4.25　基础承载力系数随深度变化关系（Liu et al., 2017b）

图 4.25 中所示矩形基础承载力系数随深度及宽长比的变化关系可表示为

$$N_c = \left(2+\pi\right)\left(1+0.189\frac{B}{L}-0.108\left(\frac{B}{L}\right)^2+c_1\ln\left(1+c_2\left(\frac{z}{B}\right)\right)\right)$$

（4.17）

$$\begin{cases} B/L \leqslant 0.064 & c_1 = 5.599B/L + 0.337 & c_2 = 0.940 - 8.904\,B/L \\ B/L > 0.064 & c_1 = 0.697 - 0.022\,B/L & c_2 = 0.284 + 1.339\,B/L \end{cases}$$

4.5.2　摩擦阻力

摩擦阻力表达式（4.4）中锚-土界面摩擦系数 α 通常取为土体灵敏度系数 S_t
的倒数（$\alpha = 1/S_t$）。锚-土界面摩擦系数与锚体表面粗糙度、土体性质、携水效应
等因素有关，因此一般认为 $\alpha = 1/S_t$ 仅是一个经验值，不能完全反映锚-土界面摩擦
特性。Han 等（2019）基于模型试验研究了携水效应引起的锚-土界面摩擦特性改变

对沉贯深度的影响。模型比尺 $\lambda_L = 50$，模型锚质量 $m = 0.439$ g，锚长 $h_A = 181$ mm，土样为轻微超固结土，不排水抗剪强度 $s_{u,m} = 0.15 + 2.5z$ kPa，换算至原型为 $s_{u,p} = 7.5 + 2.5z$ kPa。土样表面水层厚度分别为 10 mm（$0.055h_A$）和 270 mm（$1.5h_A$）。若水层厚度为 $0.055h_A$，锚由空气贯入土中时表层水被抨开并向远离锚的方向运动，水不会随着锚的运动被裹挟至锚-土界面，不存在携水效应。当水层厚度为 $1.5h_A$ 时，锚下落至海床表面时周围土体不会被排开，携水效应会影响锚-土界面摩擦特性。另外，当锚从水中贯入土体中时，还需要考虑水的拖曳阻力对沉贯深度的影响。

　　为了方便叙述，把水层高度为 $0.055h_A$ 和 $1.5h_A$ 的工况分别简称为无水和有水工况。在模型试验中，调整锚的下落高度，以保证无水和有水工况具有相同的贯入速度 v_0，以研究携水效应和水的拖曳阻力对沉贯深度的影响。图 4.26 为多向受荷锚在土中运动速度与贯入深度之间的关系。从图中可以看出，有水工况的沉贯深度比无水工况的大，表明携水效应对沉贯深度的提高程度要大于水的拖曳阻力对沉贯深度的减小程度。对比锚的最大速度可以发现，有水工况的最大速度小于无水工况的最大速度，这是由水的拖曳阻力引起的。在有水工况中，达到最大速度后，锚的运动速度随深度的减小趋势略微缓慢，因为水的润滑作用降低了锚-土界面摩擦系数从而降低了摩擦阻力，进而使锚达到更深的沉贯深度。当贯入速度（原型）$v_{0,p} = 15$ m/s 和 19 m/s 时，有水工况与无水工况的沉贯深度之比分别为 1.04 和 1.08。

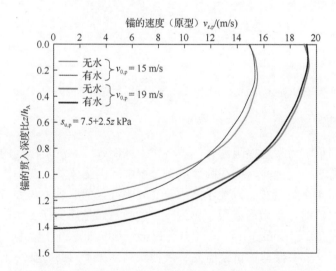

图 4.26　水对多向受荷锚沉贯深度的影响（Han et al., 2019）

　　基于式（4.16）所示运动微分方程分别预测多向受荷锚在有水和无水时的沉贯深度，式（4.16）中所涉及参数取值列于表 4.4，预测结果如图 4.27 所示。对于

Han 等（2019）模型试验中所用高岭土，T-bar 循环试验测得土样灵敏度系数 $S_t = 3$，T-bar 不同速率触探试验测得率效应参数 $\lambda = 0.14$。当无携水效应时，锚-土界面摩擦系数取为 0.33；若需考虑携水效应，当锚-土界面摩擦系数取为 0.21 时，预测结果和 MEMS 加速度传感器测量结果得到的速度随深度的变化曲线以及沉贯深度一致。

表 4.4   基于运动微分方程预测多向受荷锚沉贯深度参数取值（Han et al., 2019）

工况	率效应参数 λ	率效应参数	承载力系数 N_c	摩擦系数 α	拖曳阻力系数 C_{Ds}
无水	0.14	$R_{f2} = 1.4R_{f1}$	式（4.17）	0.33	0.88
有水	0.14	$R_{f2} = 1.4R_{f1}$	式（4.17）	0.21	0.55

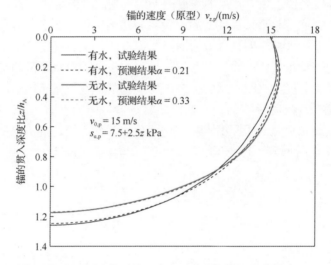

图 4.27   携水效应对锚-土界面摩擦系数及多向受荷锚沉贯深度的影响（Han et al., 2019）

4.5.3   率效应

在计算端承阻力和摩擦阻力时，需考虑土体率效应对沉贯深度的影响。如前所述，对于离心模型试验，锚在高速沉贯过程中周围土体剪应变率比静力触探试验剪应变率高 4 个数量级。以往学者的研究表明：当剪应变率与参考剪应变率之比超过 $10^3 \sim 10^4$ 时，率效应参数不再为一个常数，而是随剪应变率的增加而增大（Abelev et al., 2013; Boukpeti et al., 2012; Biscontin et al., 2001）。例如，Biscontin 等（2001）通过十字板剪切试验研究了某种软黏土在不同剪应变率下的不排水抗剪强度，如图 4.28 所示。当剪应变率与参考剪应变率之比超过 10^2 时，用幂指数表达式 [式（1.3）] 计算的率效应系数 R_f 会低估土体率效应。

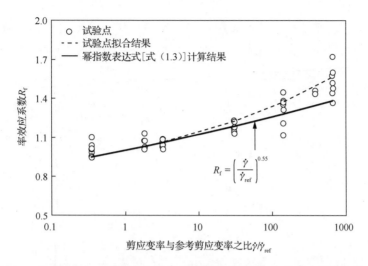

图 4.28 十字板剪切试验测定率效应系数随剪应变率与参考剪应变率之比的
变化关系（Biscontin et al., 2001）

O'Beirne 等（2017b）通过离心模型试验研究了 DPA 在高岭土中的高速沉贯过程，基于 MEMS 加速度传感器测量锚的加速度。根据式（4.18）可确定锚周围土体的平均率效应系数：

$$R_f = \frac{W' - F_D - F_b - ma_z}{F_t + F_f} \qquad (4.18)$$

端承阻力 F_t 和摩擦阻力 F_f 计算式中土强度为参考剪应变率下未扰动土体的不排水抗剪强度，端承阻力计算式中承载力系数 $N_c = 12$，摩擦阻力计算式中摩擦系数 $\alpha = 0.4$（$S_t = 2.5$），拖曳阻力系数 $C_{Ds} = 0.67$。已知上述参数，由式（4.18）可得到率效应系数随锚运动速度的变化关系，如图 4.29 所示。

高岭土的率效应参数 $\beta = 0.07$，即剪应变率增加一个量级，土强度提高 17%。从图 4.29 中可以发现：当 $\beta = 0.07$ 时，基于幂指数表达式计算得到的率效应系数低于模型试验结果。提高 β 的取值，当 $\beta = 0.13$ 时，若锚的运动速度 $v > 12$ m/s，基于幂指数表达式计算的率效应系数低于模型试验结果，若锚的运动速度 $v < 8$ m/s，基于幂指数表达式计算的率效应系数高于模型试验结果。O'Beiren 等（2017b）根据试验结果改进了率效应参数的表达式：

$$\beta = \beta_{min} + \frac{\beta_{max} - \beta_{min}}{1 + \dfrac{(v/D_A)_{50}}{v/D_A}} \qquad (4.19)$$

式中，β_{min} 和 β_{max} 分别为率效应参数取值的下限和上限。β_{min} 为基于 T-bar 静力触探试验得到的土体率效应参数，$\beta_{min} = 0.07$；β_{max} 需要根据试验结果拟合确定，在 O'Beirne 等（2017b）中，$\beta_{max} = 0.17$；$(v/D_A)_{50}$ 为特征剪应变率，此时率效应系数

为 β_{min} 和 β_{max} 的平均值。从图 4.29 中可以发现：基于式（4.19）得到的率效应参数可更准确地表征鱼雷锚高速贯入海床过程中周围土体率效应演化规律。

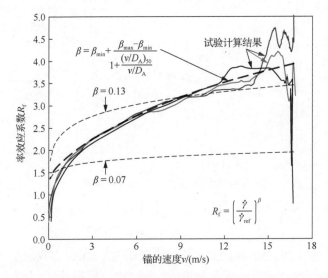

图 4.29　鱼雷锚高速沉贯过程率效应系数随速度变化关系（O'Beirne et al., 2017b）

在 4.2.4 节提及，动力锚侧壁周围土体率效应系数 R_{f2} 高于端部周围土体率效应系数 R_{f1}。Han 等（2019）根据式（4.16）所示运动微分方程预测了多向受荷锚在正常固结土和轻微超固结土中的沉贯过程，如图 4.30 所示。当 $R_{f2} = 1.4R_{f1}$ 时，无论是锚的运动速度随贯入黏土深度的变化关系还是沉贯深度，预测结果与试验结果非常一致。

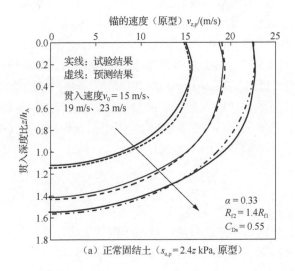

（a）正常固结土（$s_{u,p} = 2.4z$ kPa，原型）

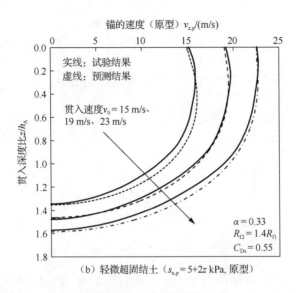

（b）轻微超固结土（$s_{u,p} = 5+2z$ kPa，原型）

图 4.30 多向受荷锚沉贯深度预测结果（Han et al., 2019）

4.5.4 拖曳阻力

图 4.30 中预测结果显示，当土体拖曳阻力系数 $C_{Ds} = 0.55$ 时，基于运动微分方程的预测结果与试验结果一致。若不考虑土体拖曳阻力，则基于运动微分方程预测得到的最大速度及沉贯深度都偏高，如图 4.31（a）所示。在不考虑土体拖曳阻力的前提下，调整锚-土界面摩擦系数 α，当 α 从 0.33 增加至 0.50 时，预测结果与试验结果的沉贯深度相等，但预测结果得到的最大速度高于试验结果。这些预测结果表明：在锚高速贯入黏土海床过程中，必须考虑作用在锚上的拖曳阻力。

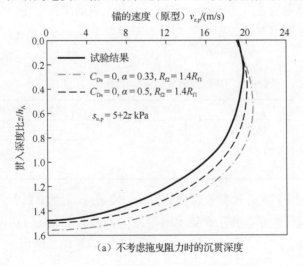

（a）不考虑拖曳阻力时的沉贯深度

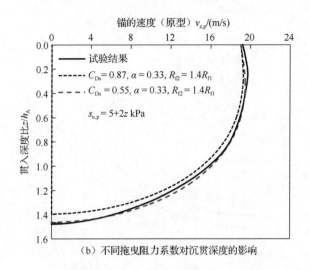

（b）不同拖曳阻力系数对沉贯深度的影响

图 4.31 拖曳阻力对多向受荷锚沉贯深度的影响（Han et al., 2019）

在计算土体对锚的拖曳阻力时，若拖曳阻力系数 C_{Ds} 与锚在水中下落时的拖曳阻力系数相等，即 $C_{Ds} = C_{Dw} = 0.87$，预测结果如图 4.31（b）所示，预测结果对应的沉贯深度偏浅。因此，锚在土中运动时的拖曳阻力系数可能会小于在水中的拖曳阻力系数。当 $C_{Ds} = 0.55$ 时，预测结果与试验测得结果非常吻合。

为了确定锚在土中的拖曳阻力系数，Han 等（2019）在 CFX 中模拟了多向受荷锚匀速贯入正常固结黏土过程。数值模拟中共设计三个工况，如表 4.5 所示。工况的命名方式为 Cx-n，其中'x'为 w 或 a，分别表示水和空气，'n'表示锚的速度。例如，Cw-19 表示锚从水中以 19 m/s 的初速度匀速贯入土体中。在数值模拟中，多向受荷锚以恒定的速度（19 m/s 或 1 m/s）从土表面贯入土中，当速度为 19 m/s时，需要考虑土和水对锚的拖曳阻力，当速度为 1 m/s 时，作用在锚上的拖曳阻力可以忽略。

表 4.5 CFX 数值模拟工况（Han et al., 2019）

工况	土强度 $s_{u,ref}$/kPa	摩擦系数 α	贯入速度 v_0/(m/s)	水
Cw-19			19	有
Ca-19	2.4+1.1z	0	19	无
Ca-1			1	无

在 CFX 模拟中，土体有效容重设为零，锚-土界面摩擦系数为零，且不考虑土体率效应和软化效应。作用在锚上的阻力 f 只包括端承阻力和拖曳阻力。三个计算工况的阻力 f 随贯入深度 z 的变化关系如图 4.32（a）所示。

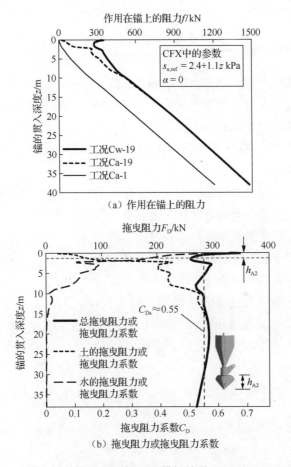

（a）作用在锚上的阻力

（b）拖曳阻力或拖曳阻力系数

图 4.32　多向受荷锚拖曳阻力 CFX 模拟结果（Han et al., 2019）

工况 Cw-19 和 Ca-1 的阻力差为水和土对锚的拖曳阻力，工况 Ca-19 和 Ca-1 的阻力差为土对锚的拖曳阻力，工况 Cw-19 和 Ca-19 的阻力差为水对锚的拖曳阻力。计算得到的拖曳阻力及拖曳阻力系数如图 4.32（b）所示。水的拖曳阻力系数 C_{Dw} 随贯入深度的增加迅速减小，当贯入深度 z 超过 h_{A2}（h_{A2} 为锚前翼板高度）时，C_{Dw} 迅速减为 0.2 左右。当锚全部贯入土中之后，C_{Dw} 减为零。当锚全部没于土体中之后，土体的拖曳阻力系数 C_{Ds} 基本保持不变，约为 0.55。由数值模拟结果可得出以下结论：①对于动力锚高速贯入海床软黏土过程，必须考虑土体拖曳阻力对锚的运动速度及沉贯深度的影响；②锚在黏土中的拖曳阻力系数小于在水中的拖曳阻力系数。

4.6　小　　结

　　本章主要介绍了动力锚在海床中的高速贯入过程,鱼雷锚和 DPA 形状简单且表面积小,在海床中的沉贯深度比多向受荷锚的大。为了克服多向受荷锚在海床中尤其是强度梯度较高的海床中沉贯深度不足的缺陷,Liu 等(2018)提出了助推器装置。在多向受荷锚的尾部连接助推器能显著提高锚的沉贯深度,这有助于提高锚的承载能力。

　　目前主要有两种方法预测动力锚在海床中的沉贯深度:总能量法和运动微分方程法。基于总能量的动力锚沉贯深度预测模型可考虑锚质量、贯入速度、以及土强度对沉贯深度的影响,能快速预测锚的沉贯深度;基于运动微分方程的沉贯深度预测模型可考虑土体率效应参数、锚-土界面摩擦特性、土体拖曳阻力等因素对沉贯深度的影响,能定量分析每一项作用力对动力锚沉贯深度的影响。

　　鱼雷锚在石英砂和钙质砂中的沉贯深度较浅,当沉贯深度不足时,锚在上拔荷载作用下很容易被拔出海床。因此,在现有三种动力锚类型基础上,应研发新型动力安装锚,使其具有安装便捷、沉贯深度大、能适用于多种海床土等性能。

参 考 文 献

韩聪聪, 刘君, 2016. 板翼动力锚沉贯深度的模型试验研究. 海洋工程, 34(5): 93-100.

刘君, 张雨勤, 2018. FFP 在黏土中贯入过程的 CFD 模拟. 力学学报, 50(1): 167-176.

Abelev A, Valent P, 2013. Strain-rate dependence of strength of the Gulf of Mexico soft sediments. Oceanic Engineering, 38(1): 25-31.

American Petroleum Institute(API), 2002. Recommended practice for planning, designing and constructiong fixed offshore platforms – working stress design: RP 2-A WSD. Washington, USA: API Publishing Services.

Biscontin G, Pestana J M, 2001. Influence of peripheral velocity on vane shear strength of an artificial clay. Geotechnical Testing Journal, 24(4): 423-429.

Blake A P, O'Loughlin C D, Morton J P, et al., 2016. In situ measurement of the dynamic penetration of free-fall projectiles in soft soils using a low-cost inertial measurement unit. Geotechnical Testing Journal, 39(2): 235-251.

Boukpeti N, White D J, Randolph M F, 2012. Analytical modelling of the steady flow of a submarine slide and consequent loading on pipeline. Géotechnique, 62(2): 137-146.

Brandão F E N, Henriques C C D, Araújo J B, et al., 2006. Albacora Leste field development-FPSO P-50 mooring system concept and installation//Offshore Technology Conference, Houston, USA: OTC 18243.

Cenac W A, 2011. Vertically loaded anchor: drag coefficient, fall velocity, and penetration depth using laboratory measurements. Texas: Texas A & M University.

Chow S H, Airey D W, 2013. Free-falling penetrometers: a laboratory investigation in clay. Journal of Geotechnical and Geoenvironmental Engineering, 140(1): 201-214.

Chow S H, O'Loughlin C D, White D J, et al., 2017. An extended interpretation of the free-fall piezocone test in clay. Géotechnique, 67(12): 1090-1103.

Dayal U, Allen J H, 1975. The effect of penetration rate on the strength of remolded clay and sand samples. Canadian Geotechnical Journal, 12(3): 336-348.

Edwards D H, Zdravkovic L, Potts D M, 2005. Depth factors for undrained bearing capacity. Géotechnique, 55(10): 755-758.

Einav I, Randolph M F, 2005. Combining upper bound and strain path methods for evaluating penetration resistance. International Journal for Numerical Methods in Engineering, 63(14): 1991-2016.

Einav I, Randolph M F, 2006. Effect of strain rate on mobilized strength and thickness of curved shear bands. Géotechnique, 51(7): 501-504.

Gaudin C, O'Loughlin C D, Hossain M S, et al., 2013. The performance of dynamically embedded anchors in calcareous silt//ASME 2013 32nd International Conference on Ocean, Offshore and Arctic Engineering. American Society of Mechanical Engineers, Nantes, France: OMAE 2013-10115.

Han C C, Liu J, Zhang Y Q, et al., 2019. An innovative booster for dynamic installation of OMNI-Max anchors in clay: physical modeling. Ocean Engineering, 171: 345-360.

Hossain M S, Kim Y, Gaudin C, 2014. Experimental investigation of installation and pullout of dynamically penetrating anchors in clay and silt. Journal of Geotechnical and Geoenvironmental Engineering, 140(7): 04014026.

Hossain M S, O'Loughlin C D, Kim Y, 2015. Dynamic installation and monotonic pullout of a torpedo anchor in calcareous silt. Géotechnique, 65(2): 77-90.

Kim Y H, Hossain M S, Wang D, et al., 2015a. Numerical investigation of dynamic installation of torpedo anchors in clay. Ocean Engineering, 108: 820-832.

Kim Y H, Hossain M S, Wang D, 2015b. Effect of strain rate and strain softening on embedment depth of a torpedo anchor in clay. Ocean Engineering, 108: 704-715.

Kim Y H, Hossain M S, 2015c. Dynamic installation of OMNI-Max anchors in clay: numerical analysis. Géotechnique, 65(12): 1029-1037.

Kim Y H, Hossain M S, Lee J K, 2017. Dynamic installation of a torpedo anchor in two-layered clays. Canadian Geotechnical Journal, 55(3): 446-454.

Liu H X, Xu K, Zhao Y B, 2016. Numerical investigation on the penetration of gravity installed anchors by a coupled Eulerian–Lagrangian approach. Applied Ocean Research, 60: 94-108.

Liu J, Zhang Y Q, 2017a. Numerical simulation on the dynamic installation of the OMNI-Max anchors in clay using a fluid dynamic approach//ASME 2017 36th International Conference on Ocean, Offshore and Arctic Engineering, Trondheim, Norway: OMAE-2017-61570.

Liu J, Li M Z, Hu Y X, et al., 2017b. Bearing capacity of rectangular footings in uniform clay with deep embedment. Computers and Geotechnics, 86: 209-218.

Liu J, Han C C, Zhang Y Q, et al., 2018. An innovative concept of booster for OMNI-Max anchor. Applied Ocean Research, 76: 184-198.

Medeiros C J, 2002. Low cost anchor system for flexible risers in deep waters//Offshore Technology Conference, Houston, USA: OTC 14151.

Nanda S, Sivakumar V, Hoyer P, et al., 2017. Effects of strain rates on the undrained shear strength of kaolin. Geotechnical Testing Journal, 40(6): 951-962.

O'Beirne C, O'Loughlin C D, Gaudin C, 2017a. A release-to-rest model for dynamically installed anchors. Journal of Geotechnical and Geoenvironmental Engineering, 143(9): 04017052.

O'Beirne C, O'Loughlin C D, Gaudin C, 2017b. Assessing the penetration resistance acting on a dynamically installed anchor in normally consolidated and overconsolidated clay. Canadian Geotechnical Journal, 54(1): 1-17.

O'Loughlin C D, Randolph M F, Richardson M D, 2004. Experimental and theoretical studies of deep penetrating anchors//Offshore Technology Conference, Houston, USA: OTC 16841.

O'Loughlin C D, Richardson M D, Randolph M F, 2009. Centrifuge tests on dynamically installed anchors// ASME 2009 28th International Conference on Ocean, Offshore and Arctic Engineering. American Society of Mechanical Engineers, Honolulu, Hawaii, USA: OMAE 2009-80238.

O'Loughlin C D, Richardson M D, Randolph M F, et al., 2013. Penetration of dynamically installed anchors in clay. Géotechnique, 63(11): 909-919.

O'Loughlin C D, Gaudin C, Morton J P, et al., 2014. MEMS accelerometers for measuring dynamic penetration events in geotechnical centrifuge tests. International Journal of Physical Modelling in Geotechnics, 14(2): 31-39.

Quoc V N, 2008. Numerical modelling of the undrained vertical bearing capacity of shallow foundations. Queesland: University of Southern Queensland.

Randolph M F, 1988. The axial capacity of deep foundations in calcareous soil//Proceedings of the International Conference on Calcareous Sediments, Rotterdam, Balkema: 837-857.

Raie M S, Tassoulas J L, 2009. Installation of torpedo anchors: numerical modeling. Journal of Geotechnical and Geoenvironmental Engineering, 135(12): 1805-1813.

Richardson M D, O'Loughlin C D, Randolph M F, et al., 2006. Drum centrifuge modelling of dynamically penetrating anchors//Proceedings of the 6th Physical Modelling in Geotechnics Conference, Hong Kong, China: 673-678.

Richardson M D, 2008. Dynamically installed anchors for floating offshore structures. Perth: The University of Western Australia.

Richardson M D, O'Loughlin C D, Randolph M F, et al., 2009. Setup following installation of dynamic anchors in normally consolidated clay. Journal of Geotechnical and Geoenvironmental Engineering, 135(4): 487-496.

Sabetamal H, Carter J P, Nazem M, et al., 2016. Coupled analysis of dynamically penetrating anchors. Computers and Geotechnics, 77: 26-44.

Salgado R, Lyamin A V, Sloan S W, et al., 2004. Two-and three-dimensional bearing capacity of foundations in clay. Géotechnique, 54(5): 297-306.

Skempton A W, 1951. The bearing capacity of clays. Proceedings of Building Research Congress, 1: 180-189.

Steiner A, Kopf A J, L'Heureux J S, et al., 2013. In situ dynamic piezocone penetrometer tests in natural clayey soils—a reappraisal of strain-rate corrections. Canadian Geotechnical Journal, 51(3): 272-288.

True D G, 1976. Undrained vertical penetration into ocean bottom soils. Berkeley: University of California, Berkeley.

Zelikson A, 1969. Geotechnical models using the hydraulic gradient similarity method. Géotechnique, 19(4), 495-508.

Zimmerman E H, Smith M, Shelton J T, 2009. Efficient gravity installed anchor for deepwater mooring. Offshore Technology Conference, Houston, USA: OTC 20117.

5 动力锚在黏土海床中的承载力

5.1 引　言

锚在海床中的承载力是锚固系统设计中最关键的参数。承载力大小取决于锚的拓扑结构形状、锚在海床中的埋深、海床土性质及强度、锚眼处上拔荷载角度等因素。鱼雷锚和 DPA 的锚眼位于锚的尾部，抗拔承载力主要由锚-土界面摩擦阻力来提供。多向受荷锚的锚眼位置偏离中轴且低于锚的重心位置，安装完成后需用设计荷载张紧工作锚链，这个过程将引起锚在海床中的旋转调节，该过程称为旋转调节过程（keying process）。锚链作用下的旋转调节将引起多向受荷锚在海床中的复杂运动，承载力也随之发生变化。因此，阐明各项因素对动力锚运动轨迹和承载力的影响规律，建立动力锚承载力计算方法，有助于为实际工程设计和施工提供理论指导和参考。

本章主要内容安排如下：阐述拖底于海床表面和嵌入海床中锚链的受力，介绍嵌入段锚链在海床中的反悬链方程和屈服包络线方程；简述海洋锚固基础承载力计算方法，桩和锚板的承载力计算方法可分别为鱼雷锚和多向受荷锚的承载力计算提供参考；综述鱼雷锚承载力研究现状，讨论固结时间和上拔荷载角度等因素对承载力的影响规律；介绍多向受荷锚在旋转调节过程中的运动轨迹及承载力演化机理，并讨论锚眼偏移量、锚眼偏心距、上拔荷载角度和锚链参数等因素对锚的下潜性能及承载力的影响。

5.2　锚链-土相互作用

对于悬链式系泊系统，可能会有一段锚链平置于海床表面，如图 5.1 所示。当上部平台受环境荷载而运动时，位于着地点至嵌入点的拖底段锚链将在海床表面运动并受到表层土体的摩擦阻力。若锚眼埋于海床中，有一段锚链将嵌入海床中，从嵌入点至锚眼的锚链称为嵌入段锚链。嵌入段锚链由于受到土体阻力而呈反悬链形状，导致锚眼处上拔荷载 F_a 与水平面的夹角 β_a 大于嵌入点处上拔荷载 F_0 与水平面的夹角 β_0。角度 β_a 和 β_0 分别称为锚眼和嵌入点处荷载角度。锚眼处荷载角度 β_a 是影响锚在海床中运动行为和承载力的关键因素之一。另外，嵌入段和拖底段锚链对锚固系统承载力也有一定贡献（Neubecker et al., 1995）。因此有必要研究拖底段和嵌入段锚链所受的土体阻力以及嵌入段锚链的反悬链形态。

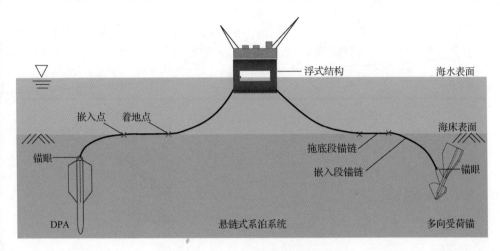

图 5.1　悬链式系泊系统中锚链形态

5.2.1　锚链所受的土体阻力

1. 拖底段锚链

平置于海床表面的拖底段锚链单位长度所受的土体摩擦阻力 f_{seabed} 可表示为

$$f_{\text{seabed}} = \alpha_c w'_c \tag{5.1}$$

式中，α_c 为摩擦系数；w'_c 为单位长度拖底段锚链在水中的有效重量。DNVGL-RP-E301 规定了钢缆和索链与海床土的摩擦系数，参见表 5.1。需要说明的是，摩擦系数 α_c 并不是锚链-海床土界面摩擦系数，而是考虑了锚链在海床表面的嵌入深度和锚链形状等因素的名义摩擦系数。

表 5.1　拖底段锚链摩擦系数 α_c（DNV, 2017a）

锚链类型	下限值	中值	上限值
钢缆	0.1	0.2	0.3
索链	0.6	0.7	0.8

2. 嵌入段锚链所受切向阻力和法向阻力

嵌入段锚链在海床中的受力如图 5.2 所示，包括：拉力 F_z、土体切向阻力 f_t、法向阻力 f_n 以及在水中的有效重量 w'_c。相比土体阻力，锚链自重很小。因此，在考虑锚链受力时通常忽略自重的影响。当锚链沿轴线方向运动（或称切向运动）时，土体切向阻力达到峰值 $f_{t,\max}$，可表示为

$$f_{t,\max} = \alpha \lambda_t s_u d_c \tag{5.2}$$

式中，α 为锚链-土界面摩擦系数；λ_t 为与锚链形状有关的切向因子；d_c 为锚链特

征直径。对于环环相扣的索链，$d_c = d_{bar}$（d_{bar} 为制成索链的金属圆杆的直径）；对于钢缆或缆绳（以下统称锚绳），$d_c = d_r$（d_r 为锚绳直径）。

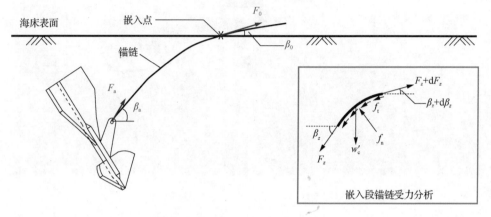

图 5.2　锚-锚链-海床土相互作用

当锚链垂直于轴线方向运动（或称法向运动）时，土体法向阻力达到峰值$f_{n,max}$：

$$f_{n,max} = N_{chain} \lambda_n s_u d_c \tag{5.3}$$

式中，λ_n 为与锚链形状有关的法向因子；N_{chain} 为锚链的承载力系数，可参考无限长桩基础在黏土中所受极限侧向荷载时的承载力系数来取值。实际工程中常用索链形状如图 5.3 所示，主要包括带横撑和不带横撑两种类型，每一环索链宽度$(3.35 \sim 3.6) d_{bar}$，长度 $6 d_{bar}$。

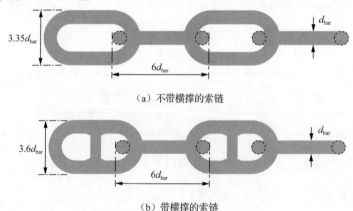

（a）不带横撑的索链

（b）带横撑的索链

图 5.3　海洋工程中常用索链形式

DNVGL-RP-E301 规定了锚绳和索链切向阻力和法向阻力表达式中的形状因子，参见表 5.2，并规定了切向阻力中摩擦系数和法向阻力中承载力系数的取值范围，参见表 5.3。

表 5.2　　锚链形状因子（DNV, 2017a）

锚链类型	切向阻力形状因子 λ_t	法向阻力形状因子 λ_n
锚绳	π	1.0
索链	11.3	2.5

表 5.3　　锚链-土界面摩擦系数和锚链承载力系数（DNV, 2017a）

摩擦系数 α			
锚链类型	下限值	中值	上限值
锚绳	0.2	0.3	0.4
索链	0.4	0.5	0.6
承载力系数 N_{chain}			
锚链类型	下限值	中值	上限值
锚绳			
索链	9	11.5	14

3. 嵌入段锚链在组合荷载作用下的受力分析

通常情况下，嵌入段锚链所受土体阻力是切向阻力 f_t 和法向阻力 f_n 的某种组合。对图 5.2 所示锚链单元进行受力分析可得锚链切向和法向的平衡方程：

$$\begin{cases} \dfrac{\mathrm{d}F_z}{\mathrm{d}s} = f_t + w_c' \sin \beta_z & \text{切向平衡方程} \\ F_z \dfrac{\mathrm{d}\beta_z}{\mathrm{d}s} = -f_n + w_c' \cos \beta_z & \text{法向平衡方程} \end{cases} \tag{5.4}$$

式中，F_z 和 β_z 分别为深度 z 处锚链所受拉力和锚链切线方向与水平方向之间的夹角；$\mathrm{d}s$ 为单位锚链长度。

在组合荷载作用下，用比值 μ 来表征切向阻力 f_t 与法向阻力 f_n 的相对大小：

$$\mu = f_t / f_n \tag{5.5}$$

比值 μ 的范围为 $0 \sim +\infty$，当锚链上的法向阻力达到最大值 $f_{n,max}$ 时，作用在锚链上的切向阻力为零，此时 $\mu = 0$；当锚链上的切向阻力达到最大值 $f_{t,max}$ 时，作用在锚链上的法向阻力为零，此时 $\mu = +\infty$。因此，μ 越大表明切向阻力所占比例越大。

5.2.2　嵌入段锚链反悬链形态

1. 理论分析

将式（5.4）中两个公式合并，可得

$$\frac{\mathrm{d}F_z}{\mathrm{d}s} + \mu F_z \frac{\mathrm{d}\beta_z}{\mathrm{d}s} = w_c' (\sin \beta_z + \mu \cos \beta_z) \tag{5.6}$$

若忽略锚链自重（$w_c' = 0$），对式（5.6）积分并应用嵌入点和锚眼处的拉力

可得

$$F_z = F_0 e^{\mu(\beta_0 - \beta_z)} = F_a e^{\mu(\beta_a - \beta_z)} \tag{5.7}$$

将式（5.7）代入式（5.4）所示法向平衡方程，积分可得

$$\frac{F_a}{1+\mu^2}\Big[e^{\mu(\beta_z-\beta_0)}(\cos\beta_0 + \mu\sin\beta_0) - \cos\beta_z - \mu\sin\beta_z \Big] = \int_0^z f_n dz \tag{5.8}$$

式（5.8）即为锚链反悬链方程，建立了嵌入段锚链形态和受力的关系。已知任一深度 z 处锚链切向与水平方向之间的角度 β_z，由如下积分可计算深度 z 处以上嵌入段锚链在水平方向的投影：

$$x = \int_0^z \cot\beta_z \cdot dz \tag{5.9}$$

2. 模型试验

Degenkamp 等（1989）模拟了锚链切割软黏土的过程。试验装置如图 5.4 所示，锚链一端固定在模型箱侧壁，另一端通过一根柔软的绳索绕过定滑轮连接至加载装置。在固定点处连接两个相互垂直的力传感器，可以用来确定锚眼处上拔荷载大小 F_a 及方向 β_a，在锚链嵌入点处连接一个力传感器来测量嵌入点处的拉力 F_0。启动加载装置使锚链不断切割土体，保证嵌入点处上拔荷载角度 β_0 始终为零。两组典型的试验结果列于表 5.4。黏土不排水抗剪强度 $s_u = 4.52$ kPa，锚链直径 $d_{bar} = 6.4$ mm，工况 1 和工况 2 中锚眼埋深 z_{padeye} 分别为 0.135 m 和 0.27 m。

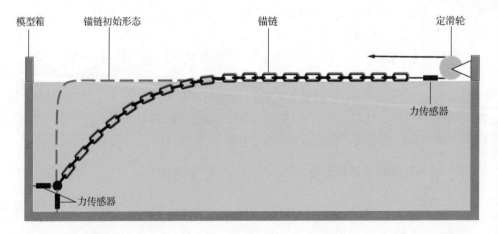

图 5.4　锚链切割土体模型试验装置（Frankenmolen et al., 2016; Degenkamp et al., 1989）

表 5.4 锚链切割土体试验结果（Degenkamp et al., 1989）

工况	序号	锚眼埋深 z_{padeye} /m	锚链拖曳距离/m	锚眼荷载 F_a /N	锚眼荷载角度 β_a /(°)	嵌入点荷载 F_0 /N	比值 μ
1	1-1	0.135	0.12	305	35.0	435	0.65
	1-2		0.14	867	22.7	1110	0.53
	1-3		0.16	2422	14.0	2775	0.51
	1-4		0.18	4932	9.8	5500	0.62
2	2-1	0.27	0.15	175	66.4	400	0.62
	2-2		0.18	305	50.3	560	0.61
	2-3		0.21	648	38.1	960	0.52
	2-4		0.24	1553	24.7	1950	0.47
	2-5		0.27	3818	15.7	4315	0.41

从表 5.4 中可以发现，随着嵌入点处拖曳距离的增加，锚链不断切割土体，导致嵌入点处上拔荷载 F_0 及锚眼处上拔荷载 F_a 逐渐增加，锚眼处荷载角度 β_a 逐渐减小，表明嵌入段锚链由初始竖直状态逐渐变为反悬链形态，且锚链在土中的形态随着拖曳距离的增加而变得越来越平缓。已知 F_0、F_a、β_0 和 β_a，根据式（5.7）可确定比值 μ：

$$\mu = \frac{1}{\beta_a - \beta_0} \ln \frac{F_0}{F_a} \tag{5.10}$$

从表 5.4 中可以看出，随着锚链不断切割土体，比值 μ 逐渐减小，这表明作用在锚链上的法向阻力所占比例增加。从工况 1 和工况 2 的对比可以发现，当锚链拖曳距离相同时，锚眼埋深 z_{padeye} 越大锚眼处荷载角度 β_a 越大。这表明锚眼埋深越大，嵌入段锚链切割土体越困难。

Frankenmolen 等（2016）通过离心模型试验研究了锚链切割钙质砂过程。试验中所用锚链为索链，形状如图 5.3（a）所示，直径 $d_{bar} = 4$ mm。土样为不含水的松砂，在加速度为 40g 的条件下采用 CPT 测定钙质砂强度，锥尖阻力沿深度变化关系可表示为 $q_t = 1.5z$ MPa。试验装置与 Degenkamp 等（1989）的试验装置相似，如图 5.4 所示。在锚链切割土体过程中需停机几次，用触探法测定嵌入段锚链反悬链形态。图 5.5 为锚链反悬链形态试验实测结果及预测结果（图中数据已换算至原型）。试验结果表明：锚链切割钙质砂时，μ 的取值范围为 0.22~0.37。当基于式（5.8）预测锚链的反悬链形状时，公式右侧法向阻力 f_n 取为

$$f_n = \lambda_n d_{bar} f_c q_t \tag{5.11}$$

式中，f_c 为折减系数。当 $f_c = 0.625$ 时，基于式（5.8）预测的锚链反悬链形状与试验结果基本吻合。此外，对式（5.4）逐步积分，也能得到从嵌入点至锚眼处锚

链上的拉力以及拉力方向与水平面之间的夹角，进而确定嵌入段锚链反悬链形态。从图 5.5 可以发现，基于式（5.4）的预测结果与模型试验实测结果也非常吻合。

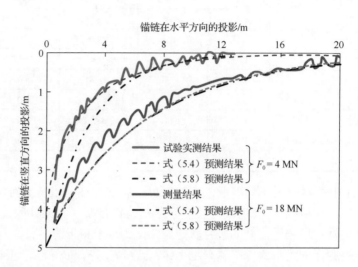

图 5.5　锚链切割钙质砂离心模型试验结果（Frankenmolen et al., 2016）

3. 数值模拟

Zhao 等（2016a）提出了一种在数值分析中模拟锚链的方法，如图 5.6 所示。将锚链离散成多段圆柱，两段相邻圆柱间用连接单元来连接。每段圆柱长度 l_{cyl} 与连接单元长度 l_{link} 之比取为 5∶1。在 ABAQUS CEL 中用 LINK 连接单元来连接离散圆柱，可保证各离散圆柱之间的距离保持不变且不传递弯矩。在 CEL 中，不能直接模拟结构-软黏土界面的黏滞摩擦特性，因此，Zhao 等（2016a）和 Sun 等（2018）用库仑摩擦来模拟锚链-软黏土界面的摩擦特性。由于锚链为细长形（长度 ≫ 直径），在数值模拟中加密网格将极大增加网格单元数量。在 Zhao 等（2016a）和 Sun 等（2018）的数值模拟中，最小网格尺寸分别为 $0.25d_{cyl}$ 和 $0.35d_{cyl}$（d_{cyl} 为模拟锚链的圆柱的直径）。较大的网格尺寸会高估土体对锚链的法向阻力。图 5.7 为 Sun 等（2018）基于数值模拟得到的锚眼处上拔荷载与嵌入点处上拔荷载之比 F_a/F_0 随锚链嵌入点拖曳距离 S_{pull} 的变化关系，F_a/F_0 的范围为 0.84～0.97。根据式（5.10）计算得到的 μ 约为 0.1。而 Degenkamp 等（1989）的试验结果表明：μ 的取值在 0.41～0.65。这可能是因为 CEL 数值模拟中高估了作用在锚链上的法向阻力，从而导致比值 μ 偏低。

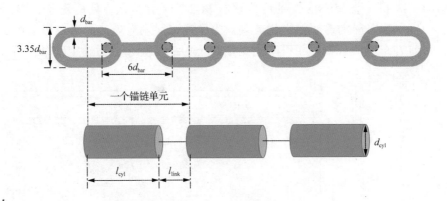

图 5.6 CEL 数值模拟中简化的锚链（Zhao et al., 2016a）

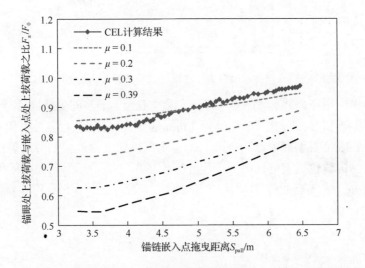

图 5.7 锚眼处上拔荷载与嵌入点处上拔荷载之比随锚链嵌入点拖曳距离的关系
（Sun et al., 2018）

5.2.3 锚链屈服包络线方程

从 5.2.2 节可知，锚链所受切向阻力和法向阻力之比 μ 不是一个常数。随着锚链不断切割土体，作用在锚链上的切向阻力和法向阻力不断变化，从而导致比值 μ 发生变化。锚链切割土体过程中，作用在锚链上的切向阻力和法向阻力形成的荷载组合即为塑性屈服包络线。Han 等（2017）基于模型试验建立了锚链屈服包络线方程，试验装置如图 5.8 所示。模型锚上安装一个 MEMS 加速度传感器 M-1 来测量锚的转角，锚上连接两个互成一定角度的力传感器 L-1 和 L-2 来测量锚眼处荷载大小 F_a 及方向 β_a，在嵌入点和加载装置之间串联布置一个力传感器 L-3 和一个 MEMS 加速度传感器 M-2 来测量嵌入点处荷载大小 F_0 及方向 β_0。模型箱四周为透明的钢化玻璃，模型锚可紧贴着玻璃面内侧运动，在模型箱正前方布置一台数码相机来捕捉锚在土中的位置，进而确定锚眼位置。

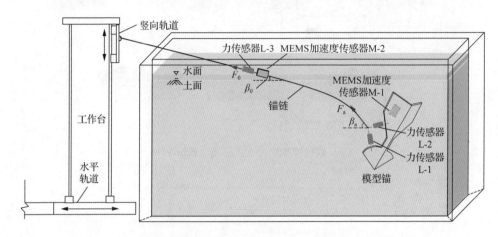

图 5.8　建立锚链屈服包络线方程的试验装置（Han et al., 2017）

试验中所用模型锚如图 5.9(a)所示，模型锚为半个多向受荷锚（比尺 $\lambda_L = 50$）。力传感器 L-1 和 L-2 通过两个直径为 3 mm 的螺钉固定在锚上，L-1 和 L-2 的交点为锚眼。锚眼位置偏离模型箱玻璃面一定距离以保证锚能紧贴着玻璃面运动。锚眼处连接的锚链包括索链和缆绳，尺寸如图 5.9（b）所示。已知锚眼处荷载大小 F_a 及方向 β_a、嵌入点处荷载大小 F_0 及方向 β_0，基于式（5.10）可计算出比值 μ；

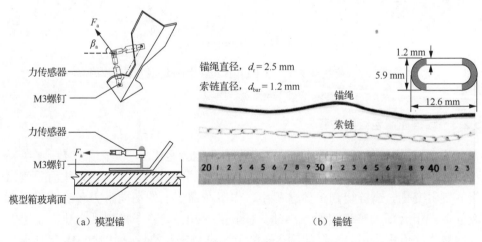

（a）模型锚　　　　　　　　　　　　（b）锚链

图 5.9　建立锚链屈服包络线方程所用模型锚和锚链（Han et al., 2017）

已知 μ 和锚眼埋深 z_{padeye}，基于式（5.8）可计算出锚链所受法向阻力 f_n；已知 μ 和法向阻力 f_n，由式（5.5）可计算出锚链所受切向阻力 f_t，从而得到切向阻力和法向阻力的一个荷载组合；通过模型试验可确定不同 μ 对应的荷载组合，进而得到锚链的屈服包络线方程。上述流程步骤如图 5.10 所示。索链和锚绳所受组合荷载及屈服包络线如图 5.11 所示。

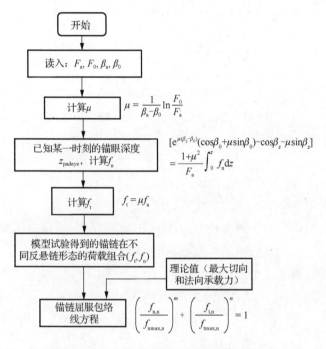

图 5.10 基于模型试验建立锚链屈服包络线方程流程（Han et al., 2017）

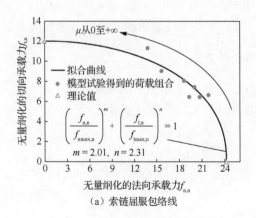

（a）索链屈服包络线

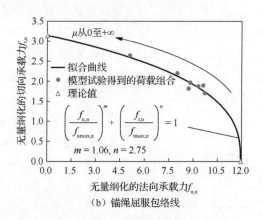

（b）锚绳屈服包络线

图5.11　锚链屈服包络线（Han et al., 2017）

锚链屈服包络线方程可表示为

$$\left(\frac{f_{n,n}}{f_{nmax,n}}\right)^{m}+\left(\frac{f_{t,n}}{f_{tmax,n}}\right)^{n}=1 \tag{5.12}$$

式中，$f_{n,n}$为无量纲化的法向承载力，$f_{n,n}=f_n/(s_u d_c)$；$f_{t,n}$为无量纲化的切向承载力，$f_{t,n}=f_t/(s_u d_c)$；$f_{nmax,n}$为法向单轴承载力系数，$f_{nmax,n}=f_{n,max}/(s_u d_c)=N_{chain}\lambda_n$；$f_{tmax,n}$为切向单轴承载力系数，$f_{tmax,n}=f_{t,max}/(s_u d_c)=\alpha\lambda_t$；$m$和$n$为表征锚链包络线形状的参数。对于索链，$m=2.01$，$n=2.31$；对于锚绳，$m=1.06$，$n=2.75$（图5.11）。

5.3　锚的承载力分析方法

鱼雷锚和DPA中轴为一段圆柱，在海床中的竖向抗拔承载力可参考桩基础竖向承载力计算方法，而多向受荷锚的承载力可参考锚板的承载力计算方法。

5.3.1　桩基础承载力计算方法

API PR 2A-WSD规范规定了黏土中深埋桩基础受竖向上拔荷载时的承载力，包括端承阻力F_t和摩擦阻力F_f，计算公式分别为

$$F_t=N_c s_u A_t \tag{5.13a}$$

$$F_f=\alpha s_u A_s \tag{5.13b}$$

式中，N_c 为承载力系数（$N_c = 9$）；s_u 为土体不排水抗剪强度；A_t 为基础的端承面积；α 为基础-土体界面摩擦系数；A_s 为基础侧面与土体接触面积。摩擦系数 α 的取值为

$$\alpha = \begin{cases} 0.5(s_u / \sigma_v')^{-0.5} & s_u / \sigma_v' \leqslant 1.0 \\ 0.5(s_u / \sigma_v')^{-0.25} & s_u / \sigma_v' > 1.0 \end{cases} \tag{5.14}$$

式中，σ_v' 为有效上覆压力。

API PR 2A-WSD 规范还规定了深埋桩基础在水平荷载作用下的承载力。但是对于鱼雷锚，其锚眼位置通常完全没于海床中，不能直接根据桩基础设计规范来计算鱼雷锚水平受荷状态时的承载力。

5.3.2　锚板承载力计算方法

由于多向受荷锚质量较轻且拓扑结构形状复杂，因此在砂土海床中的沉贯深度有限。目前，多向受荷锚还未应用于砂土海床中。基于此，本节只讨论锚板在黏土中的承载力计算方法。图 5.12 为矩形锚板受法向上拔荷载示意图。锚板长度方向和宽度方向的尺寸（L_A、B_A）远大于厚度方向的尺寸（t_A）。上拔荷载方向与锚板厚度方向平行，荷载作用点（也称为参考点）位于锚板上表面形心。极限承载力 F_{ult} 表示为

$$F_{ult} = N_{A0} s_{uc} A_p + \gamma_s' z_c A_p \leqslant N_A^* s_{uc} A_p \tag{5.15}$$

式中，N_{A0} 为不考虑土体自重时的抗拔承载力系数；s_{uc} 为锚板参考点位置土体不排水抗剪强度；z_c 为锚板参考点的埋深；A_p（$= B_A \times L_A$）为锚板在垂直于上拔荷载方向平面内的投影面积；N_A^* 为锚-土不分离状态下的极限承载力系数。

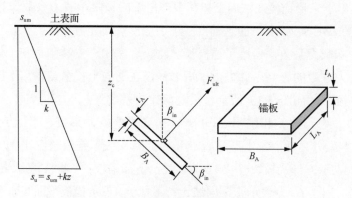

图 5.12　锚板垂直上拔示意图

　　影响锚板极限承载力系数的主要因素包括锚板形状、锚板埋深及倾角 β_{in}、土强度特性等。DNVGL-RP-E302 规定了锚板承载力计算公式：

$$F_{ult} = f_c N_{A,strip} s_c s_{uc} A_p \tag{5.16}$$

式中，f_c 为折减系数；$N_{A,strip}$ 为条形锚板承载力系数；s_c 为形状系数。形状系数 s_c 可表示为

$$s_c = 1 + 0.2 B_A / L_A \tag{5.17}$$

　　条形锚板承载力系数随锚板埋深的增加而逐渐增加，可表示为

$$N_{A,strip} = 5.14 \left(1 + 0.987 \cdot \arctan \left(\frac{z_c}{B_A} \right) \right) \leqslant 12 \tag{5.18}$$

　　锚板承载力系数随宽长比 B_A / L_A 和埋深比 z_c / B_A 的增加而增加，直至锚板埋深达到临界深度。当锚板埋深超过临界深度时，承载力系数保持为一常数。当锚板埋深未达到临界深度时，承载力系数与锚板倾角 β_{in} 有关，锚板水平放置承受竖向上拔荷载（此时 $\beta_{in} = 0$）比锚板竖直放置承受水平荷载（此时 $\beta_{in} = 90°$）对应的承载力系数小（Liu et al., 2018; Yu et al., 2011; Merifield et al., 2001）。土体非均质度系数 kB_A / s_u 也会影响锚板承载力系数。众多研究表明：非均质度系数越大，锚板承载力系数越小（Liu et al., 2018; Wu et al., 2017; Tho et al., 2014），但随着埋深的增加，非均质度系数对锚板承载力系数的影响逐渐减小。

　　Yu 等（2011）基于小变形有限元方法研究了条形锚板在黏土海床中的承载力系数，并提出了条形锚板在法向上拔荷载作用下的极限承载力系数计算公式。Liu 等（2018）在 Yu 等（2011）的基础上基于小变形有限元方法研究了矩形锚板在黏土海床中的承载力系数，考虑了锚板长宽比、埋深比、安装倾角和土体非均质度系数对承载力系数的影响，并提出了矩形锚板在法向上拔荷载作用下的极限承载力系数计算流程，如图 5.13 所示。极限承载力系数 $N_{A0,i,k,\beta_{in}}$ 和 $N_{A,i,k,\beta_{in}}^*$ 分别为锚-土分离（不考虑土重）和锚-土不分离情况下的承载力系数，下标 '0' 和上标 '*' 分别表示 '锚-土分离' 和 '锚-土不分离' 情况；下标 'i' 表示锚板长宽比（$i = L_A / B_A$），当 $i = 1$ 时，表示方形锚板，当 $i \to \infty$ 时，表示条形锚板；下标 'k' 表示土强度梯度，$k = 0$ 表示均质土，$k \neq 0$ 表示正常固结土；下标 'β_{in}' 表示锚板平面与水平面之间的夹角，$\beta_{in} = 0$ 表示水平锚板受竖向上拔荷载而 $\beta_{in} = 90°$ 表示竖直锚板受水平荷载。流程图中 s_k 和 s_k^* 分别表示锚-土分离和锚-土不分离情况下方形锚板在正常

固结土中的承载力系数与在均质土中的承载力系数之比。s_{c0} 和 s_{c0}^* 分别表示锚-土分离和锚-土不分离情况下水平放置矩形锚板的形状系数，s_{c90} 和 s_{c90}^* 分别表示锚-土分离和锚-土不分离情况下竖直放置矩形锚板的形状系数。例如：$N_{\text{A}0,i=2,k=2.2,\beta_{\text{in}}=60°}$ 和 $N_{\text{A},i=2,k=2.2,\beta_{\text{in}}=60°}^*$ 分别表示长宽比 $i=2$、安放角度 $\beta_{\text{in}}=60°$ 的矩形锚板在强度梯度 $k=2.2$ kPa/m 的海床土中锚-土分离和锚-土不分离条件下的承载力系数。根据图 5.13 所示流程计算黏土中矩形锚板极限承载力的步骤简要概括如下：

（1）确定矩形锚板长宽比（$i=L_{\text{A}}/B_{\text{A}}$）、在海床中的埋深比（$z_c/B_{\text{A}}$）和安装角度 β_{in}，根据海床土强度特性计算非均质度系数 $kB_{\text{A}}/s_{\text{uc}}$；

（2）根据式（A.1）～式（A.4）计算锚-土分离和锚-土不分离情况下水平和竖直方形锚板在均质土中的承载力系数 $N_{\text{A}0,1,k=0,\beta_{\text{in}}=0°}$、$N_{\text{A}0,1,k=0,\beta_{\text{in}}=90°}$、$N_{\text{A},1,k=0,\beta_{\text{in}}=0°}^*$ 和 $N_{\text{A},1,k=0,\beta_{\text{in}}=90°}^*$；

（3）根据式（A.5）～式（A.8）计算锚-土分离和锚-土不分离情况下水平和竖直方形锚板在正常固结土中的承载力系数 $N_{\text{A}0,1,k\neq0,\beta_{\text{in}}=0°}$、$N_{\text{A}0,1,k\neq0,\beta_{\text{in}}=90°}$、$N_{\text{A},1,k\neq0,\beta_{\text{in}}=0°}^*$ 和 $N_{\text{A},1,k\neq0,\beta_{\text{in}}=90°}^*$；

（4）根据式（A.9）～式（A.12）计算锚-土分离和锚-土不分离情况下水平和竖直矩形锚板形状系数 s_{c0}、s_{c90}、s_{c0}^* 和 s_{c90}^*，由步骤（3）得到的承载力系数乘以形状系数可得到锚-土分离和锚-土不分离情况下水平和竖直矩形锚板在正常固结土中的承载力系数 $N_{\text{A}0,i,k\neq0,\beta_{\text{in}}=0°}$、$N_{\text{A}0,i,k\neq0,\beta_{\text{in}}=90°}$、$N_{\text{A},i,k\neq0,\beta_{\text{in}}=0°}^*$ 和 $N_{\text{A},i,k\neq0,\beta_{\text{in}}=90°}^*$；

（5）根据式（A.13）～式（A.14）来确定锚-土分离和锚-土不分离情况下矩形锚板在正常固结土中任一安装方向 β_{in} 时的承载力系数 $N_{\text{A}0,i,k\neq0,\beta_{\text{in}}}$ 和 $N_{\text{A},i,k\neq0,\beta_{\text{in}}}^*$；

（6）根据土重叠加法［式（A.15）］计算锚-土可分离情况下考虑土重的承载力系数 $N_{\text{A},i,k,\beta_{\text{in}}}$，要保证该系数不超过锚-土不分离情况下的极限承载力系数 $N_{\text{A},i,k,\beta_{\text{in}}}^*$；

（7）已知承载力系数 $N_{\text{A},i,k,\beta_{\text{in}}}$，根据式（5.15）确定锚板极限抗拔承载力 F_{ult}。

上述流程中表达式（A.1）～（A.15）参见附录。

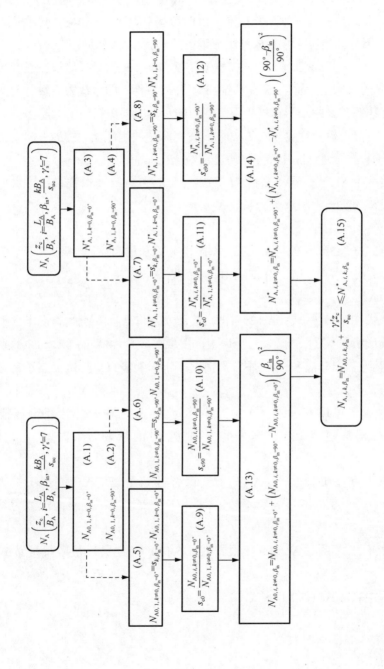

图 5.13　黏土中矩形锚板承载力系数计算流程图（Liu et al., 2018）

5.4 鱼雷锚的承载力

5.4.1 鱼雷锚在黏土中竖直上拔承载力

埋入海床中的鱼雷锚在受到竖向上拔荷载时，主要依靠锚的自重、锚-土界面摩擦阻力以及锚尖和锚尾的土体阻力来提供抗拔承载力。表 5.5 统计了部分离心模型试验和现场缩尺试验得到的鱼雷锚在受到竖向上拔荷载时的承载力。锚的竖向抗拔承载力 F_v 与锚的干重量 W_d 之比称为锚的承载效率。Richardson 等（2009）在鼓式离心机（加速度 $200g$）中探究了鱼雷锚在高岭土中的竖向抗拔承载力，当埋深比 $z_e/h_A = 1.43$ 时，无尾翼（0-F）和四尾翼（4-F）鱼雷锚的承载效率 F_v/W_d 分别为 1.12 和 1.64。这表明尾翼增加了锚-土接触面积，从而很大程度上提高了抗拔承载力。

表 5.5 鱼雷锚竖直上拔承载效率（安装后立即进行上拔试验）

锚类型	贯入速度 v_0/(m/s)	土强度 s_u/kPa	埋深比 z_e/h_A	承载效率 F_v/W_d	参考文献
0-F	12.8	$1.05z$	1.43	1.12	Richardson 等（2009）
4-F	15.1	$1.05z$	1.43	1.64	
4-F	21.22	$2+3z$	1.41	3.01	Hossain 等（2014）
4-F	20.13	$7.5+2.9z$	1.08	1.99	Hossain 等（2015）
4-F	0~6.5	$1.5z$ ($z \leqslant 1.5$ m) $2.25+0.8(z-1.5)$ ($z>1.5$ m)	1.49~2.61	2.48~4.05	O'Beirne 等（2015）
4-F	24	$1.79z$	1.99	2.58	Fu 等（2017）

注：（1）0-F 和 4-F 分别表示无尾翼鱼雷锚和带有 4 片尾翼的鱼雷锚；
（2）在 Richardson 等（2009）的离心模型试验中（$200g$），锚贯入土中后调整作动器立刻上拔，时间间隔为 46 s，换算至原型为 21 d，锚周围土体已经部分固结；
（3）在 Hossain 等（2014）的离心模型试验中（$200g$），锚贯入土中后调整作动器立刻上拔，时间间隔为 13.68 s，换算至原型为 6.3 d；
（4）在 O'Beirne 等（2015）的现场缩尺试验中，锚贯入海床后静止 5 min，吊车以均匀速度将锚拔出；
（5）在 Fu 等（2017）的离心模型试验中（$100g$），锚贯入后调整作动器立刻上拔，时间间隔为 46 s，换算至原型为 5 d。

Hossain 等（2015, 2014）通过离心模型试验研究了鱼雷锚在钙质土中的竖向抗拔承载力，当埋深比 $z_e/h_A = 1.08~1.41$ 时，锚的承载效率 F_v/W_d 为 1.99~3.01。与 Richardson 等（2009）的结果相比，在锚的埋深比基本相同的前提下，锚在钙质土中的承载效率高于在高岭土中的承载效率，因为钙质土强度更高从而导致作用在锚上的土体阻力更大。O'Beirne 等（2015）在北爱尔兰 Lower Lough Erne 进行了鱼雷锚安装及上拔过程现场试验，模型锚比尺 $\lambda_L = 20$，干重量 $W_d = 203$ N。当贯入速度 $v_0 = 0\sim6.5$ m/s 时，锚的埋深比 $z_e/h_A = 1.49\sim2.61$，承载效率 $F_v/W_d = 2.48\sim4.05$。从表 5.5 中可以发现，O'Beirne 等（2015）现场试验和 Richardson 等（2009）离心模型试验中土强度大致相当，但前者锚的承载效率更高，这可能是由锚-土界面摩擦系数不同引起的。Fu 等（2017）开展离心模型试验（加速度为 $100g$）研究了鱼雷锚在高岭土中的沉贯及竖向上拔过程，其承载效率 $F_v/W_d = 2.58$。综上，四尾翼鱼雷锚竖向抗拔承载效率 $F_v/W_d = 1.64\sim4.05$。

图 5.14 为鱼雷锚竖直上拔承载力典型曲线。离心模型试验（$200g$）中土样为高岭土，土强度 $s_u = 1.05z$ kPa（Richardson, 2008）。O'Beirne 等（2015）现场缩尺试验土强度参数列于表 5.5。随着无量纲化的上拔距离 S_{pull}/D_A（S_{pull} 为锚链竖向拔出距离，D_A 为鱼雷锚中轴直径）的增加，锚的承载效率不断增加。锚在海床中的埋深随着上拔距离 S_{pull}/D_A 的持续增加而不断减小，锚从强度较高的下部土层逐渐上拔至强度较低的上部土层中，因此，达到峰值承载力之后，锚的承载效率随着上拔距离的持续增加而开始减小。Richardson（2008）的试验结果表明：锚的承载效率随固结时间的增加而增大，固结时间对承载力的影响将在 5.4.3 节详细讨论。O'Beirne 等（2015）的试验结果表明：锚的承载效率随沉贯深度的增加而提高，因为深层土具有更高的土强度从而能提供更高的锚固力。从图 5.14 还可发现：离心模型试验中鱼雷锚的承载力迅速增加并达到峰值承载力，而现场缩尺试验中承载力随无量纲化的上拔距离的增长速率比较缓慢，这可能是由于土体刚度不同引起的。现场土体的刚度可能较小，需要较长的上拔距离才能使锚达到峰值承载力（O'Beirne et al., 2015）。另外，离心模型试验结果表明鱼雷锚在上拔过程中出现两个峰值承载力。首先，随着上拔距离 S_{pull}/D_A 的增加，锚迅速达到第一个峰值承载力，之后锚的承载力迅速衰减至一定程度，紧接着随着上拔距离 S_{pull}/D_A 的增加，锚的承载力又略有增加并达到第二个峰值承载力。Richardson（2008）认为作用在鱼雷锚上的端承阻力和摩擦阻力达到峰值时所需位移不同，在鱼雷锚达到第一个峰值承载力时，摩擦阻力达到峰值而端承阻力尚未达到峰值；随着锚继续向上拔出，锚-土界面摩擦阻力迅速减小，从而导致承载力迅速减小；随着上拔位移持续增加，端承阻力达到峰值，因此承载力曲线出现第二个峰值。然而，O'Beirne 等（2015）现场试验和 Fu 等（2017）离心模型试验中，鱼雷锚竖直上拔过程并未发现两个峰值承载力的现象，这个问题还未有定论，可能与土样性质有关，还需要通过现场试验或模型试验来进一步研究。

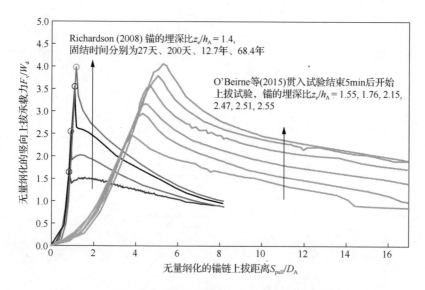

图 5.14 无量纲化的竖向上拔承载力随锚链上拔距离的变化关系
（O'Beirne et al., 2015; Richardson, 2008）

5.4.2 鱼雷锚在组合荷载作用下的承载力

当锚眼处上拔荷载方向与水平面之间的夹角 β_a 小于 90° 时，鱼雷锚所受土体阻力为切向阻力和法向阻力的荷载组合。O'Beirne 等（2015）通过现场缩尺试验研究了上拔荷载方向对鱼雷锚承载力的影响规律，锚和海床土的基本参数详见5.4.1 节，试验装置如图 5.15 所示。海床土的灵敏度系数 $S_t \doteq 2 \sim 2.5$，锚在海床中的平均埋深比 $z_e/h_A = 1.7$。锚尾连接一直径为 4 mm 或 12 mm 的锚绳，锚绳的另一端通过定滑轮连接至吊车上。由于锚绳直径较小，在试验中认为嵌入点处荷载角度 β_0 与锚眼处荷载角度 β_a 相等。当 β_a 从 21° 增加至 90°（竖直上拔）时，锚的承载效率 F_0/W_d（F_0 取为锚链嵌入点处的最大上拔荷载）略有降低，从 4.0 降低至3.7 左右，如图 5.16 所示。

O'Beirne 等（2015）还通过大变形有限元 RITSS 方法研究了鱼雷锚的承载效率，锚-土界面不允许发生分离，即界面摩擦系数 $\alpha = 1.0$。在锚眼位置施加沿某个方向的位移，直至锚失效。当 β_a 从 0 增加至 90° 时，锚的承载效率 F_0/W_d 从 6.5先增加至 7.0 再减小至 5.9，当 $\beta_a = 30° \sim 45°$ 时，锚的承载效率最大。锚的水平与竖向抗拔承载力之比为 1.1。当 $\beta_a = 0$ 时，锚的自重对承载力不起作用；随着 β_a的增加，锚周围土体既受切向阻力也受法向阻力，且锚的自重贡献一部分抗拔承载力，在 $\beta_a = 30° \sim 45°$ 时锚的抗拔承载力达到峰值。当 β_a 增加至 90° 时，锚周围土体主要提供切向阻力，因此锚的承载效率会有所减小。由于数值计算中高估了锚-土界面摩擦阻力，因此得到的承载效率偏高。

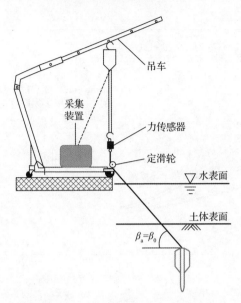

图 5.15　鱼雷锚倾斜上拔现场试验装置（O'Beirne et al., 2015）

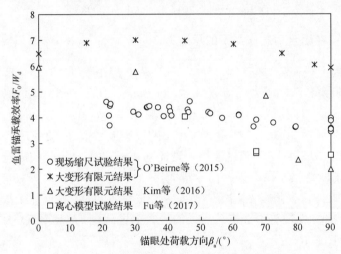

图 5.16　上拔荷载角度对鱼雷锚承载力的影响规律

Kim 等（2016）通过大变形有限元 CEL 方法模拟了鱼雷锚 T98 在黏土海床中以不同角度上拔的过程。鱼雷锚长 $h_A = 17$ m，直径 $D_A = 1.07$ m，质量 $m = 98$ t，土强度 $s_u = 5+2z$ kPa，锚-土界面摩擦系数 $\alpha = 0.33$。鱼雷锚首先以 $v_0 = 15$ m/s 的速度贯入海床中，埋深比 $z_e/h_A = 1.71$，然后在锚眼处施加一个与水平方向呈一定角度的位移，使锚周围土体达到破坏，从而得到锚的峰值承载力。当 β_a 从 0 加至 90° 时，承载效率 F_0/W_d 从 6.0 降低至 2.0，水平与竖向抗拔承载力之比为 3。当锚眼处上拔荷载角度 β_a 较大时，Kim 等（2016）得到的鱼雷锚的承载效率 F_0/W_d 要低于 O'Beirne 等（2015）的结果，这可能是由以下因素引起的：①前者数值模拟中锚-土界面摩擦系数较小，从而导致作用在锚上的摩擦阻力较小；②基于 CEL 模拟鱼雷锚在海床中的高速沉贯过程中，锚-海床土接触特性可能与模型试验有所不同，导致基于数值模拟和模型试验得到的锚的承载效率不同。

Fu 等（2017）通过离心模型试验研究了鱼雷锚在高岭土中的高速沉贯及上拔过程。土强度 $s_u = 1.79z$ kPa，灵敏度系数 $S_t = 1.5\sim2.2$，锚的埋深比 $z_e/h_A = 2.0$。上拔试验过程与 O'Beirne 等（2015）的试验过程相似，且假设锚眼处荷载角度 β_a 等于锚链嵌入点处荷载角度 β_0。当 β_a 从 45° 增加至 90° 时，锚的承载效率 F_0/W_d 从 4.0 减小至 2.5。此外，瑜璐等（2019）基于理论分析和数值模拟探究了鱼雷锚的水平承载能力（$\beta_0 = 0$）。锚在水平荷载作用下围绕旋转中心发生旋转。在工程设计中，需根据锚的形状、土强度以及锚的初始埋深确定旋转中心的位置，以确定锚的水平抗拔承载力。

5.4.3　固结时间对鱼雷锚承载力的影响

由第 4 章内容可知，动力锚的高速安装过程涉及土体大变形软化及携水效应等问题，锚周围土体产生超孔隙水压力、有效应力降低。桩基础打桩过程、吸力式沉箱安装过程、拖曳安装锚拖曳安装过程等也均会对周围土体造成扰动，土体中出现超孔隙水压力。因此，锚固基础安装结束后，通常需要预留一段时间以确保周围土体中超孔隙水压力得到一定程度的消散，该过程有助于恢复土强度，提高锚固基础承载力。

Medeiros（2002）在巴西坎波斯湾进行了原型鱼雷锚安装及上拔现场试验。海床土为正常固结软黏土，土强度 $s_u = 5+2z$ kPa。现场测试中用到两种无尾翼鱼雷锚（锚 1 和锚 2），主要参数列于表 5.6。当锚贯入海床后立刻进行上拔试验，锚 1 和锚 2 嵌入点处上拔荷载角度分别为 0 和 45°，承载效率 F_0/W_d 分别为 3.75～4.58 和 2.74～3.55。锚 1 和锚 2 分别静置 10 d 和 18 d 后再进行上拔试验，承载效率 F_0/W_d 分别提高至 7.92～8.75 和 6.37。试验结果表明：动力锚的高速安装过程对土体造成了很大程度的扰动，固结一段时间有助于土强度的恢复和锚承载力的提升。

表 5.6　固结时间对鱼雷锚抗拔承载力的影响（Medeiros, 2002）

锚	直径 D_A/m	干重量 W_d/kN	埋深比 z_e/h_A	上拔荷载角度 β_0/(°)	固结前承载效率 F_0/W_d	固结后承载效率 F_0/W_d
1	0.76	24	1.67	0	3.75～4.58	7.92～8.75
2	1.28	62	2.42	45	2.74～3.55	6.37

注：锚 1 和锚 2 安装结束后允许超孔隙水压力分别消散 10 d 和 18 d，然后进行上拔试验以确定土体部分固结后锚的承载效率。

土体固结系数越大或固结时间越长，锚周围土体中超孔隙水压力的消散程度越大，锚的承载力提高程度也越大。Richardson 等（2009）和 Hossain 等（2015）

分别研究了鱼雷锚在高岭土和钙质土中竖直上拔过程，锚的承载力恢复系数随固结时间的变化关系如图 5.17 所示。

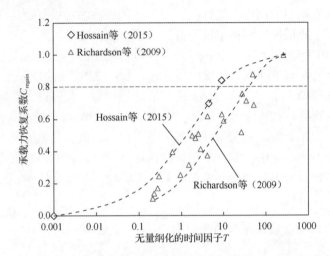

图 5.17　固结时间对鱼雷锚承载力恢复系数的影响
（Hossain et al., 2015; Richardson et al., 2009）

无量纲化的时间因子 T 可表示为

$$T = c_h t / D_A^2 \tag{5.19}$$

式中，c_h 为土体水平固结系数；t 为固结时间；D_A 为锚中轴直径。

承载力恢复系数 C_{regain} 可表示为

$$C_{regain} = \frac{F_v - F_{v,0}}{F_{v,max} - F_{v,0}} \tag{5.20}$$

式中，F_v、$F_{v,0}$ 和 $F_{v,max}$ 分别为固结时间为 t、未固结和固结完成后锚的竖向抗拔承载力。

Richardson 等（2009）和 Hossain 等（2015）离心模型试验中所用高岭土和钙质土的水平固结系数分别为 5.5 m²/a 和 9.8 m²/a，当 C_{regain} = 0.8 时，时间因子 T 分别为 8（钙质土）和 40（高岭土），则固结时间 t 分别为 1 年和 10 年。在实际工程中，应结合海床土的固结特性预留合适的固结时间以保证锚周围扰动土体强度得到足够程度的恢复。

5.5　多向受荷锚承载力分析方法

多向受荷锚的锚眼位于可旋转加载臂的最外端，锚眼位置偏离锚的中轴且低于锚的重心。锚眼至锚中轴的距离 e_n 称为锚眼偏心距，如图 5.18 所示。锚眼至锚重心距离在平行于锚轴方向的投影 e' 称为锚眼相对重心的偏移量。参考点定义如下：当锚沿轴线方向或垂直于轴线方向运动时，作用在锚上的土体阻力相对于某一点产生的外力矩为零，该点即为参考点。当锚埋于正常固结或超固结海床土中时，锚尖周围土强度大于锚尾周围土强度，因此参考点位置比重心位置低。锚眼至参考点的距离在平行于锚轴方向的投影称为锚眼偏移量 e_s。

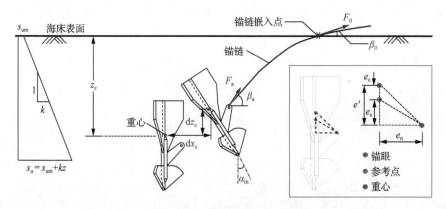

图 5.18　多向受荷锚在海床中旋转调节过程示意图

锚眼处上拔荷载 F_a 可分解为沿水平方向和竖直方向的分量。由于存在锚眼偏心距（e_n）和锚眼偏移量（e_s），竖直向上的荷载分量会使锚向上运动，导致锚在海床中的埋深减小。将锚重心竖直向上的位移定义为埋深损失。F_a 相对参考点产生一外力矩 M［图 5.19（a）］，在该外力矩作用下锚会在土中旋转，锚轴线与竖直方向之间的夹角称为锚的转角 α_{in}（图 5.18）。锚在海床中的旋转会增加锚在垂直于荷载方向平面内的投影面积，这有助于提高锚的承载力。由于存在锚眼偏移量 e_s，当上拔荷载 F_a 方向与锚轴方向垂直时，F_a 相对参考点的外力矩 M 仍然不为零，锚会继续旋转，从而达到图 5.19（b）所示状态。荷载 F_a 可以分解为垂直于锚轴线方向的分量和平行于锚轴线方向的分量，当平行于锚轴线方向的荷载分量达到土体对锚的切向阻力 F_s 时，锚具有下潜的性质，即在荷载 F_a 作用下多向受荷锚像拖曳安装锚一样能嵌入更深的土层。在正常固结土或超固结土中，下潜性能可使锚获得更高的承载能力。

综上所述，锚的承载力与锚在海床中的运动轨迹（包括锚的转角、埋深损失和下潜趋势）相关，而锚在海床中的复杂运动轨迹受锚链参数、嵌入点处荷载角度、锚的形状以及锚眼位置等多因素影响。因此，国内外学者基于大变形有限元计算方法、模型试验测试技术和塑性分析方法来分析多向受荷锚在海床中的复杂运动行为以及力学响应。

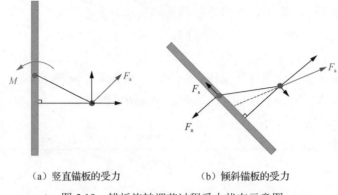

（a）竖直锚板的受力　　　　　（b）倾斜锚板的受力

图 5.19　锚板旋转调节过程受力状态示意图

5.5.1　大变形数值模拟

Liu 等（2014）最早用三维大变形有限元 RITSS 方法研究了多向受荷锚在黏土海床中的旋转调节过程。锚尖初始埋深 $z_e = 30$ m（$z_e/h_A = 3.3$），锚在水中的有效重量 $W' = 512$ kN，黏土为理想弹塑性材料且遵循 Tresca 屈服准则，土强度 $s_u = 2.4+1.1z$ kPa。锚-土界面接触用弹-塑性节点节理元来模拟，节理元包括一个法向弹簧和两个切向弹簧，法向弹簧具有足够的抗压能力以保证土单元不会进入锚中，也具有足够的抗拉能力以保证锚-土不分离。锚预埋在海床土中，不考虑锚的高速沉贯过程对周围土体的扰动。在数值模拟中未模拟锚链，而是在锚眼处施加一个与水平方向呈 β_a 的上拔荷载，进而得到锚在海床中的运动轨迹和承载力。

锚眼处上拔荷载角度 β_a 为 22.5° 和 30°，图 5.20 给出了 $\beta_a = 22.5$° 时锚的运动轨迹和承载力变化曲线。图 5.20（a）显示了锚的运动轨迹：锚首先向上运动并伴随转动，锚的转角不断增加；随后下潜至更深的土层，锚的转角基本保持不变。图 5.20（b）显示了锚在旋转调节过程中的承载力变化曲线，承载力先增加后轻微减小，最后又呈逐渐增加趋势。

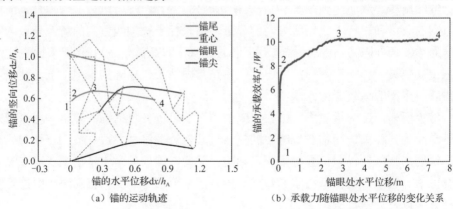

（a）锚的运动轨迹　　　　　（b）承载力随锚眼处水平位移的变化关系

图 5.20　多向受荷锚旋转调节过程运动轨迹及承载力（Liu et al., 2014）

　　根据锚的运动轨迹和承载力变化规律可将旋转调节过程分为三个阶段：①阶段一（从点1至点2），锚在海床中以竖直向上运动为主，作用在锚上的土体阻力急剧增加；②阶段二（从点2至点3），锚在海床中继续向上运动同时旋转角度迅速增加，锚在垂直于锚眼处上拔荷载方向平面内的投影面积不断增加，这有助于提高作用在锚上的法向阻力进而提高锚的承载效率；③阶段三（从点3至点4），锚的竖向位移开始减小，说明锚具有下潜性能，锚的承载效率先轻微降低，这是由锚眼相对参考点的偏移（e_s）造成的，在后面章节会进一步详细讨论，但是随着锚不断下潜至更深、强度更高的土层，锚的承载效率不再下降而会逐渐提高。

　　图5.21为图5.20中点2、3、4对应的锚周围土体流动机制。对于点2，锚尾土体向上流动，表明锚仍然在向上运动，锚尖土体流动方向与锚轴线方向基本垂直；对于点3，锚前端土体流动方向与锚轴线方向基本垂直，表明作用在锚上的土体阻力主要为法向阻力；对于点4，锚周围土体流动方向与锚轴线方向不再垂直，土体流动方向与锚的运动方向大致相同，表明作用在锚上的土体阻力既包括切向阻力也包括法向阻力。

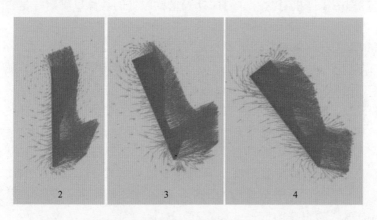

图5.21　多向受荷锚周围土体流动机制（Liu et al., 2014）

　　Kim等（2017）和Zhao等（2016a, 2016b）通过大变形有限元CEL方法模拟了多向受荷锚在海床中的旋转调节过程。Liu等（2014）与Kim等（2017）都未考虑嵌入段锚链对多向受荷锚在旋转调节过程中运动轨迹及承载力的影响，以减小计算代价。当嵌入点处荷载角度β_0较小时，从嵌入点至锚眼处的嵌入段锚链长度较长，这会急剧增加数值模型计算规模，从而降低计算效率。Zhao等（2016b）将锚链反悬链方程［式（5.8）］基于子程序VUAMP嵌入CEL中，具体步骤如下：

　　（1）给定锚眼位置初始荷载大小F_a及方向β_a；

（2）在 CEL 中进行一个分析步计算；

（3）更新锚眼在海床中的位置，基于锚链反悬链方程［式（5.8）］更新锚眼处上拔荷载方向 β_a；

（4）更新锚眼处上拔荷载 F_a；

（5）重复步骤（2）～（4）以得到锚在海床中的运动轨迹和承载力。

5.5.2 模型试验

Gaudin 等（2013）在离心机中进行了多向受荷锚安装和旋转调节过程模型试验。模型锚比尺 $\lambda_L = 200$，换算至原型后锚的重量 $W_d = 802$ kN，长度 $h_A = 9.05$ m。试验用到两种土样——高岭土和钙质土，强度分别为 $s_u = 2.4+1.1z$ kPa 和 $s_u = 3.3z$ kPa。模型锚以静力压入和动力贯入两种方式进行安装，随后在 $200g$ 条件下进行旋转调节模型试验。用直径 1 mm 的钢丝绳模拟锚链，锚链一端与锚眼相连，另一端绕过模型箱侧面固定的定滑轮连接至作动器上，作动器和锚链之间连接一力传感器来测量嵌入点处上拔荷载 F_0。在试验中，作动器以 2 mm/s 的速率匀速拖动锚链不断切割土体，当锚眼处上拔荷载大于锚的初始承载力时，锚开始在土中运动。试验过程中需停机三次，并用探针测量锚眼处的埋深以确定锚是否具有下潜性能。

三组试验工况相关参数列于表5.7，结果示于图5.22中。图5.22（a）为无量纲化的锚眼竖向位移 dz_{padeye}/h_A（dz_{padeye} 为锚眼在海床中的竖向位移）随无量纲化的锚链拖曳距离 S_{pull}/h_A（S_{pull} 为作动器的加载距离，也称锚链拖曳距离）的变化关系，图5.22（b）为锚的承载效率 F_0/W_d 随锚链拖曳距离 S_{pull}/h_A 的变化关系。工况 C-1 中嵌入点处荷载角度 $\beta_0 = 15.3°$，锚眼竖向位移 dz_{padeye}/h_A 一直增加且承载力不断减小，表明锚不具有下潜性能而是被逐渐拔出海床。工况 C-2 和工况 C-3 中嵌入点处上拔荷载角度 $\beta_0 = 0$，锚眼竖向位移 dz_{padeye}/h_A 先增加后减小，表明锚先向上运动后下潜至更深的土层。随着锚不断下潜至更深、强度更高的土层，锚的承载力也逐渐提高［图5.22（b）］。

表 5.7　多向受荷锚旋转调节过程离心模型试验工况（Gaudin et al., 2013）

工况	土样	土强度 s_u/kPa	安装方式	埋深比 z_e/h_A	上拔荷载角度 β_0/(°)
C-1	钙质土	3.3z	静力压入	1.40	15.3
C-2	高岭土	3+1.1z	静力压入	1.40	0
C-3	钙质土	3.3z	动力贯入	1.40	0

注：模型锚的安装方式有两种，静力压入指在 1g 条件下用作动器将锚以恒定的速度竖直压入土中预定深度，动力贯入指在 200g 条件下锚依靠动能和自身重力势能贯入土中。

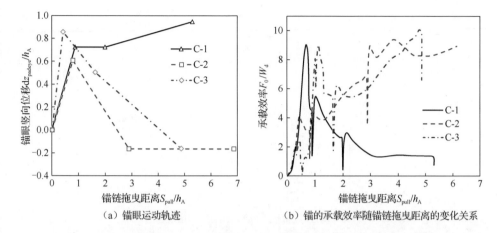

（a）锚眼运动轨迹   （b）锚的承载效率随锚链拖曳距离的变化关系

图 5.22　多向受荷锚在黏土中的运动轨迹和承载效率随锚链拖曳距离的变化关系

（Gaudin et al., 2013）

Liu 等（2019）通过 1g 模型试验研究了多向受荷锚的旋转调节过程，试验装置与图 5.8 所示装置相似。锚眼处连接一 MEMS 加速度传感器，用来测量锚眼处上拔荷载角度 β_a，嵌入点处串联布置一力传感器和 MEMS 加速度传感器，分别用来测量嵌入点处上拔荷载 F_0 及角度 β_0。模型锚为半个锚，能紧贴模型箱玻璃面内侧运动，通过数码相机拍照可确定锚在旋转调节过程中的运动轨迹和转角。为方便表述，模型试验中所涉及参数均为原型。锚的初始埋深比 $z_e/h_A = 1.5$，土强度 $s_u = 13+4z$ kPa，锚眼偏移量和锚眼偏心距分别为 $e_s = 1.42$ m 和 $e_n = 1.63$ m，锚在海床中的承载力随运动轨迹的变化关系如图 5.23 所示。

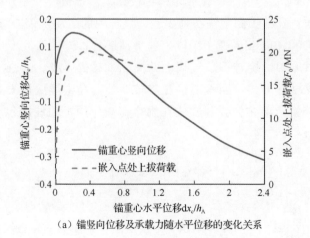

（a）锚竖向位移及承载力随水平位移的变化关系

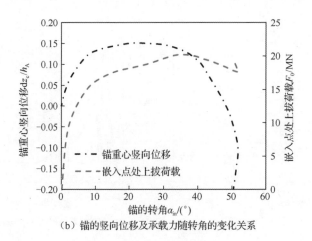

（b）锚的竖向位移及承载力随转角的变化关系

图 5.23　多向受荷锚在黏土中的运动轨迹和承载力（Liu et al., 2019）

基于 Liu 等（2019）的试验装置可得到锚的完整运动轨迹及承载力。从图 5.23（a）中可以看出，随着锚不断下潜至强度更高的深层土中，锚的承载力显著提高。这意味着当出现超设计荷载时，锚不会被拔出海床而失效，而是会嵌入更深的土层以提高承载力。因此，多向受荷锚的下潜性质有助于提高锚固系统的安全性。

5.5.3　塑性分析方法

塑性分析方法非常适用于研究锚在海床中的复杂运动行为和承载力。例如，O'Neill 等（2003）将拖曳锚简化成矩形锚板和楔形锚板，分别建立了两种锚板的屈服包络面方程，并预测了锚在拖曳安装过程中的运动轨迹。Liu 等（2017）、Wei 等（2015）和 Cassidy 等（2012）基于塑性分析方法研究了吸力式安装板锚 SEPLA 在海床中的旋转调节过程，并探究了翼板厚度、土强度梯度、是否考虑锚柄、襟翼展开方式等因素对锚在旋转调节过程中埋深损失和承载力的影响。进行塑性分析之前首先要建立锚在组合荷载作用下的屈服包络面方程，如式（2.39）所示：

$$\left(\frac{|N_n|}{N_{nmax}}\right)^q + \left[\left(\frac{|N_m|}{N_{mmax}}\right)^m + \left(\frac{|N_s|}{N_{smax}}\right)^n\right]^{1/p} - 1 = 0$$

Liu 等（2016）与 Han 等（2018）用试探法分别建立了黏土海床中深埋和浅埋多向受荷锚的承载力包络面方程，锚的初始埋深比 z_e/h_A 分别为 3.76 和 1.5，锚眼相对重心的偏移距离 $e' = 0.9$ m。在均质土中，参考点与锚重心重合，锚眼偏移量 $e_s = e'$；在非均质土中，参考点在重心之下，$e_s < e'$。当锚处于深埋状态时，强度梯度 k 对非均质度系数 kh_A/s_{uc} 的影响很小，因此承载力系数基本保持为一常数，且参考点位置基本不变。从表 5.8 中可以看出，当 k 从 1.1 kPa/m 增加至 3.3 kPa/m 时，锚眼偏移量 e_s 基本不变。当锚处于浅埋状态时，单轴承载力系数随锚初始埋深的增加而增加，因此，Han 等（2018）中锚的单轴承载力系数比 Liu 等（2016）中的小。土体强度梯度越大，浅埋状态下锚周围土体非均质度系数越大，锚的单轴承载力系数越小。另外，强度梯度越大，浅埋状态下锚的参考点越靠近锚尖，从而导致锚眼偏移量越小，这会影响锚在海床中的运动轨迹和承载力。

表 5.8　多向受荷锚屈服包络面方程中的参数（Han et al., 2018; Liu et al., 2016）

参数	Liu 等（2016）			Han 等（2018）		
土强度梯度 k /(kPa/m)	1.1	2.2	3.3	1.1	2.2	3.3
非均质度系数 kh_A/s_{uc}	0.29	0.30	0.31	0.81	0.89	0.92
锚眼偏移量 e_s /m	0.68	0.67	0.67	0.248	0.168	0.138
$N_{nmax} = F_{nmax}/(A_p s_{uc})$	15.39	15.35	15.34	13.26	12.81	11.91
$N_{smax} = F_{smax}/(A_p s_{uc})$	6.55	6.53	6.52	5.96	5.68	5.49
$M_{max} = M_{max}/(A_p h_A s_{uc})$	3.34	3.36	3.35	2.98	2.89	2.69
m	1.82			1.86		
n	3.48			3.20		
p	1.08			1.77		
q	2.21			2.70		

注：表层土强度 $s_{um} = 2.4$ kPa。

多向受荷锚在组合荷载作用下的承载力系数及屈服包络面如图 5.24 所示。基于承载力包络面方程进行塑性分析可得到锚在海床中的运动轨迹及承载力。塑性分析方法具有更高的计算效率，且非常适用于参数化研究，从而探究各影响因素对锚在旋转调节过程中埋深损失及下潜性能的影响。但是塑性分析方法无法考虑锚的高速安装过程造成的土体扰动对锚旋转调节过程的影响。在接下来的参数分析中，主要基于塑性分析结果，并结合大变形数值模拟和模型试验结果来介绍多因素复杂作用下多向受荷锚的承载力演化规律。

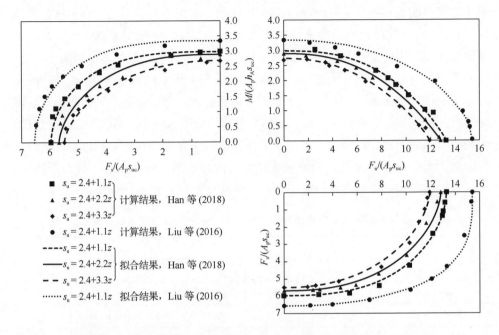

图 5.24　多向受荷锚屈服包络面（Liu et al., 2016; Han et al., 2018）

5.6　多向受荷锚下潜性能的参数化分析

5.6.1　锚眼偏移量

锚眼偏移量 e_s 是决定锚是否具有下潜性能的最重要参数（Liu et al., 2016; Wei et al., 2015）。Han 等（2018）通过塑性分析方法研究了锚眼偏移量对多向受荷锚运动轨迹和承载力的影响。在塑性分析中，锚的初始埋深比 $z_e/h_A = 1.5$，土强度 $s_u = 2.4+1.1z$ kPa，锚在水中有效重量 $W' = 512$ kN，屈服包络面方程中涉及参数详见表 5.8。考虑嵌入段锚链的影响，锚链法向承载力可表示为

$$f_n = N'_{chain}\lambda_n s_u d_c \tag{5.21}$$

式中，N'_{chain} 为承载力系数。

在塑性分析中将 $N'_{chain}\lambda_n d_c$ 看作一个整体乘子，取为 3.12 m（$N'_{chain} = 7.6, \lambda_n = 1$, $d_c = 0.41$ m），$\mu = 0.3$，锚链嵌入点处荷载上拔角度 $\beta_0 = 20°$（Han et al., 2018）。锚眼偏心距 e_n 始终保持 2.44 m 不变，通过调整 e_s 来改变锚眼相对锚重心的位置。为了方便表述，引入锚眼偏移角 θ_p：

$$\theta_p = \tan^{-1}(e_s/e_n) \tag{5.22}$$

当锚眼偏移角 θ_p 从 5°增加至 65°时，锚的运动轨迹如图 5.25（a）所示。锚眼偏移角越大，锚眼处上拔荷载 F_a 对参考点的力矩 M 越大，锚在海床中越容易旋转而不是竖直向上运动，因此锚在旋转调节过程中的埋深损失越小。随着锚眼偏移角的增加，锚在海床中的下潜趋势先增加后减小。当锚眼偏移角较小时，锚眼处上拔荷载 F_a 相对参考点的力矩 M 很小，锚不容易下潜而是容易沿着上拔荷载 F_a 方向被拔出海床。当锚眼偏移角较大时，锚在完成旋转调节后转角 α_{in} 接近90°［图 5.25（b）］，锚轴线基本与水平面平行，从而减弱了锚的下潜趋势。

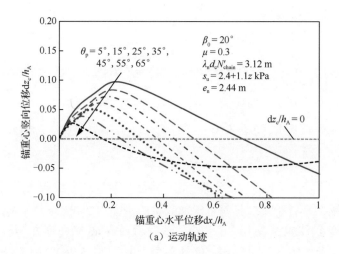

（a）运动轨迹

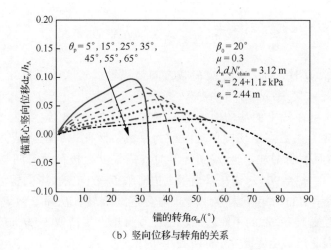

（b）竖向位移与转角的关系

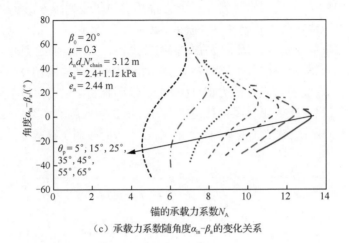

（c）承载力系数随角度α_{in}-β_a的变化关系

图 5.25　锚眼偏移角对多向受荷锚运动轨迹和承载力的影响（Han et al., 2018）

锚的承载力系数 N_A 可表示为

$$N_A = \frac{F_a}{s_{uc} A_p} \tag{5.23}$$

式中，A_p 为锚在平行于轴线且垂直于加载臂的平面内的投影面积；s_{uc} 为锚重心位置处的土强度。图 5.25（c）显示了锚的承载力系数 N_A 随角度 α_{in}-β_a 的变化关系。设锚眼处上拔荷载方向与锚轴线之间的夹角为 η_{in}（图 5.26），则 η_{in} 与 α_{in}-β_a 间的关系可表示为

$$\eta_{in} = \frac{\pi}{2} + \left(\alpha_{in} - \beta_a\right) \tag{5.24}$$

当 α_{in}-β_a < 0 时，锚眼处上拔荷载方向与锚轴线之间的夹角 η_{in} < 90°，如图 5.26（a）所示。随着 α_{in}-β_a 的增加，锚在垂直于上拔荷载 F_a 方向的投影面积不断增加，作用在锚上的法向阻力逐渐增加［图 5.26（a）］。由表 5.8 可知锚的法向单轴承载力系数高于切向单轴承载力系数，因此，锚的承载力系数 N_A 随 α_{in}-β_a 的增加而不断增加。当 α_{in}-β_a = 0 时，锚眼处上拔荷载方向与锚轴线垂直［图 5.26（b）］，η_{in} = 90°，锚在垂直于上拔荷载 F_a 方向的投影面积达到最大，但是 F_a 相对参考点的力矩不为零，因此锚会继续旋转，从而导致 α_{in}-β_a > 0［图 5.26（c）］。随着转角 α_{in} 的不断增加，锚在垂直于上拔荷载 F_a 方向的投影面积又开始减小，因此承载力系数 N_A 有所减小［图 5.25（c）］。当 α_{in}-β_a = θ_p 时，上拔荷载 F_a 方向的反向延长线通过参考点，此时 F_a 对参考点的力矩 M 减小为零。在均质土中，当 α_{in}-β_a = θ_p 后锚不再继续旋转，而是保持此转角在海床中水平运动，

称此时的深度为极限下潜深度。锚下潜至极限深度时的转角称为最终转角 α_{final}。在正常固结土或超固结土中，当 $\alpha_{in}-\beta_a=\theta_p$ 后，锚的自重相对参考点还产生一个外力矩，锚会继续旋转以抵抗锚的自重对参考点的外力矩。因此，锚的最终转角 α_{final} 稍微高于 $(\beta_a+\theta_p)$。

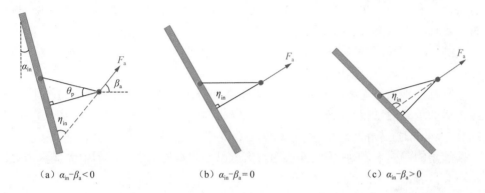

（a）$\alpha_{in}-\beta_a<0$ （b）$\alpha_{in}-\beta_a=0$ （c）$\alpha_{in}-\beta_a>0$

图 5.26 旋转调节过程中角度 $\alpha_{in}-\beta_a$ 的变化

承载力系数 N_A 反映了锚在组合荷载作用下的承载效率。锚眼偏移角越小，法向阻力对锚的承载力贡献越大，承载力系数 N_A 也越高。但是当锚眼偏移角过小时，锚的下潜趋势会减弱甚至失去下潜性能。因此，应结合锚在海床中的承载效率及下潜性能综合选择锚眼偏移角。从图 5.25 可以发现，当锚眼偏移角 $\theta_p=15°\sim25°$ 时，锚兼有良好的下潜性能和较高的承载能力。Liu 等（2019）、Tian 等（2018）和 Kim 等（2017）分别根据模型试验、塑性分析和大变形数值计算结果建议了锚眼偏移角的最优取值范围，列于表 5.9。表 5.9 还列出了吸力式安装板锚 SEPLA 锚眼偏移角的最优取值范围，为 $14°\sim20°$。因此，无论是多向受荷锚还是 SEPLA，锚眼偏移角的最优取值约为 $20°$。

表 5.9 锚眼偏移角最优取值范围

锚	锚眼偏移角最优取值范围/(°)	参考文献
多向受荷锚	15~22.5	Liu 等（2016）
	14~28	Kim 等（2017）
	15~27	Tian 等（2018）
	24~30	Liu 等（2019）
	15~25	Han 等（2018）
吸力式安装板锚 SEPLA	14~19	Tian 等（2015）
	15~20	Liu 等（2017）

5.6.2　锚眼偏心距

Han 等（2018）通过塑性分析方法研究了锚眼偏心距 e_n 对多向受荷锚在海床中运动轨迹和承载力的影响规律。锚、锚链和土的相关参数参考 5.6.1 节。保持锚眼偏移角 $\theta_p = 20°$ 不变，同时改变锚眼偏心距 e_n 和偏移量 e_s 以改变锚眼位置，如图 5.27（a）所示。锚在海床中的运动轨迹和承载力分别如图 5.27（b）和图 5.27（c）所示。锚眼偏心距 e_n 越大，锚眼处上拔荷载 F_a 对参考点的力矩 M 越大，锚在旋转调节过程中的埋深损失越小。

从锚的承载力包络面方程可知，力矩 M 越大，切向阻力和法向阻力越小，因此，锚的承载力系数 N_A 越小，如图 5.27（c）所示。当锚眼偏心距 e_n 从 0.1 m 增加至 2.44 m 时，锚的峰值承载力系数从 13.9 降低至 12.1。总体上看，在不改变锚眼偏移角的前提下，增加锚眼偏心距可有效减小锚在旋转调节过程中的埋深损失，却不会显著影响锚的承载力。

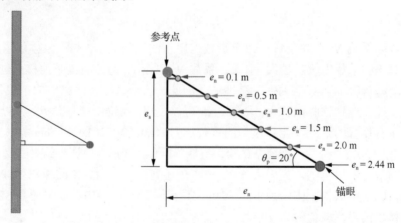

（a）锚眼位置示意图

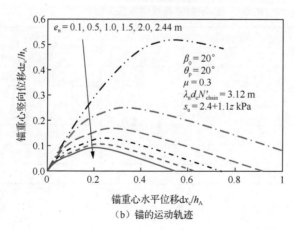

（b）锚的运动轨迹

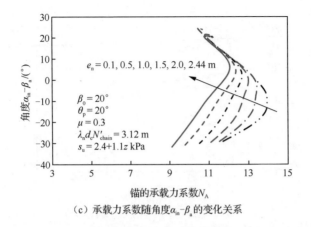

（c）承载力系数随角度 $\alpha_{in}-\beta_a$ 的变化关系

图 5.27 锚眼偏心距对多向受荷锚运动轨迹和承载力的影响（Han et al., 2018）

5.6.3 初始埋深

图 5.28 显示了初始埋深比 z_e/h_A 分别为 3（Liu et al., 2016）和 1.5（Han et al., 2018）时多向受荷锚的运动轨迹和承载力。在进行塑性分析时，锚的屈服包络面方程中相关参数分别参考 Liu 等（2016）和 Han 等（2018）的研究工作，土强度、锚链参数和嵌入点处上拔荷载角度参考 5.6.1 节。锚眼相对锚重心的偏移量 $e' = 0.9\,\text{m}$，锚眼偏移量 e_s 以及锚眼偏移角 θ_p 与锚的初始埋深比 z_e/h_A 及强度梯度 k 有关，具体参见表 5.10。在正常固结土中，初始埋深越浅，锚周围土体的非均质度系数 kB_A/s_{uc} 越大，从而导致锚眼偏移角 θ_p 越小。

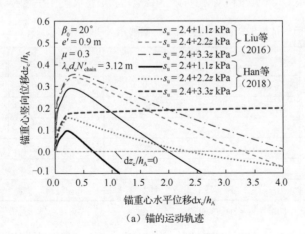

（a）锚的运动轨迹

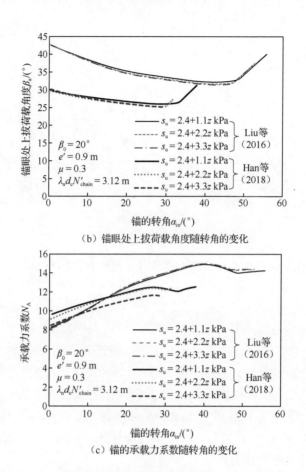

（b）锚眼处上拔荷载角度随转角的变化

（c）锚的承载力系数随转角的变化

图 5.28　初始埋深比及土强度梯度对多向受荷锚运动轨迹和承载力的影响（Han et al., 2018）

表 5.10　多向受荷锚的锚眼偏移量及锚眼偏移角（Han et al., 2018; Liu et al., 2016）

初始埋深比 z_e/h_A	土强度梯度 k/(kPa/m)	非均质度系数 kB_A/s_{uc}	锚眼偏移量 e_s/m	锚眼偏移角 θ_p/(°)
3	1.1	0.29	0.68	15.57
	2.2	0.30	0.67	15.35
	3.3	0.31	0.67	15.35
1.5	1.1	0.81	0.248	5.80
	2.2	0.89	0.168	3.94
	3.3	0.92	0.138	3.24

注：锚眼相对锚重心的偏移量 $e'=0.9$ m。

　　以 $s_u = 2.4+1.1z$ kPa 为例来讨论初始埋深比对多向受荷锚旋转调节过程的影响。从图 5.28（a）可以看出，初始埋深比越大，锚在旋转调节过程中的埋深损失越大，这主要是由锚眼处上拔荷载角度 β_a 引起的。锚眼埋深越大，嵌入段锚链切割土体越困难，从而导致锚链在海床中的反悬链形态越陡（即锚眼处上拔荷载角度越大）。如图 5.28（b）所示，当埋深比 z_e/h_A 由 1.5 增加至 3 时，锚眼处上拔荷载角度 β_a 约增加 8°～10°。较高的 β_a 会使锚产生较大的埋深损失。图 5.28（c）为锚的承载力系数 N_A 随转角 α_{in} 的变化关系。初始埋深越浅，锚的承载力包络面越小，因此，锚在旋转调节过程中所能达到的峰值承载力系数越小。

由于锚眼处上拔荷载方向与竖直方向呈一定角度（$\pi/2-\beta_a$），锚在旋转调节过程中不可避免要产生竖向埋深损失。若锚的初始埋深较浅、锚尾部土体应力水平较低，锚在旋转调节过程中更容易竖直向上运动从而易被拔出海床。Zimmerman 等（2009）建议初始埋深比 z_e/h_A 应大于 1.2 以避免锚在旋转调节过程中被拔出海床，Liu 等（2019）通过模型试验得出初始埋深比 z_e/h_A 应不小于 1.3。

5.6.4　土强度梯度

图 5.28 还显示了不同强度梯度 k 对多向受荷锚旋转调节过程的影响。锚眼偏移角 θ_p 随强度梯度 k 的增加而减小。因此，强度梯度 k 越大，锚在旋转调节过程中的埋深损失越大，且锚的下潜趋势越缓慢 [图 5.28（a）]。当埋深比 $z_e/h_A = 1.5$，强度梯度 $k = 3.3$ kPa/m 时，由于锚眼偏移角过小导致锚甚至失去了下潜性能。从图 5.28（b）中可以看出，锚眼处上拔荷载角度 β_a 基本不随强度梯度 k 的变化而改变。强度梯度 k 越大，锚链切割土体过程中所受的土体法向阻力 f_n 越大，同时锚能提供的抗拔承载力 F_a 越大，f_n 和 F_a 均与土体强度成正比。由于 f_n 和 F_a 同比例增加或减小，由锚链反悬链方程 [式（5.8）] 可知，锚眼处上拔荷载角度 β_a 基本保持不变。总之，锚的初始埋深和强度梯度共同影响参考点的位置，从而改变锚眼偏移角的大小，进而影响锚的埋深损失、下潜趋势及承载力。

5.6.5　锚眼处和嵌入点处上拔荷载方向

嵌入点处上拔荷载角度 β_0 会影响锚眼处上拔荷载角度 β_a。β_a 越大，锚眼处上拔荷载 F_a 在竖直方向的分量越大，锚更容易向上运动被拔出海床而不容易下潜至更深的土层。Han 等（2018）基于塑性分析方法研究了不同上拔荷载角度 β_0 对多向受荷锚极限下潜深度及极限承载效率的影响。锚的初始埋深比 $z_e/h_A = 1.5$，则锚重心初始埋深比 $z_c/h_A = 0.99$。土强度 $s_u = 2.4+1.1z$ kPa，锚和锚链相关参数参考 5.6.1 节。从图 5.29（a）中可以发现，上拔荷载角度 β_0 越小，锚重心所能达到的极限深度 $z_{c,ult}/h_A$ 越大。随着 β_0 的增加，能使锚具有下潜性质的锚眼偏移角 θ_p 的范围逐渐缩小。例如，当角度 β_0 从 0 增加至 35° 时，能使锚下潜的锚眼偏移角 θ_p 的范围从 5°～60° 缩小至 10°～40°。锚的极限下潜深度 $z_{c,ult}$ 越大，对应的极限

承载效率 $F_{0,\mathrm{ult}}/W'$（$F_{0,\mathrm{ult}}$ 为锚达到极限下潜深度时嵌入点处抗拔承载力）越高，如图 5.29（b）所示。从图 5.29 中也可以看出，当锚眼偏移角 $\theta_p = 15°\sim30°$ 时，锚能达到较深的极限深度，而当 $\theta_p = 15°\sim25°$ 时，锚的极限承载效率更高。综上，锚眼偏移角的最优取值范围为 $15°\sim25°$，与 5.6.1 节分析结果一致。

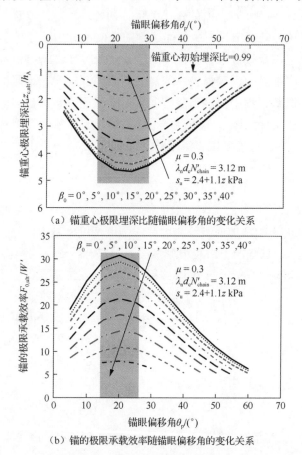

（a）锚重心极限埋深比随锚眼偏移角的变化关系

（b）锚的极限承载效率随锚眼偏移角的变化关系

图 5.29 嵌入点处上拔荷载角度对多向受荷锚极限深度及承载效率的影响

（Han et al., 2018）

多向受荷锚的下潜性能受多因素共同影响，锚眼偏移角和锚链嵌入点处上拔荷载角度共同影响锚的下潜性能，从而影响锚的极限下潜深度以及极限承载力。Kim 等（2017）基于大变形有限元 CEL 方法模拟了多向受荷锚的旋转调节过程，模拟结果表明：当锚眼处上拔荷载角度 $\beta_a = 30°$ 时，若锚眼偏移角 $\theta_p = 14.2°\sim36.9°$，锚具有下潜的性质；当 β_a 增加至 $45°$ 时，无论锚眼偏移角怎么取值，锚不再具有下潜性质。

5.6.6 锚链参数

嵌入段锚链直径越大，其所受土体阻力越大，这会增加锚眼处上拔荷载角度 β_a，进而降低多向受荷锚的下潜趋势，如图 5.30 所示。Han 等（2018）基于塑性分析方法研究了不同锚链直径对多向受荷锚极限深度和极限承载效率的影响。土强度 $s_u = 2.4+1.1z$ kPa，锚的初始埋深比 $z_e/h_A = 1.5$，嵌入点处上拔荷载角度 $\beta_0 = 20°$，比值 $\mu = 0.3$。将乘子 $\lambda_n d_c N'_{chain}$ 的取值从 1.52 m 增加至 9.12 m，来考虑锚链直径对锚在海床中旋转调节过程的影响。乘子 $\lambda_n d_c N'_{chain}$ 越大，锚眼处上拔荷载角度 β_a 越大，从而导致锚在海床中的极限下潜深度越浅、承载效率越低。

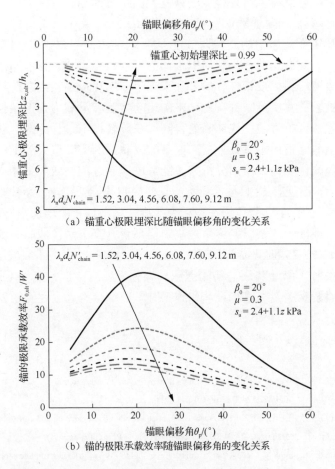

（a）锚重心极限埋深比随锚眼偏移角的变化关系

（b）锚的极限承载效率随锚眼偏移角的变化关系

图 5.30 锚链参数对多向受荷锚极限深度及承载效率的影响（Han et al., 2018）

5.7　小　　结

本章主要介绍了动力锚在黏土海床中的承载力。锚眼处上拔荷载方向决定了锚在海床中的运动模式以及锚周围土体的失效模式，因此，嵌入段锚链在海床中的反悬链形态至关重要。通过锚链反悬链方程和锚链屈服包络线方程，可确定锚链在海床中的反悬链形态。

在竖直上拔荷载作用下，鱼雷锚的承载力主要由锚-土界面摩擦阻力和锚的自重来提供。动力锚高速安装过程结束后，需要使锚在海床中静置一段时间以确保锚周围扰动土体强度得以一定程度的恢复。固结时间越长，锚周围土体超孔隙水压力消散程度越高，锚的承载效率也相应提高。

多向受荷锚在海床中的旋转调节过程涉及锚-锚链-土大变形相互作用，需明确锚在海床中的复杂运动行为和周围土体的复杂破坏模式。目前通常基于模型试验、大变形数值模拟以及塑性分析方法来确定多向受荷锚在组合荷载作用下的承载力。模型试验能真实反映锚在海床中的运动轨迹和承载力，但试验制样困难且周期较长；塑性分析方法能快速高效得到锚在旋转调节过程中的运动轨迹和承载力变化规律，非常适用于参数分析，但不能反映锚的安装造成的土体扰动对后续旋转调节过程的影响；大变形分析方法能考虑安装过程造成的土体扰动对旋转调节过程的影响，但现有 CEL 技术还不能真实模拟锚-土界面接触问题和摩擦问题，还需要进一步发展。多向受荷锚在海床中的旋转调节过程会增加锚的法向承载力，进而能提高承载能力。锚眼偏移角是决定锚是否具有下潜性能的关键因素，当锚眼偏移角为 $15°\sim25°$ 时，锚兼有较明显的下潜趋势和较高的承载效率。锚在海床中的埋深损失和下潜趋势还与初始埋深、土强度梯度、嵌入点处上拔荷载方向、锚链直径等因素有关。在进行设计和施工时，应综合考虑上述因素以确定锚的承载力。

参 考 文 献

瑜璐, 杨庆, 张金利, 等, 2019. 上限法简化模型分析鱼雷锚水平承载力. 岩土工程学报. (2019-10-14)[2019-11-16]. http://kns.cnki.net/kcms/detail/32.1124.Tu.20191014.1126.002.html.

American Petroleum Institute(API), 2002. Recommended practice for planning, designing and constructing fixed offshore platforms– working stress design: RP 2A-WSD. Washington, USA: API Publishing Services.

Cassidy M J, Gaudin C, Randolph M F, et al., 2012. A plasticity model to assess the keying of plate anchors. Géotechnique, 62(9): 825-836.

Degenkamp G, Dutta A, 1989. Soil resistances to embedded anchor chain in soft clay. Journal of Geotechnical Engineering, 115(10): 1420-1438.

Det Norske Veritas(DNV), 2017a. Design and installation of fluke anchors: DNVGL-RP-E301. Norway.

Det Norske Veritas(DNV), 2017b. Design and installation of plate anchors in clay: DNVGL-RP-E302. Norway.

Frankenmolen S F, White D J, O'Loughlin C D, 2016. Chain-soil interaction in carbonate sand//Offshore Technology Conference, Houston, USA: OTC-27012-MS.

Fu Y, Zhang X Y, Li Y P, et al., 2017. Holding capacity of dynamically installed anchors in normally consolidated clay under inclined loading. Canadian Geotechnical Journal, 54(9): 1257-1271.

Gaudin C, O'Loughlin C D, Hossain M S, et al., 2013. The performance of dynamically embedded anchors in calcareous silt//ASME 2013 32nd International Conference on Ocean, Offshore and Arctic Engineering, Nantes, France: OMAE 2013-10115.

Han C C, Liu J, 2017. A modified method to estimate chain inverse catenary profile in clay based on chain equation and chain yield envelope. Applied Ocean Research, 68, 142-153.

Han C C, Liu D G, Liu J, 2018. Keying process of the Omnimax anchor shallowly embedded in undrained normally consolidated clay. Journal of Waterway, Port, Coastal, Ocean Engineering, 144(4): 04018008.

Hossain M S, Kim Y, Gaudin C, 2014. Experimental investigation of installation and pullout of dynamically penetrating anchors in clay and silt. Journal of Geotechnical and Geoenvironmental Engineering, 140(7): 04014026.

Hossain M S, O'Loughlin C D, Kim Y, 2015. Dynamic installation and monotonic pullout of a torpedo anchor in calcareous silt. Géotechnique, 65(2): 77-90.

Kim Y H, Hossain M S, 2016. Numerical study on pull-out capacity of torpedo anchors in clay. Geotechnique Letter, 6, 1-8.

Kim Y H, Hossain M S, 2017. Dynamic installation, keying and diving of OMNI-Max anchors in clay. Géotechnique, 67(1): 78-85.

Liu J, Lu L H, Yu L, 2014. Large deformation finite element analysis of gravity installed anchors in clay//ASME 2014 33rd International Conference on Ocean, Offshore and Arctic Engineering. American Society of Mechanical Engineers, San Francisco, USA: OMAE 2014-24347.

Liu J, Lu L H, Hu Y X, 2016. Keying behavior of gravity installed plate anchor in clay. Ocean Engineering, 114: 10-24.

Liu J, Lu L H, Yu L, 2017. Keying behavior of suction embedded plate anchors with flap in clay. Ocean Engineering, 131: 231-243.

Liu J, Tan M X, Hu Y X, 2018. New analytical formulas to estimate the pullout capacity factor for rectangular plate anchors in NC clay. Applied Ocean Research, 75: 234-247.

Liu J, Han C C, Yu L, 2019. Experimental investigation of the keying behavior of the OMNI-Max anchors. Marine Georesources and Geotechnics, 37(3): 349-365.

Medeiros C J, 2002. Low cost anchor system for flexible risers in deep waters//Offshore Technology Conference, Houston, USA: OTC 14151.

Merifield R S, Sloan S W, Yu H S, 2001. Stability of plate anchors in undrained clay. Geotechnique, 51(2): 141-153.

Neubecker S R, Randolph M F, 1995. Profile and frictional capacity of embedded anchor chains. Journal of Geotechnical Engineering, 121(11): 797-803.

O'Beirne C, O'Loughlin C D, Wang D, et al., 2015. Capacity of dynamically installed anchors as assessed through field testing and three-dimensional large-deformation finite element analyses. Canadian Geotechnical Journal, 52(5): 548-562.

O'Neill M P, Bransby M F, Randolph M F, 2003. Drag anchor fluke-soil interaction in clay. Canadian Geotechnical Journal, 40(1): 78-94.

Richardson M D, 2008. Dynamically installed anchors for floating offshore structures. Perth: The University of Western Australia.

Richardson M D, O'Loughlin C D, Randolph M F, et al., 2009. Setup following installation of dynamic anchors in normally consolidated clay. Journal of Geotechnical and Geoenvironmental Engineering, 135(4): 487-496.

Sun C, Feng X W, Gourvenec S, 2018. Finite element simulation of an embedded anchor chain//Proceedings of the ASME 2018 37th International Conference on Ocean, Offshore and Arctic Engineering, Madrid, Spain: OMAE 2018-77781.

Tho K, Chen Z, Leung C, et al., 2014. Pullout behavior of plate anchor in clay with linearly increasing strength. Canadian Geotechnical Journal, 51: 92-102.

Tian Y H, Randolph M F, Cassidy M J, 2015. Analytical solution for ultimate embedment depth and potential holding capacity of plate anchors. Geotechnique, 65(6): 517-530.

Tian Y H, Gaudin C, Randolph M F, et al., 2018. Numerical Investigation of diving potential and optimization of offshore anchors. Journal of Geotechnical and Geoenvironmental Engineering, 144(2): 04017117.

Wei Q C, Cassidy M J, Tian Y H, et al., 2015. Incorporating shank resistance into prediction of the keying behavior of suction embedded plate anchors. Journal of Geotechnical and Geoenvironmental Engineering, 141(1): 04014080.

Wu X N, Chow Y K, Leung C F, 2017. Behavior of drag anchor under uni-directional loading and combined loading. Ocean Engineering, 129: 149-159.

Yu L, Liu J, Kong X J, et al., 2011. Numerical study on plate anchor stability in clay. Géotechnique, 61(3): 235-246.

Zhao Y B, Liu H X, 2016a. Numerical implementation of the installation/mooring line and application to analyzing comprehensive anchor behaviors. Applied Ocean Research, 54: 101-114.

Zhao Y B, Liu H X, Li P D, 2016b. An efficient approach to incorporate anchor line effects into the coupled Eulerian-Lagrangian analysis of comprehensive anchor behaviors. Applied Ocean Research, 59: 201-215.

Zimmerman E H, Smith M, Shelton J T, 2009. Efficient gravity installed anchor for deepwater mooring//Offshore Technology Conference, Houston, USA: OTC 20117.

6 新型动力锚在砂土中的特性

6.1 引　言

近十年来，在鱼雷锚和多向受荷锚的基础上，发展出了多种新型动力锚。Muehlner（2008）提出了一种带翼板的鱼雷锚（图 6.1），比鱼雷锚多了三块翼板。翼板铰接在锚的中轴上。在高速安装过程中，翼板处于收缩状态，即三块翼板绕中轴围成一个圆环，以减小锚在水中自由下落时的拖曳阻力和在海床中沉贯时的土体阻力。在上拔荷载作用下，翼板顶端会受到向下的土体阻力。当作用在翼板顶端的土体阻力足够大时，捆绑翼板的扎带断开，翼板会逐渐打开。翼板所能打开的最大角度约为 90°，即翼板与中轴的夹角为 90°。完全展开后的翼板主要承受土体法向阻力，从而有助于提高锚在海床中的承载力。

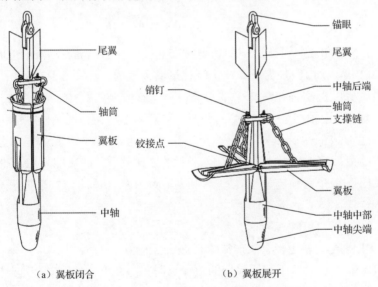

（a）翼板闭合　　　　　　　　　（b）翼板展开

图 6.1　带翼板鱼雷锚（Muehlner, 2008）

Gerkus 等（2016）提出了一种新型动力锚概念 [图 6.2（a）]。该锚结合了动力锚自安装和法向承力锚承载效率高的优点，称为翼形锚（flyling wing anchor, FWA）。FWA 由一块翼板和一个可绕翼板旋转的锚柄组成，锚眼位于锚柄的自由端。FWA 的翼板近似于翼形，以减小水和土体阻力，锚柄为一段圆柱，铰接在翼板的中心。若将 FWA 看作鱼雷锚，则翼板和锚柄分别相当于鱼雷锚的尾翼和中轴。在动力安装过程中，锚柄轴线与翼板平面平行。安装结束后，张紧锚链对锚进行旋转调节，如图 6.2（b）所示。在上拔荷载作用下锚柄会逐渐张开，锚柄相对于翼板的最大张开角度约为 90°，此时锚柄与翼板垂直，作用在锚眼处的上拔荷载方向基本与翼板垂直，以最大限度地增加作用在锚上的法向阻力，从而提高锚的承载能力。在旋转调节过程完成后［图 6.2（b）中阶段 4 所示］，FWA 的受力形式与法向承力锚的受力形式相似。

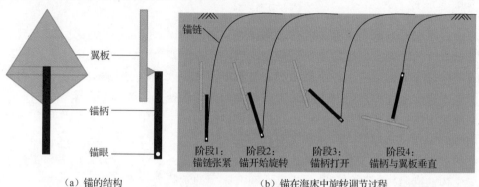

（a）锚的结构　　　　　　　　　　　（b）锚在海床中旋转调节过程

图 6.2　翼形锚（Gerkus et al., 2016）

Blake 等（2012）设计了一种动力式安装板锚（dynamically embedded plate anchor, DEPLA），由四片翼板和一个圆柱形套筒组成，如图 6.3（a）所示。为了增加锚的质量以提高锚在海床中的沉贯深度，在安装过程中需要借助一个圆柱形中轴。圆柱形中轴穿过 DEPLA 的套筒，二者通过剪切销连接。中轴和 DEPLA 连接在一起形成的组合锚相当于一个鱼雷锚。组合锚的安装过程与鱼雷锚相似，安装结束后将中轴拔出海床，回收后的中轴可用于其他 DEPLA 的安装。待中轴拔出后需张紧锚链使锚在海床中旋转调节至合适的方位以提高承载能力［图 6.3（b）］。

相比鱼雷锚，DEPLA 有两个特点：

（1）DEPLA 质量更轻、生产成本低廉、运输方便；

（2）DEPLA 锚眼位于某块翼板的边缘且与重心高度一致，锚眼处上拔荷载相对重心形成一个外力矩，该外力矩会使锚在海床中旋转调节至法向承载面积较大的方位，从而提高锚的承载效率。

随着人们对能源需求的持续增加，海上风能、潮汐能、波浪能等新型清洁能源的开发得到了迅速发展。对这些能源的开发和利用主要集中在大陆架海域，这部分海域的海床上广泛分布着砂土或夹砂土层。第 4 章介绍的 Richardson（2008）离心模型试验结果显示，无尾翼鱼雷锚在石英粉中的沉贯深度仅为锚长的 0.3 倍。Chow 等（2017）和刘君等（2018）分别提出了两种新型动力锚，可同时适用于砂土和黏土海床。本章首先介绍两种新型动力锚的结构及安装方法，然后介绍锚在砂土中高速沉贯过程的模型试验及数值模拟结果，分析了贯入速度、砂土相对密实度、助推器质量等因素对沉贯深度的影响，最后介绍了锚在砂土中的旋转调节过程和承载力演化规律。由于海床土性质的显著差异，本章所介绍的动力锚在砂土中的受力和运动规律与第 4 章和第 5 章所介绍的锚在黏土中的特性有着显著区别。

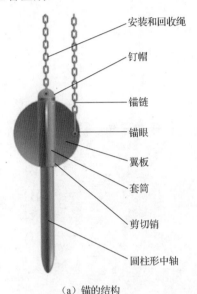

（a）锚的结构

安装和回收绳

钉帽

锚链

锚眼

翼板

套筒

剪切销

圆柱形中轴

（b）DEPLA 安装全过程

图 6.3　动力式安装板锚的结构及安装全过程（O'Loughlin et al., 2016）

6.2　两种新型动力锚及其安装方法

Lunne 等（2002）指出，根据 CPT 所测摩擦阻力 f_s 和锥尖净阻力 $q_{\text{net-cone}}$ 之比 F_r 可大致判断土层分类，如式（1.11）所示：

$$F_r = \frac{f_s}{q_{\text{net-cone}}}$$

黏土的 F_r 较大，而砂土的 F_r 较小。因此，当动力锚高速贯入砂土海床时，端承阻力在总阻力中的占比较黏土中有所增加，这意味着在设计新型动力锚时要尽可能减小锚的端承面积以确保锚能顺利贯入砂土中。

Chow 等（2017）提出了一种新型动力锚，称为 DPAIII 锚，如图 6.4（a）所示。DPAIII 锚呈叶片形，主要由两块翼板和锚柄组成，每块翼板大致呈三角形，前端以一段圆弧过渡，且翼板厚度从中轴向边缘逐渐减小，以降低锚在垂直于轴线方向平面内的投影面积，进而减小贯入海床过程中作用在锚上的端承阻力。锚柄位于两翼板的交界线上，锚眼位于锚柄边缘。每块翼板和锚柄所在平面之间的夹角大于 90°，以保证锚的重心位于翼板中轴线上。

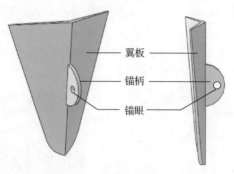

（a）锚的结构

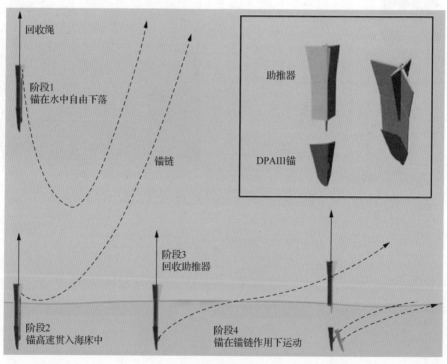

（b）安装方法

图 6.4　DPAIII 锚及其安装方法（Chow et al., 2017）

　　由于 DPAIII 锚翼板较薄、质量较轻，难以依靠自身重量贯入海床中。因此，DPAIII 锚的安装需要借助一个助推器，如图 6.4（b）所示。助推器由两块翼板和两个较小的尾翼组成，两块翼板之间的夹角与 DPAIII 锚两块翼板之间的夹角相等。助推器的翼板用来提供额外重量，以确保 DPAIII 锚能贯入强度较高的砂土海床中。助推器尾翼用来提高组合锚（DPAIII 锚+助推器）在水中自由下落时的方向稳定性。DPAIII 锚的安装方法与借助助推器安装多向受荷锚和 DEPLA 的方法类似，如图6.4（b）所示，这里不再赘述。

刘君等（2018）提出了一种新型轻质重力式安装板锚（light gravity installed plate anchor, L-GIPLA），如图6.5（a）所示。L-GIPLA 由两块翼板和锚柄组成，翼板边缘微微朝外（背离锚柄方向）偏移，以克服锚柄的影响，确保锚的重心位于翼板轴线上。翼板前端设计成三角形或盾形，以减小高速贯入海床过程中作用在锚上的端承阻力。锚柄由两块梯形板组成，锚眼位于两梯形板的交界处。三角形 L-GIPLA 有助于减小贯入海床过程中作用在锚上的端承阻力，从而提高锚的沉贯深度；盾形 L-GIPLA 具有更大的承载面积从而有助于提高锚在海床中的承载力。为了增加 L-GIPLA 在海床中的沉贯深度，其安装也需要借助助推器来完成，如图6.5（b）所示。助推器的外形和设计原理参考第 3 章相关内容。利用助推器安装 L-GIPLA 的步骤如图6.5（b）所示，与使用助推器安装多向受荷锚的步骤相同，这里不再赘述。

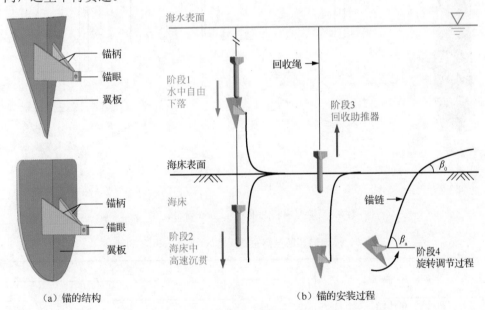

（a）锚的结构　　　　　　　　　　　　（b）锚的安装过程

图6.5　轻质重力式安装板锚及其安装方法（刘君等，2018）

6.3　DPAIII 锚在砂土中的沉贯特性

Chow 等（2017）开展离心模型试验（100g）研究了 DPAIII 锚在石英砂中的沉贯过程，并探究了砂土相对密实度、助推器质量和贯入速度对锚沉贯深度的影响。

6.3.1 沉贯试验模型锚及助推器

模型锚和助推器如图 6.6 所示。模型锚长 $h_A = 24$ mm，质量 $m = 1.28$ g。将助推器简化成两块矩形板，两矩形板之间的夹角与锚翼板之间的夹角相同，宽度与锚翼板间最大宽度 l_A 相同。模型试验中设计了三种助推器长度，分别为 $h_B = 46$ mm、65 mm 和 84 mm，对应的质量分别为 $m_B = 4.27$ g、6.00 g 和 7.60 g，以探究助推器质量对 DPAIII 锚贯深度的影响。因此，三种助推器与锚的质量比分别为 3.3、4.7 和 5.9。模型锚和助推器的详细尺寸列于表 6.1。

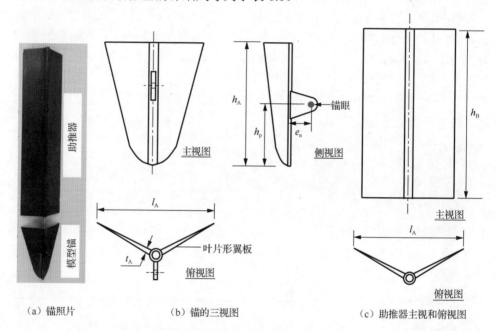

（a）锚照片　　　　　　（b）锚的三视图　　　　　（c）助推器主视和俯视图

图 6.6　模型锚和助推器（Chow et al., 2017）

表 6.1　模型锚和助推器主要尺寸（Chow et al.，2017）

类型	物理量	数值	
		模型	原型
模型锚	锚长 h_A	24 mm	2.40 m
	锚眼相对锚尖的高度 h_p	11 mm	1.10 m
	锚眼偏心距 e_n	2.1 mm	0.21 m
	两翼板之间最大宽度 l_A	18 mm	1.80 m
	翼板厚度 t_A	0.10（边缘）～0.76（轴线）mm	0.01（边缘）～0.076（轴线）m
助推器	助推器长度 h_B	46 mm 65 mm 84 mm	4.6 m 6.5 m 8.4 m

6.3.2 沉贯试验土样及土强度

模型试验中用石英砂制备土样,其基本参数列于表 6.2。用落雨法分别制备松砂和密砂土样。试验箱长宽高分别为 650 mm、390 mm 和 325 mm。松砂和密砂干密度分别为 $\rho_d = 1521$ kg/m³ 和 1702 kg/m³,相对密实度分别为 $D_r = 23\%$ 和 80%。在离心模型试验中,制好的土样通水饱和后,始终保持土样表层有 40 mm 高的水层。用直径为 10 mm 的 CPT 测量土样强度,贯入速度为 1 mm/s,锥尖阻力 q_t 随贯入深度 z 的变化关系如图 6.7 所示。土样 1 为松砂,土样 2 为密砂。

表 6.2 石英砂基本参数(Chow et al.,2017)

石英砂相对密度 G_s	粒径 d_{10}, d_{50}, d_{60} /mm	最小干密度 $\rho_{d,min}$ /(kg/m³)	最大干密度 $\rho_{d,max}$ /(kg/m³)	临界状态摩擦角 φ_{cv} /(°)
2.65	0.10, 0.19, 0.22	1460	1774	30

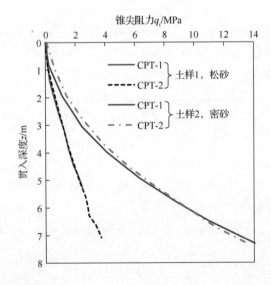

图 6.7 CPT 测得的石英砂中锥尖阻力随贯入深度的关系(Chow et al., 2017)

6.3.3 沉贯试验工况设置

在两种土样中共进行 14 组模型试验,研究了砂土密实度、助推器质量和贯入速度对沉贯深度的影响,试验工况及锚的埋深比 z_e/h_A 列于表 6.3。为尽量降低边界效应对沉贯深度的影响,两个试验点之间的距离为 75 mm($\approx 20D_{eff}$,D_{eff} 为锚的等效直径),试验点至模型箱侧壁的距离为 100 mm($\approx 25D_{eff}$)。

表6.3　DPAIII锚沉贯试验工况及结果（Chow et al.，2017）

土样	工况	助推器与锚质量比	贯入速度 v_0 /(m/s)	埋深比 z_e/h_A
土样1 （松砂）	1	5.9	18.2	2.20
	2	5.9	18.1	2.20
	3	5.9	5.2	1.06
	4	4.7	18.2	1.97
	5	4.7	5.2	0.85
	6	3.3	18.2	1.72
	7	3.3	5.8	0.89
土样2 （密砂）	8	5.9	18.1	1.54
	9	5.9	18.1	1.58
	10	5.9	4.9	0.85
	11	4.7	18.1	1.42
	12	4.7	18.1	1.38
	13	3.3	18.1	1.27
	14	3.3	18.1	1.23

6.3.4　沉贯试验结果

图6.8为不同助推器质量、不同土样密实度以及不同贯入速度对锚的埋深比的影响。从图6.8（a）中可以看出：锚的埋深比随助推器质量的增加而增大，随土样相对密实度的增大而减小。当贯入速度 v_0 = 18.1～18.2 m/s 时，锚在松砂中的埋深比 z_e/h_A = 1.72（m_B/m = 3.3）～2.20（m_B/m = 5.9），在密砂中的埋深比 z_e/h_A = 1.23（m_B/m = 3.3）～1.58（m_B/m = 5.9）。从图6.8（b）中可以看出：锚的埋深比随助推器质量的增加和贯入速度的增加而增大。以 m_B/m = 3.3 为例，在松砂中，当贯入速度 v_0 从5.2～5.8 m/s 增加至18.1～18.2 m/s 时，锚的埋深比从0.89增加至1.72。上述规律与第4章锚在黏土海床中埋深比规律一致。值得注意的是，在模型试验中，砂土颗粒的尺寸效应可能会导致锚的沉贯深度偏浅（Chow et al.，2017），即离心模型试验得到的沉贯深度是偏于保守的。第4章提及，Richardson（2008）离心模型试验结果表明：无尾翼鱼雷锚在石英粉中的沉贯深度仅为 $0.3h_A$。因此，相比鱼雷锚，叶片形DPAIII锚更适合于砂土海床中。

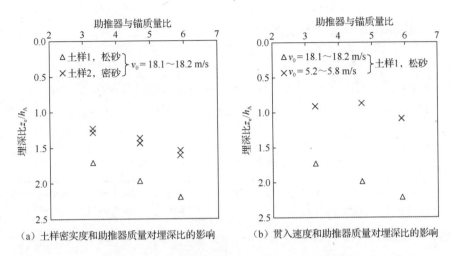

（a）土样密实度和助推器质量对埋深比的影响　　　（b）贯入速度和助推器质量对埋深比的影响

图 6.8　DPAIII 锚的埋深比（Chow et al., 2017）

6.4　DPAIII 锚在砂土中的旋转调节特性

Chow 等（2018）开展离心模型试验（50g）研究了 DPAIII 锚在石英砂中的旋转调节过程，并探究了锚的初始埋深、锚眼偏心距和上拔荷载角度对承载力的影响规律。

6.4.1　旋转调节试验模型锚

Chow 等（2018）共设计了 4 种模型锚（图 6.9）以探究锚眼偏心距 e_n 对 DPAIII 锚旋转调节过程和承载力的影响规律。图 6.9 中四种锚 A1、A2、A3 和 A4 对应的锚眼偏心距 e_n 与锚长 h_A 之比 e_n/h_A 分别为 0.15、0.30、0.60 和 1.00，质量分别为 $m = 10.32$ g、12.40 g、13.84 g 和 15.68 g，锚长 $h_A = 48$ mm，锚眼相对锚尖高度（$h_p = 30$ mm）与重心相对锚尖高度相等。

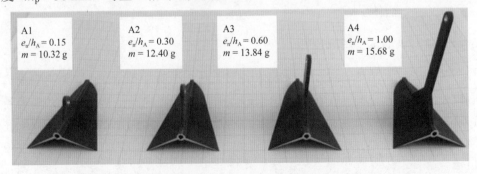

图 6.9　四种不同锚眼偏心距的模型锚（Chow et al., 2018）

6.4.2　旋转调节试验土样及土强度

石英砂的基本参数如表 6.4 所示。试验箱长宽高分别为 650 mm、390 mm 和 325 mm。用落雨法制备中密砂土样，土样相对密实度 $D_r=66\%\pm3\%$，饱和密度 $\rho_s=2034\sim2043$ kg/m^3。用贯入速度为 1 mm/s 的 CPT 测量土样强度，锥尖阻力 q_t 随深度的变化关系示于图 6.10。

表 6.4　石英砂基本参数（Chow et al., 2018）

石英砂相对密度 G_s	粒径 d_{10}, d_{50}, d_{60} /mm	不均匀系数 C_u	曲率系数 C_c	最小干密度 $\rho_{d,min}$ /(kg/m^3)	最大干密度 $\rho_{d,max}$ /(kg/m^3)	临界状态摩擦角 φ_{cv} /(°)
2.67	0.12, 0.18, 0.19	1.67	1.02	1497	1774	31.6（三轴试验测试结果）

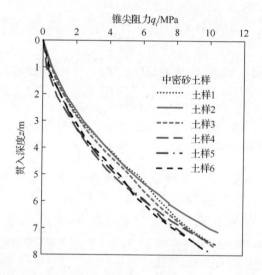

图 6.10　砂土试样的 CPT 测试结果（原型）（Chow et al., 2018）

6.4.3　旋转调节试验基本过程

在 $1g$ 条件下用作动器将助推器和锚竖直压入土样中预定深度。然后启动离心机使之加速至 $50g$，在离心机运行过程中用作动器将助推器拔出，从而避免 $1g$ 条件下锚随着助推器被拔出。最后，作动器以 1 mm/s 的速率拖动锚链使锚在海床中进行旋转调节直至失效。嵌入点处上拔荷载角度 β_0 取为 90° 和 0，分别模拟锚链竖直上拔（张紧式系泊系统）和锚链水平拖拉（悬链式系泊系统）两种情况，如图 6.11 所示。模型锚锚柄处布置一 MEMS 加速度传感器（ADXL278）来测量锚在海床中的转角 α_{in}，在锚链嵌入点和作动器之间连接一力传感器来测量嵌入点处上拔荷载 F_0 的数值。为了观察锚在旋转调节过程中的运动位移和姿态，某些试验工况还需要进行重复试验，在某些特定时刻（如峰值承载力时刻）停止试验，然后将土样剖开，测量锚眼相对初始位置的位移改变量（dx_{padeye} 和 dz_{padeye}，图 6.11）。

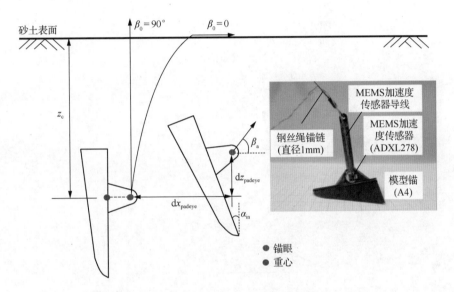

图 6.11   DPAIII 锚旋转调节过程示意图（Chow et al., 2018）

6.4.4   旋转调节试验结果

图 6.12 为锚链嵌入点处上拔荷载 F_0 随锚链拖曳距离 S_{pull}/h_A 的变化关系，可以发现：锚的初始埋深比 z_c/h_A 越大、嵌入点处上拔荷载角度 β_0 越小，上拔荷载 F_0 越大。可用无量纲化的承载力系数 N_γ 来表示锚在砂土中的承载力：

$$N_\gamma = \frac{F_0}{\gamma'_s A_p z_{c,i}} \tag{6.1}$$

式中，γ'_s 为土体有效容重；A_p 为锚在某一平面内的投影面积，该平面与锚柄所在平面垂直且与翼板轴线平行；$z_{c,i}$ 为锚重心初始埋深。

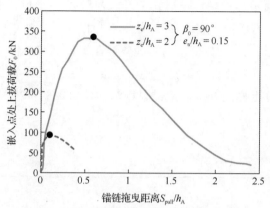

（a）嵌入点处竖直加载时承载力与锚链拖曳距离的关系

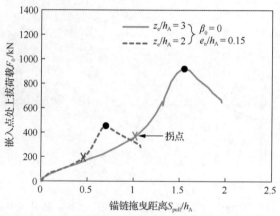

（b）嵌入点处水平加载时承载力与锚链拖曳距离的关系

图 6.12　上拔荷载角度和初始埋深比对 DPAIII 锚承载力的影响

（Chow et al., 2018）

　　为了表述方便，本节下述物理量数值均为原型。以图 6.12（a）所示工况为例：当嵌入点处上拔荷载角度 $\beta_0 = 90°$、锚的初始埋深比 z_e/h_A 由 3 减小至 2 时，锚的峰值承载力由 336 kN 降低至 94 kN，峰值承载力系数 N_γ 由 2.3 减小至 1.1。Giampa 等（2019）、Dickin（1988）和 Tagaya 等（1988）也进行了砂土中锚板竖直上拔模型试验，试验结果均表明：锚的极限抗拔承载力系数随锚初始埋深的增加而增加。对比图 6.12（a）和图 6.12（b）可以发现：当嵌入点处上拔荷载角度 β_0 从 90° 减小至 0 时，锚的峰值承载力显著提高，分别达到 920 kN（$z_e/h_A = 3$）和 455 kN（$z_e/h_A = 2$），承载力系数 N_γ 分别提高至 6.2 和 5.3。图 6.13 为峰值承载力时刻锚和锚链在砂土中的姿态。锚在竖直上拔荷载作用下达到峰值承载力时的转角 $\alpha_{in} = 3°$，此时作用在锚眼处的上拔荷载方向与锚轴线基本平行。然而当 $\beta_0 = 0$ 时，峰值承载力时锚眼处上拔荷载角度 $\beta_a = 27.8°$，锚的转角 $\alpha_{in} = 0$，作用在锚上的土体阻力以法向阻力为主，因而承载力系数显著提高。

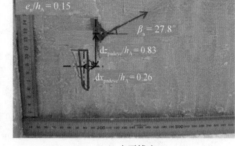

(a) 竖直上拔　　　　　　　　　　　　(b) 水平拔出

图 6.13　峰值承载力时刻锚和锚链在砂土中的姿态

(Chow et al., 2018)

对比图 6.12 (a) 和图 6.12 (b) 还可以发现：当 $\beta_0 = 90°$ 时，锚的承载力随锚链拖曳距离的变化曲线较陡，且迅速达到峰值承载力；当 $\beta_0 = 0$ 时，需很大的锚链拖曳距离才能使锚的承载力达到峰值。可将图 6.12 (b) 中峰值之前的承载力曲线分成两个阶段。在第一阶段，锚的承载力增加较缓慢，锚链不断切割土体，锚眼处的上拔荷载角度逐渐减小；在第二阶段，锚的承载力迅速增加，这是由于锚眼处上拔荷载角度减小导致锚土相互作用机制发生改变，此时锚的承载力主要以法向承载力为主。因此，在第一阶段和第二阶段之间锚的承载力曲线出现一个拐点。当锚受竖直上拔荷载时，第一阶段基本不存在。

图 6.14 显示了锚眼偏心距 e_n 对 DPAIII 锚承载力的影响规律。当锚眼偏心距与锚长之比 e_n/h_A 从 0.15 增加至 0.6 时，锚的峰值承载力增加显著；而当 e_n/h_A 从 0.6 增加至 1.0 时，峰值承载力增加幅值很小。因此，适当增加锚眼偏心距有助于提高锚的承载能力，这可以根据图 6.15 来解释。图 6.15 展示了锚眼偏心距与锚长之比 $e_n/h_A = 1$、初始埋深比 $z_e/h_A = 3$、嵌入点处上拔荷载角度 $\beta_0 = 0$ 的锚在旋转调节过程中上拔荷载 F_0 和转角 α_{in} 与锚链拖曳距离 S_{pull}/h_A 的变化关系。当 $e_n/h_A = 1$ 时，锚达到峰值承载力时的转角 $\alpha_{in} = 13°$（图 6.15），而当 $e_n/h_A = 0.15$ 时，锚的转角为零 [图 6.13 (b)]。锚在土中的转动有助于增加锚在垂直于锚眼处上拔荷载方向平面内的投影面积，从而能提高承载力。

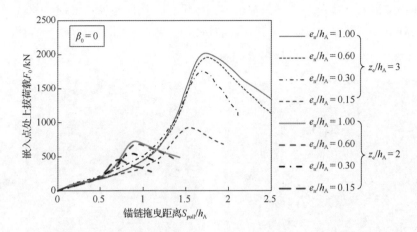

图 6.14 锚眼偏心距对 DPAIII 锚承载力的影响（Chow et al., 2018）

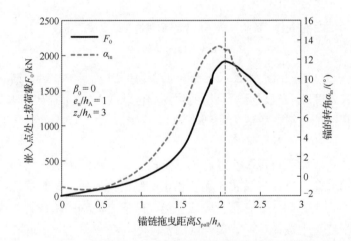

图 6.15 DPAIII 锚的转角和承载力与锚链拖曳距离的关系（Chow et al., 2018）

图 6.16 综合考虑了锚眼偏心距、上拔荷载角度和锚的初始埋深对承载力的影响。当锚水平加载时，锚链切割土体导致锚眼处上拔荷载角度较小，锚与土的相互作用以法向承载为主，因此锚的承载力较高。当锚竖向加载时，增加锚眼偏心距有助于增加作用在锚上的力偶矩，锚更易转动，锚土相互作用逐渐从切向转到法向承载，因此增加锚眼偏心距能显著提高锚的承载力系数 [图 6.16（b）]。另外，锚的初始埋深越大，对应的峰值承载力系数越大。因此，在生产、运输及安装条件允许的前提下，可增加助推器的质量，从而增加锚在海床中的沉贯深度及其承载力。

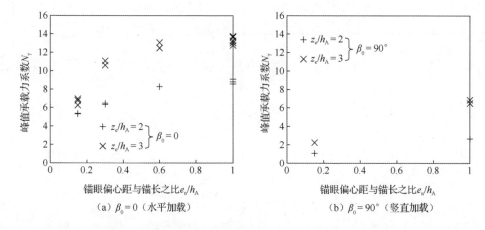

图 6.16　DPAIII 锚的峰值承载力系数（Chow et al., 2018）

6.5　L-GIPLA 在砂土中的沉贯特性

Liu 等（2019）基于 CEL 方法模拟了 L-GIPLA 在砂土中的高速沉贯过程，探讨了锚在高速贯入砂土海床过程中的土体流动机制，研究了不同因素对锚沉贯深度的影响。

6.5.1　数值模型及土体参数设置

1. 锚的模型

三角形和盾形 L-GIPLA 的形状如图 6.17（a）和 6.17（b）所示，主要尺寸列于表 6.5。助推器 [6.17（c）] 形状与第 3 章中所介绍的助推器一致，主要尺寸也列于表 6.5。三角形锚与盾形锚的质量分别为 15.2 t 和 23.9 t，表面积 A_s 分别为 29.89 m^2 和 41.96 m^2。与三角形和盾形 L-GIPLA 相连的助推器长度 h_B 分别为 12.32 m 和 19.35 m，直径 $D_B = 1.10$ m，质量 m_B 分别为 91.2 t 和 143.4 t，即助推器与 L-GIPLA 质量比均为 6∶1。

2. 计算域设置

为了降低边界效应，计算域大小取为长 $21w_A$、宽 $12w_A$ 和高 $7.1h_A$，如图 6.18 所示。锚贯入区域周围土体采用较细网格，距离锚较远区域采用较粗网格。土体表面设置了 3 m（$0.6h_A$）厚的空单元。锚在高速贯入土体时，表层土体可自由流入空单元中。土体边界条件设置如下：侧壁约束水平流动，底部约束竖向流动。砂土密度采用饱和密度 ρ_s，施加竖直向下的重力和竖直向上的浮力，并进行地应力平衡。锚和助推器被简化为刚体，施加竖直向下的重力和竖直向上的浮力，并假设锚在整个贯入过程中轴线始终与竖直方向平行。锚从土体表面以初速度 v_0 贯入土体中。

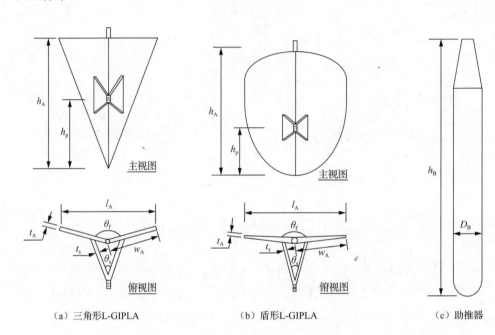

（a）三角形L-GIPLA　　　　（b）盾形L-GIPLA　　　　（c）助推器

图 6.17　L-GIPLA 和助推器（Liu et al., 2019）

表 6.5　L-GIPLA 和助推器的主要尺寸（Liu et al., 2019）

类型	物理量	数值	
		三角形 L-GIPLA	盾形 L-GIPLA
锚	锚长 h_A /m	5.00	5.00
	翼板宽度 w_A /m	2.00	2.00
	锚眼相对锚尖高度 h_p /m	2.67	2.01
	翼板厚度 t_A /m	0.20	0.25（中轴）～0.08（边缘）
	锚柄厚度 t_s /m	0.15	0.10
	两翼板之间最大距离 l_A /m	3.86	3.99
	两翼板之间夹角 θ_f /(°)	150	171
	两锚柄之间夹角 θ_s /(°)	40	30
助推器	助推器长度 h_B /m	12.32	19.35
	助推器直径 D_B /m	1.10	1.10

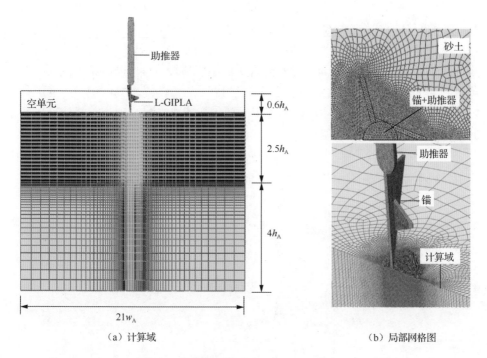

（a）计算域　　　　　　　　　　　　　　（b）局部网格图

图 6.18　有限元模型（Liu et al., 2019）

3. 土体模型

计算域内土体为饱和砂土，且假设整个贯入过程中砂土处于完全排水状态。摩尔库仑模型可以反映松砂的特性，但考虑不了中密砂和密砂的应变软化特性。为反映中密砂和密砂的应变软化与剪胀特性，Hu 等（2015）提出了修正摩尔库仑模型。在该模型中，内摩擦角 φ 和剪胀角 ψ 不再为常数，而是随着累积塑性剪应变 ξ 变化，如图 6.19 所示。随着 ξ 的增大，假设内摩擦角从初始值 φ_{ini} 线性增加至峰值 φ_{p}，然后线性减小到临界摩擦角 φ_{cv} 并保持为常数。在摩擦角达到 φ_{p} 和 φ_{cv} 时，对应的累积塑性剪应变分别为 ξ_{p} 和 ξ_{cv}。由于砂土产生剪胀之前处于压缩状态，因此假设 $\xi \leqslant 1\%$ 时，剪胀角始终为 0；当 $1\% < \xi \leqslant 1.2\%$ 时，剪胀角线性增加到峰值 ψ_{p}；当 $1.2\% < \xi \leqslant \xi_{\text{p}}$ 时，剪胀角保持为常数；当 $\xi_{\text{p}} < \xi \leqslant \xi_{\text{cv}}$ 时，剪胀角由峰值 ψ_{p} 线性减小到 0。根据石英砂三轴压缩试验结果（Pucker et al., 2013），累积塑性剪应变的临界值 $\xi_{\text{p}} = 4\%$ 和 $\xi_{\text{cv}} = 10\%$。假设初始摩擦角 φ_{ini} 与临界摩擦角 φ_{cv} 相等，将临界摩擦角取为 $\varphi_{\text{cv}} = 31°$（Liu et al., 2013）。峰值摩擦角 φ_{p} 与砂土的相对密实度 D_{r} 和应力水平 p' 有关（Bolton, 1986）：

$$\varphi_{\text{p}} - \varphi_{\text{cv}} = M_{\psi} I_{\text{r}} = M_{\psi} \left[D_{\text{r}} (Q - \ln p') - 1 \right] \tag{6.2}$$

式中，M_ψ 分别为 3（三轴状态）和 5（平面应变状态）；I_r 为相对剪胀指数；Q 为材料参数，对于石英砂，$Q=10$。Bolton（1986）指出，当应力水平较低时，砂土会产生明显的应力应变不均匀性。此外，当应力水平较低时，对应力应变的精确测量比较困难。因此 Bolton（1986）将 I_r 的上限值设为 4，以避免由式（6.2）计算得到的 I_r 值过大。这使$(\varphi_p-\varphi_{cv})$的值介于 12°（三轴状态）和 20°（平面应变）之间。假设锚在贯入过程中，砂土处于平面应变状态，M_ψ 取为 5。峰值剪胀角 ψ_p 的值可按 Bolton（1986）给出的公式（6.3）来计算：

$$\psi_p = (\varphi_p - \varphi_{cv})\,/\,s \tag{6.3}$$

式中，s 为常数。在平面应变状态下 s 取 0.8（Bolton，1986）。

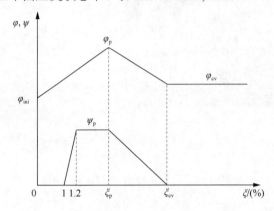

图 6.19　摩擦角和剪胀角与累积塑性剪应变关系（Hu et al., 2015）

松砂不再具有剪胀性和应变软化现象，而是表现出应变硬化。此外，松砂的峰值摩擦角比临界摩擦角稍大或与之相等。因此，松砂采用未修正的摩尔库仑模型，摩擦角取为临界摩擦角，剪胀角设为 0。考虑三种不同密实度的砂土，对于松砂（$D_r=30\%$）、中密砂（$D_r=55\%$）和密砂（$D_r=80\%$），弹性模量 E 分别取为 20 MPa、30 MPa 和 40 MPa，泊松比均为 0.2。根据 Liu 等（2013）测得的福建标准砂试验结果，三种密实度砂土的饱和密度 ρ_s 分别为 2025 kg/m³、2080 kg/m³ 和 2157 kg/m³。砂土其余参数列于表 6.6。为了保证数值计算的稳定性，砂土的黏聚力 c 设置为 4 kPa。

表 6.6　石英砂基本参数（Liu et al., 2013）

砂土参数	松砂	中密砂	密砂
不均匀系数 C_u		2.57	
曲率系数 C_c		1.07	
平均粒径 d_{50}/mm		0.6	

续表

砂土参数	松砂	中密砂	密砂
最大干密度 $\rho_{d,max}$ /(kg/m^3)		1942	
最小干密度 $\rho_{d,min}$ /(kg/m^3)		1545	
砂土密实度 D_r /%	30	55	80
饱和密度 ρ_s /(kg/m^3)	2025	2080	2157
干密度 ρ_d /(kg/m^3)	1650	1740	1850
峰值内摩擦角 φ_p /(°)	34	38	43
临界摩擦角 φ_{cv} /(°)	31	31	31

4. 网格收敛性分析

在 CEL 数值模拟中，锚与砂土之间的接触采用通用接触，接触面之间的摩擦采用库仑摩擦，摩擦系数 $\mu_C = 0.33$。为了确定加密区域的最小网格尺寸，对不带助推器的三角形 L-GIPLA 进行网格收敛性分析。锚的贯入速度 $v_0 = 10$ m/s，砂土密实度 $D_r = 80\%$，其他参数设置如前所述。最小网格尺寸 h_{min} 分别取为 $t_A/4$、$t_A/6$、$t_A/8$ 和 $t_A/10$，计算结果如图 6.20 所示。锚的最终埋深比 z_e/h_A 分别为 0.506、0.523、0.529 和 0.536。当最小网格尺寸为 $t_A/6$ 和 $t_A/8$ 时，二者结果十分接近。因此后续计算模型的最小网格尺寸取为 $t_A/6$。

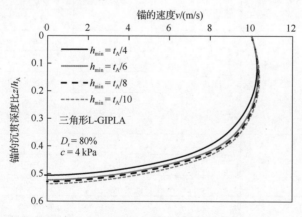

图 6.20 网格收敛分析（Liu et al., 2019）

6.5.2 计算结果

在 CEL 模拟中，共设计 22 个工况来探究砂土密实度、贯入速度和锚的形状对沉贯深度的影响。锚的沉贯深度列于表 6.7 并示于图 6.21 中。从图 6.21 可以发现，锚的沉贯深度随贯入速度的增加基本呈线性增加趋势。例如，当贯入速度 v_0

从 15 m/s 增加至 20 m/s 和 25 m/s 时，连接助推器的三角形 L-GIPLA 在密砂中的埋深比 z_e/h_A 从 1.20 增加至 1.38 和 1.58。相对密实度 D_r 越大，锚的沉贯深度越小。例如，当贯入速度 $v_0 = 25$ m/s 时，连接助推器的三角形 L-GIPLA 在密砂中的埋深比 $z_e/h_A = 1.58$，在中密砂和松砂中的埋深比增加至 1.76 和 2.16。当贯入速度和砂土密实度相同时，盾形 L-GIPLA 的沉贯深度比三角形 L-GIPLA 的深。虽然盾形 L-GIPLA 具有更大的侧面积，这会一定程度上增加土体对锚的摩擦阻力从而减小沉贯深度，但盾形锚以及连接的助推器质量更大，这有助于提高锚的总能量，从而提高沉贯深度。

表 6.7　CEL 计算工况及结果（Liu et al., 2019）

锚型	工况	砂土密实度 $D_r/\%$	贯入速度 $v_0/(\text{m/s})$	库仑摩擦系数 μ_C	贯入深度 z_e/m	埋深比 z_e/h_A
三角形锚	1	30	15	0.33	7.85	1.57
	2		20		9.31	1.86
	3		25		10.78	2.16
	4	55	15	0.33	6.67	1.33
	5		20		7.76	1.55
	6		25		8.79	1.76
	7	80	15	0.33	5.96	1.20
	8		20		6.90	1.38
	9		25		7.87	1.58
	10	80	15	0.11	7.02	1.40
	11			0.22	6.38	1.28
	7			0.33	5.96	1.20
	12			0.44	5.67	1.13
	13			0.55	5.52	1.10
盾形锚	14	30	15	0.33	8.73	1.75
	15		20		10.57	2.11
	16		25		12.45	2.49
	17	55	15	0.33	6.89	1.39
	18		20		8.43	1.69
	19		25		9.93	1.99
	20	80	15	0.33	6.21	1.24
	21		20		7.42	1.48
	22		25		8.61	1.72

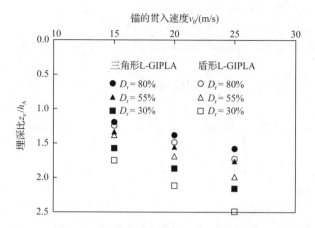

图 6.21 贯入速度和相对密实度对 L-GIPLA 沉贯深度的影响（Liu et al., 2019）

表 6.7 中工况 7 和 10～13 探究了库仑摩擦系数 μ_C 对沉贯深度的影响。当 μ_C 从 0.11 增加至 0.55 时，三角形 L-GIPLA 的埋深比从 1.40 降低至 1.10，降低了 21.4%。

6.5.3 锚周围土体流动机制

图 6.22 为带助推器的三角形 L-GIPLA 以 v_0 = 25 m/s 的初速度贯入密砂过程中（工况 9）四个典型时刻的土体速度矢量图。当 t = 0.08 s 时，锚柄到达土表面（此时锚的贯入深度 z = 2.0 m，z/h_A = 0.4），土表面会出现一定程度的隆起。当锚柄接触到砂土时，锚受到的端承阻力迅速增加，因此，图 6.22 中速度-贯入深度

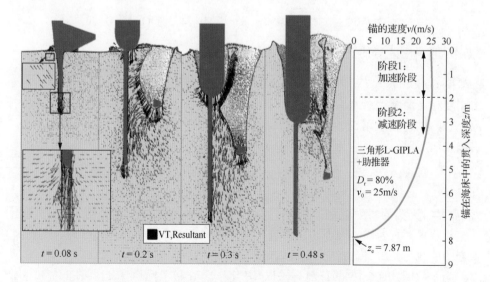

图 6.22 L-GIPLA 在海床中高速沉贯过程土体流动机制（Liu et al., 2019）

曲线出现一个拐点。锚尖下方的土体向下及两侧运动，这部分土体受压，并对锚产生向上的阻力。距土表面较近的土体由于受到的上覆土压力较小，土体从一定深度向土表面运动。当 $t = 0.2$ s 时，三角形 L-GIPLA 完全贯入土中（$z/h_A = 1$），助推器顶端接触到土表面，砂土穿过锚柄内部的孔洞，不会形成砂塞。当 $t = 0.3$ s 时，助推器的贯入深度进一步增加，穿过锚柄孔洞的砂土在助推器作用下向下运动。当 $t = 0.48$ s 时，锚的速度减为零，但部分砂土在惯性作用下继续运动。

图 6.23 为工况 7（三角形 L-GIPLA+助推器，贯入速度 $v_0 = 15$ m/s，砂土密实度 $D_r = 80\%$）高速沉贯过程完成后锚周围砂土内摩擦角云图。在锚与助推器周围，砂土塑性剪应变较大，已达到临界状态（临界内摩擦角为 31°）。从锚轴线向外，砂土内摩擦角逐渐增加到峰值，随着距离的增加内摩擦角逐渐减小至初始值。在水平方向，扰动区域半径约为 $3.5 w_A$（图 6.23）。

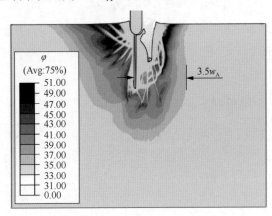

图 6.23　L-GIPLA 沉贯过程完成后砂土内摩擦角云图（Liu et al., 2019）

6.5.4　基于总能量的沉贯深度预测模型

图 6.21 和表 6.7 显示：L-GIPLA 在砂土中的沉贯深度与贯入速度、砂土相对密实度和界面摩擦系数有关。在第 4 章中介绍了基于总能量的动力锚沉贯深度预测公式，以计算鱼雷锚和多向受荷锚在黏土海床中的沉贯深度。Liu 等（2019）将该方法加以修正，应用到砂土海床中动力锚沉贯深度的预测，如式（6.4）：

$$\frac{z_e}{D_{eff}} = a \left(\frac{E_{total}}{D_r \mu_C^{0.5} \gamma_s A_s D_{eff}^2} \right)^b \tag{6.4}$$

式中，D_{eff} 为锚的等效直径；a 和 b 为待定系数，由最小二乘拟合得到；γ_s 为砂土的饱和容重；A_s 为锚的表面积。如图 6.24 所示，当 $a = 1.45$、$b = 0.33$ 时，式（6.4）拟合的曲线与 CEL 模拟结果吻合较好。

为了说明式（6.4）的计算方法以及验证式（6.4）的预测精度，在此提供两个算例。

算例 1：组合锚为三角形 L-GIPLA 与质量为锚 6 倍的助推器，总质量 106.4 t，贯入速度 $v_0 = 21$ m/s，砂土密实度 $D_r = 70\%$，饱和容重 $\gamma_s = 20.83$ kN/m^3，弹性模量 $E = 35$ MPa，锚-砂土接触面摩擦系数 $\mu_C = 0.33$，锚表面积 $A_s = 29.89$ m^2，等效直径 $D_{eff} = 1.17$ m，锚与助推器在水中的有效重量 $W' = 910.17$ kN。通过对式（6.4）进行迭代，得到锚的沉贯深度 $z_e = 7.44$ m，CEL 数值模拟结果为 $z_e = 7.53$ m，误差为 1%。

算例 2：组合锚为三角形 L-GIPLA 与质量为锚 6 倍的助推器，贯入速度 $v_0 = 23$ m/s，砂土密实度 $D_r = 30\%$，饱和容重 $\gamma_s = 19.85$ kN/m^3，弹性模量 $E = 20$ MPa，其余参数与算例 1 相同。由式（6.4）计算得到的预测值与 CEL 得到的计算值分别为 10.78 m 和 10.19 m，误差为 6%。以上两个算例表明：式（6.4）所示基于总能量的经验公式能较精确地预测动力锚在砂土中的沉贯深度。

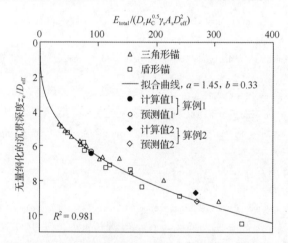

图 6.24　基于总能量预测 L-GIPLA 在砂土中沉贯深度（Liu et al., 2019）

6.6　小　　结

本章介绍了几种在鱼雷锚和多向受荷锚基础上发展而来的新型动力锚及其安装方式，重点介绍了两种锚：叶片形板形动力锚 DPAIII 和轻质重力式安装板锚 L-GIPLA。这两种锚具有质量较轻、承载效率较高、依靠助推器进行安装、同时适用于黏土和砂土海床等特点。离心模型试验和 CEL 数值模拟结果表明：动力锚在砂土中的沉贯深度与助推器质量、贯入速度、砂土相对密实度和锚-土界面摩擦系数等因素有关。锚在砂土中的承载力与锚在海床中的初始埋深、上拔荷载方向、锚眼偏心距等因素有关。在竖向上拔荷载作用下，锚的承载力系数随初始埋深的增加而增加，且初始埋深对承载力系数的影响非常显著。然而，当嵌入点处上拔荷载角度为零时，初始埋深对极限承载力的影响较小。

· 208 ·　　　　　　新型锚固基础——动力锚

　　第 5 章研究表明：锚在海床中的转角和埋深损失与锚眼偏移量有关。而现有研究并未涉及锚眼偏移量对锚在砂土中旋转调节过程的影响，尚需进一步开展试验和数值模拟研究，以优化锚眼位置，提高锚在砂土中的承载能力。

参 考 文 献

刘君, 韩聪聪, 2018. 一种新型轻质动力安装锚: ZL201820726265. 3. 2018-11-27.

Blake A P, O'Loughlin C D, 2012. Field testing of a reduced scale dynamically embedded plate anchor//Proceedings of the Offshore Site Investigation and Geotechnics Conference(OSIG12), Perth, Australia: 621-628.

Bolton M D, 1986. The strength and dilatancy of sands. Géotechnique, 36(1): 65-78.

Chow S H, O'Loughlin C D, Gaudin C, et al., 2017. An experimental study of the embedment of a dynamically installed anchor in sand//Proceedings of the Offshore Site Investigation and Geotechnics Conference(OSIG17), London, UK: 1019-1025.

Chow S H, O'Loughlin C D, Gaudin C, et al., 2018. Drained monotonic and cyclic capacity of a dynamically installed plate anchor in sand. Ocean Engineering, 148: 588-601.

Dickin E A, 1988. Uplift behavior of horizontal anchor plates in sand. Journal of Geotechnical Gngineering, 114(11): 1300-1317.

Gerkus H, Giampa J R, Senanayake A I, et al., 2016. Preliminary development of a new concept to improve sustainability of offshore foundations//Proceedings of the ASCE Geo-Chicago 2016 Conference: 459-469.

Giampa J R, Bradshaw A S, Gerkus H, et al., 2019. The effect of shape on the pull-out capacity of shallow plate anchors in sand. Géotechnique, 69(4): 355-363.

Hu P, Wang D, Stanier S A, et al., 2015. Assessing the punch-through hazard of a spudcan on sand overlying clay. Géotechnique, 65(11): 883-896.

Liu J, Hu H, Yu L, 2013. Experimental study on the pull-out performance of strip plate anchors in sand// Proceeding of the 13th international offshore and polar engineering anchorage, Alaska, USA: ISOPE-I-13-261.

Liu J, Tong Y M, 2019. Numerical analysis of the penetration of an innovative gravity installed anchor in sand. (Unpublished)

Lunne T, Robertson P K, Powell J J M, 2002. Cone penetration testing in geotechnical practice. London: CRC Press, London.

Muehlner E, 2008. Folding torpedo anchor for marine moorings: US2008/0141922 A1. 2008-06-19.

O'Loughlin C D, Blake A P, Gaudin C, 2016. Towards a simple design procedure for dynamically embedded plate anchors. Géotechnique, 66(9): 741-753.

Pucker T, Bienen B, Henke S, 2013. CPT based prediction of foundation penetration in siliceous sand. Applied Ocean Research, 41: 9-18.

Richardson M D, 2008. Dynamically installed anchors for floating offshore structures. Perth: The University of Western Australia.

Tagaya K, Scott R F, Aboshi H, 1988. Pullout resistance of buried anchor in sand. Soils and Foundations, 28(3): 114-130.

附　　录

均质黏土和正常固结黏土中锚板极限承载力计算公式:

$$N_{A0,1,k=0,\beta_{in}=0°} = -13.01e^{-0.34\left(\frac{z_c}{B_A}\right)} + 12.9 \tag{A.1}$$

$$N_{A0,1,k=0,\beta_{in}=90°} = -10.65e^{-0.36\left(\frac{z_c}{B_A}\right)} + 12.9 \tag{A.2}$$

$$N^*_{A,1,k=0,\beta_{in}=0°} = 0.47\left(\frac{z_c}{B_A}\right) + 11.8 \leqslant N^*_{A,1,k=0,\beta_{in}=0°,max} = 12.74 \tag{A.3}$$

$$N^*_{A,1,k=0,\beta_{in}=90°} = 1.99\left(\frac{z_c}{B_A}\right) + 8.76 \leqslant N^*_{A,1,k=0,\beta_{in}=90°,max} = 12.74 \tag{A.4}$$

$$s_{k,\beta_{in}=0°} = \left(0.002\left(\frac{z_c}{B_A}\right)^3 - 0.008\left(\frac{z_c}{B_A}\right)^2 - 0.3\left(\frac{z_c}{B_A}\right) - 0.155\right)\left(\frac{kB_A}{s_{uc}}\right) + 1 \tag{A.5}$$

$$s_{k,\beta_{in}=90°} = \left(0.024\left(\frac{z_c}{B_A}\right)^2 - 0.35\left(\frac{z_c}{B_A}\right) + 0.013\right)\left(\frac{kB_A}{s_{uc}}\right) + 1 \tag{A.6}$$

$$s^*_{k,\beta_{in}=0°} = -0.065\left(\frac{kB_A}{s_{uc}}\right)^{2.87} + 1 \tag{A.7}$$

$$s^*_{k,\beta_{in}=90°} = 0.53\left(\frac{kB_A}{s_{uc}}\right)^3 - 0.86\left(\frac{kB_A}{s_{uc}}\right)^2 + 0.04\left(\frac{kB_A}{s_{uc}}\right) + 1 \tag{A.8}$$

$$s_{c0} = \frac{N_{A0,i,k\neq0,\beta_{in}=0°}}{N_{A0,1,k\neq0,\beta_{in}=0°}} = a_0\left(\frac{i}{i+1}\right)^2 + b_0\left(\frac{i}{i+1}\right) + c_0$$

$$\begin{cases} a_0 = -0.434 + 5.12e^{-0.382\left(\frac{z_c}{B_A}\right)} \\ b_0 = -0.21 - 7.189e^{-0.369\left(\frac{z_c}{B_A}\right)} \\ c_0 = 1.21 + 2.41e^{-0.38\left(\frac{z_c}{B_A}\right)} \end{cases} \tag{A.9}$$

$$s_{c90} = \frac{N_{A0,i,k\neq0,\beta_{in}=90°}}{N_{A0,1,k\neq0,\beta_{in}=90°}} = a_{90}\left(\frac{i}{i+1}\right)^2 + b_{90}\left(\frac{i}{i+1}\right) + c_{90}$$

$$\begin{cases} a_{90} = -1.17 + 4.126e^{-0.233\left(\frac{z_c}{B_A}\right)} \\ b_{90} = 1.03 - 5.729e^{-0.211\left(\frac{z_c}{B_A}\right)} \\ c_{90} = 0.787 + 1.87e^{-0.21\left(\frac{z_c}{B_A}\right)} \end{cases} \tag{A.10}$$

$$L_A/B_A > 1,\ s_{c0}^* = \frac{N_{A,i,k\neq0,\beta=0°}^*}{N_{A,1,k\neq0,\beta=0°}^*} = \left(-0.532e^{-1.068\frac{z_c}{B_A}} - 0.209\right)\left(\frac{i}{i+1}\right) + \left(0.258e^{-1.02\frac{z_c}{B_A}} + 1.1\right)$$

$$L_A/B_A < 1,\ \begin{cases} z_c/B_A > 2 \quad s_{c0}^* = 0.037e^{2.51\left(\frac{i}{i+1}\right)} + 0.868 \\[2mm] z_c/B_A \leqslant 2 \quad s_{c0}^* = \left(-13.05e^{-3.03\left(\frac{z_c}{B_A}\right)} + 0.262\right)\left(\frac{i}{i+1}\right)^2 \\[3mm] \qquad\qquad\qquad + \left(5.99e^{-3.169\left(\frac{z_c}{B_A}\right)} + 0.045\right)\left(\frac{i}{i+1}\right) \\[3mm] \qquad\qquad\qquad + \left(0.446e^{-2.628\left(\frac{z_c}{B_A}\right)} + 0.911\right) \end{cases} \tag{A.11}$$

$$z_c/B_A < 2,$$
$$s_{c90}^* = \frac{N_{A,i,k\neq0,\beta_{in}=90°}^*}{N_{A,1,k\neq0,\beta_{in}=90°}^*} = \left(2.21\left(\frac{z_c}{B_A}\right)^2 - 8.868\left(\frac{z_c}{B_A}\right) + 8.136\right)\left(\frac{i}{i+1}\right)^2$$
$$+ \left(-2.96\left(\frac{z_c}{B_A}\right)^2 + 12.06\left(\frac{z_c}{B_A}\right) - 11.94\right)\left(\frac{i}{i+1}\right) + \left(0.834 + 9.83e^{-2.08\left(\frac{z_c}{B_A}\right)}\right)$$

$$z_c/B_A \geqslant 2,\ \begin{cases} L_A/B_A > 1 \quad s_{c90}^* = \left(-2.03e^{-0.694\left(\frac{z_c}{B_A}\right)} - 0.249\right)\left(\frac{i}{i+1}\right) + \left(0.959e^{-0.666\left(\frac{z_c}{B_A}\right)} + 1.119\right) \\[3mm] L_A/B_A < 1 \quad s_{c90}^* = \left(-3.1e^{-0.496\left(\frac{z_c}{B_A}\right)} + 0.176\right)\left(\frac{i}{i+1}\right)^2 + \left(2.64e^{-0.701\left(\frac{z_c}{B_A}\right)} + 0.144\right)\left(\frac{i}{i+1}\right) \\[3mm] \qquad\qquad\qquad + \left(-0.08e^{-0.67\left(\frac{z_c}{B_A}\right)} + 0.898\right) \end{cases} \tag{A.12}$$

$$N_{A0,i,k\neq 0,\beta_{in}} = N_{A0,i,k\neq 0,\beta_{in}=0°} + \left(N_{A0,i,k\neq 0,\beta_{in}=90°} - N_{A0,i,k\neq 0,\beta_{in}=0°}\right)\left(\frac{\beta_{in}}{90°}\right)^2 \qquad （A.13）$$

$$N^{*}_{A,i,k\neq 0,\beta_{in}} = N^{*}_{A,i,k\neq 0,\beta_{in}=90°} + \left(N^{*}_{A,i,k\neq 0,\beta_{in}=0°} - N^{*}_{A,i,k\neq 0,\beta_{in}=90°}\right)\left(\frac{90°-\beta_{in}}{90°}\right)^2 \qquad （A.14）$$

$$N_{A,i,k,\beta_{in}} = N_{A0,i,k,\beta_{in}} + \frac{\gamma'_s z_c}{s_{uc}} \leqslant N^{*}_{A,i,k,\beta_{in}} \qquad （A.15）$$